U0352912

新一代马氏体耐热钢 G115 研发及工程化

刘正东　陈正宗　包汉生　徐松乾　赵海平　著

北　京
冶 金 工 业 出 版 社
2020

内 容 提 要

本书共 9 章，在介绍 9%～12%Cr 马氏体耐热钢研制现状的基础上，详细阐述了 G115 原型钢的研发、G115 原型钢热处理与组织演变、G115 钢中 W 和 B 元素对组织性能的影响、G115 钢的抗蒸汽氧化性能以及 G115 钢市场准入全面性能评价等，此外，还介绍了 G115 钢工程化实践。本书内容充实，理论性与实践性兼备，对 G115 马氏体耐热钢的生产具有重要的指导意义。

本书可作为高等院校冶金类专业的教学用书，也可供特种钢研制、生产领域的科研人员、管理人员等阅读参考。

图书在版编目(CIP)数据

新一代马氏体耐热钢 G115 研发及工程化/刘正东等著. —北京：冶金工业出版社，2020.9
ISBN 978-7-5024-8616-7

Ⅰ.①新… Ⅱ.①刘… Ⅲ.①耐热钢—炼钢

Ⅳ.①TF764

中国版本图书馆 CIP 数据核字(2020)第 198667 号

出 版 人 苏长永
地　　址 北京市东城区嵩祝院北巷 39 号　邮编　100009　电话　(010)64027926
网　　址 www.cnmip.com.cn　电子信箱　yjcbs@cnmip.com.cn
责任编辑 卢　敏　王梦梦　美术编辑　郑小利　版式设计　禹　蕊
责任校对 石　静　责任印制　李玉山
ISBN 978-7-5024-8616-7
冶金工业出版社出版发行；各地新华书店经销；三河市双峰印刷装订有限公司印刷
2020 年 9 月第 1 版，2020 年 9 月第 1 次印刷
169mm×239mm；24.75 印张；484 千字；386 页
136.00 元

冶金工业出版社　投稿电话　(010)64027932　投稿信箱　tougao@cnmip.com.cn
冶金工业出版社营销中心　电话　(010)64044283　传真　(010)64027893
冶金工业出版社天猫旗舰店　yjgycbs.tmall.com
(本书如有印装质量问题，本社营销中心负责退换)

前　言

21世纪以来的20年，中国燃煤电站技术取得了长足的进步，总体而言600℃超超临界火电机组仍是迄今世界上最先进的商用燃煤发电技术，我国从2006年到现在已建设320台左右600℃超超临界火电机组，占世界同类最先进机组的90%以上。目前我国百万千瓦二次再热600℃超超临界燃煤电站的热效率、发电煤耗、污染物排放等指标均居世界领先水平。在这个重要能源工程技术跨越过程中，我国自主化的600℃超超临界火电机组锅炉管技术做出了重要贡献。

我国煤炭资源相对丰富，高效清洁煤电对我国具有极其重要意义。追求燃煤电站更高的热效率、更低的发电煤耗和排放，就必须提高机组的蒸汽参数，即提高蒸汽温度和压力。半个多世纪以来，世界燃煤电站最高蒸汽参数始终徘徊在600℃，主要是受限于主蒸汽和再热蒸汽管道用P92马氏体耐热钢的最高金属温度只能在622℃（对应蒸汽温度为600℃）。奥氏体耐热钢不适合制造大口径厚壁管，而镍基耐热合金既昂贵又吨位不够（目前世界工业常用的最大特种冶炼炉为15t），可能还存在工程焊接难题。因此，如果进一步提高蒸汽温度到630℃，就必须研发一种能用于650℃金属壁温的马氏体耐热钢大口径厚壁管，这是一个世界性的工程技术难题。2007年以来，钢铁研究总院刘正东教授团队一直致力于新一代马氏体耐热钢的研发，发明了可工程用于650℃的G115马氏体耐热钢及其大口径厚壁管制造技术，随后钢铁研究总院联合宝钢股份和宝钢特钢公司开展了 G115 钢管的工程化研究，2014 年宝钢股份公司购买了 G115 钢管专利的使用权。在内蒙古北方重工业集团公司和河北宏润核装备科技有限公司密切合作下，东方锅炉厂、上海锅炉厂、哈尔滨锅炉厂共同参与，经过 30 多轮次工业试制，终于打通并形成了 40~100t 电炉 + 精炼 + 开坯 + 热挤压制大口径厚壁管 + 大口径厚壁管性能热处理 + 大口径厚壁管埋弧自动焊全流程全工序技术。2017 年 12 月 20 日 G115 钢管通过了全国锅炉压力容器标准化技术委员市场准入技术评审，成为世界上第一个可商业用于 630~650℃ 超超临界电站制造的马氏体耐热钢。新一代 G115 马氏体耐热钢大口径厚壁管的研发成功为世界首台 630℃ 蒸汽参数先进超超临界燃煤示范电站的开工建设奠定了坚实基础。

　　本书是 2007~2019 年间我国发明和工程化研制 G115 马氏体耐热钢大口径厚壁管技术的阶段性总结，侧重于电站建设现场的工程技术问题。全书共 9 章，刘正东撰写了第 1~8 章，并与陈正宗合作撰写了第 6 章和第 9 章；同时，徐松乾、赵海平、包汉生参与撰写了第 9 章；在此感谢严鹏、马龙腾、白银、杨丽霞、刘震几位博士生对 G115 钢研究的贡献！

　　作者衷心感谢干勇院士、殷瑞钰院士、翁宇庆院士、王一德院士、王海舟院士、王国栋院士、谢建新院士、毛新平院士对本书内容所涉及研究的支持！感谢中国钢铁工业协会姜尚清，中国机械工程联合会陆燕荪、徐英男、张科，中国特检院杨国义、刘树华、徐彤，上海成套院张瑞、林富生、王延峰，西安热工研究院范长信、刘树涛、周荣灿，宝钢股份公司吕卫东、张忠铧、王起江、骆素珍等，宝钢特钢公司（现宝武特冶公司）章青云、李永东、赵海燕、赵欣、王婷婷等，内蒙古北方重工业集团公司雷丙旺、胡永平、李永清等，河北宏润核装备科技有限公司刘春海、杨印明、李福海等，上海昌强公司高杰、姚鸣海，北京国电富通公司丛相州、彭杏娜，宝银特种钢管公司韩敏、高佩，东方锅炉厂李健、谢逍原、杨华春、王林森、张玮、赖仙红、曾凡伟、刘毅等，上海锅炉厂王炯祥、王建泳、王崇斌、陈亮等，哈尔滨锅炉厂谭舒平、梁宝琦、王苹等，神华国华电力研究院梁军、杜晋峰、王斌等，大唐电力集团公司蔡文河、马志宝、谌康等，大唐山东郓城电厂房吉国、姜海峰、刘帅，山东电力设计院张欲晓、李传永等，东方汽轮机厂熊建坤、毛桂军、杨林等，中能建广火公司王骏，山东电建一公司王登第、山东电建二公司万夫伟、山东电建三公司仲维权、江苏电装公司毛敏、杨文佳，华电金源公司张丰收，大西洋焊材公司明廷泽，北冶功能章清泉、文新理，京群焊材公司童天旺，西冶焊材公司曹佳、范阳阳等。上述专家的指导和合作是作者成功完成写作的保障。

另外，感谢国家科技部 2007~2020 年间 2007BAE51B02、2008DFB50030、2010CB630804、2012AA03A501、2017YFB305200 项目对 G115 钢管技术研究的大力支持！感谢宝山钢铁股份公司和宝钢特钢公司（宝武特冶公司）对 G115 钢管工程化研究提供的巨额经费支持！

谨以此书献给那些在第一线英勇抗击疫情的同胞们！

作　者

2020 年 2 月 16 日于北京

目　　录

1 9%~12%Cr 马氏体耐热钢研制现状

1.1 电站锅炉用铁素体系耐热钢的发展历程

根据基体组织的不同，可将电站锅炉用耐热钢与合金分为不同类型。虽然贝氏体和马氏体耐热钢与铁素体耐热钢的基体组织不同，但由于前两种钢的非平衡组织在长时服役后将转变为铁素体组织，因此将 3 种钢均归类为铁素体系耐热钢。此外，还有基体组织为面心立方结构的奥氏体耐热钢与镍基耐热合金等。铁素体系耐热钢不仅发展历史悠久、相对价格低廉，而且相对于奥氏体耐热钢与镍基合金，具有热膨胀系数低与热导率高的优点，如图 1-1 所示[1]。奥氏体耐热钢因其 Cr 元素等含量高而在耐蒸汽腐蚀方面优于铁素体系耐热钢，但同时具有较高的热膨胀系数与较低的导热性，从而在长期使用中将导致热量累积后无法及时传导出去而引发局部的热量集中，而且在锅炉启动和变载与焊接热循环过程中温度快速更迭可能引起显著的尺寸变化。一般而言，基于长期服役安全性考虑，现今超超临界电站中大尺寸厚壁管选材通常将奥氏体耐热钢排除在外，而采用铁素体系耐热钢。镍基耐热合金是主蒸汽温度为 650~700℃ 的先进超超临界燃煤电厂的候选材料，其热物理性能居于铁素体系耐热钢与奥氏体耐热钢之间，同时高温蠕变性能远远高于传统的耐热钢，然而其价格昂贵且热加工窗口范围窄。

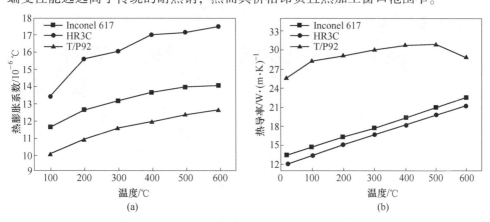

图 1-1 铁素体耐热钢（T/P92）、奥氏体耐热钢（HR3C）
与镍基高温合金（Inconel 617）的热物理性能对比[1]
（a）热膨胀系数；（b）热导率

　　铁素体系耐热钢研发与应用的历史较为悠久，其发展历程如图 1-2 所示[2]。2.25Cr-1Mo 钢（T22）是一种典型的低合金蠕变增强型耐热钢，T22 钢被用于制造电站中最高服役温度接近 580℃ 的高温构件，后来 9%~12%Cr 钢的研发经验为 T22 钢的持续改进提供了指导。T23 钢的研发目标是提升 T22 钢的使用温度，其主要方向是合金成分的改进，包括 V、Nb、Mo 和 W 等强化元素的添加，以及对 C、N 和 B 含量的优化。以 T22 为代表的传统 Cr-Mo 钢中 C 含量一般在 0.1% 以上，导致材料的淬硬性过高，因此需要进行焊前及焊后热处理以避免焊接热循环后出现裂纹。基于上述考虑，T23 钢在 T22 钢的基础上降低了 C 含量以减小冷裂敏感性，同时添加 B 以确保得到贝氏体组织。此外，为了获得 MX 型弥散强化相和良好的固溶强化效果，T23 中添加适量的 Nb/V 与 W 元素，因此表现出更高的持久性能。与 T23 钢相似，T24 钢在 T22 钢的基础上增加了 Cr 含量同时添加 Ti 元素，以获得更好的析出强化效果[3]。经过长期工程实践，目前已经发现 T23 钢管焊接接头不能完全满足服役环境要求。20 世纪 60~70 年代，钢铁研究总院刘荣藻教授主持研制的 G102 钢是一种低合金贝氏体耐热钢[4]，其采用"多元素复合强化"设计，设计理念非常先进，G102 钢的使用温度可达 580℃ 左右。

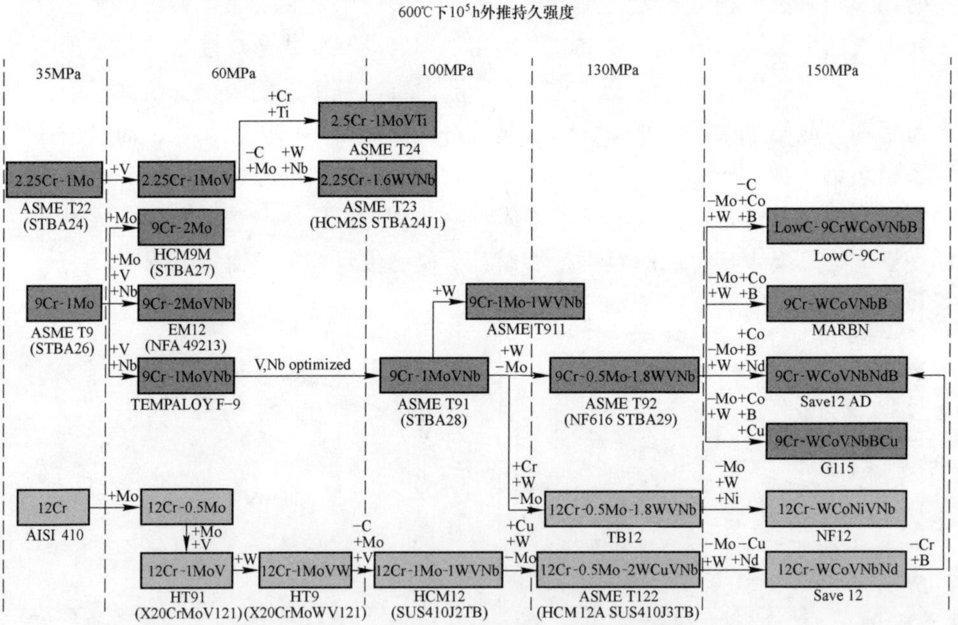

图 1-2　9%~12%Cr 铁素体耐热钢发展历程[2]

　　20 世纪 70 年代，世界范围内石油危机爆发与能源需求增长，使发达国家转向对高温度参数燃煤机组用钢的研发，具有相对低廉价格、高热导率与低热膨胀系数的 9%~12%Cr 铁素体系耐热钢成为研发重点。迄今典型 9%~12%Cr 马氏体耐热钢的化学成分见表 1-1。

表 1-1　典型 9%~12%Cr 马氏体耐热钢的化学成分（质量分数）[6,7]　　（%）

类型	C	Si	Mn	Cr	Mo	W	Nb	V	N	B	Cu	Nb+Ta	Co	Re
T/P91	0.08~0.12	0.20~0.50	0.30~0.60	8.00~9.50	0.85~1.50	—	0.06~0.10	0.18~0.25	0.030~0.070	—	—		—	—
T/P92	0.07~0.14	≤0.50	0.30~0.60	8.50~9.00	0.30~0.60	1.50~2.00	0.04~0.09	0.15~0.25	0.030~0.070	0.0010~0.0060	—		—	—
T/P122	0.07~0.14	≤0.50	≤0.70	10.00~12.50	0.25~0.60	1.50~2.50	0.04~0.10	0.15~0.30	0.040~0.100	0.0005~0.0050	0.300~1.700		—	—
Save12	0.10	0.30	0.20	11.00	—	3.00		0.20	0.040			0.07~0.14	3.00	0.040
MARBN	0.08	0.30	0.50	8.93	—	2.99	0.05	0.20	0.010	0.0130	—	—	3.00	—
Save12AD	0.05~0.10	0.05~0.50	0.20~0.70	8.50~9.50	—	2.50~3.50	—	0.15~0.30	0.005~0.020	0.0070~0.0150	—	0.05~0.12		0.003~0.060
G115	0.07~0.09	0.18~0.36	0.45~0.58	8.74~9.03	—	2.32~3.11	0.04~0.07	0.18~0.20	0.005~0.022	0.0081~0.0150	0.014~1.030		2.91~3.02	≤0.017

美国 Babcock & Wilcox 公司于 1936 年对 9%Cr 马氏体耐热钢进行了初步研发，其目的是填补 18Cr-8Ni 奥氏体钢和 5%Cr 型铁素体钢之间的空白。随后，Norton 等人[5]将 V、W 和 Mo 元素添加到 9Cr-0.15C 钢中，并对其进行了长时蠕变试验。Mo 元素的添加被证明是提高持久蠕变强度最经济的方法，使 9Cr-0.15C 钢的持久蠕变强度和抗腐蚀性能居于 5%Cr 钢和 18Cr-8Ni 钢之间。这种合金钢是 9Cr-1Mo 钢管的先驱，并在标准中被命名为 T/P9 钢，用于过热器与锅炉部件的制造。

在欧洲，德国于 20 世纪 50 年代开始了对锅炉用 12CrMoV 钢的研发，是为了寻找一种性能居于铁素体/珠光体低合金钢和 16～18CrNi 奥氏体钢之间的耐热钢，其在 13CrMo 钢的基础上中添加碳化物形成元素（W、Mo 和 V 等），构成了 X20CrMoV121 钢的主要成分，该钢表现出较高的蠕变性能[8]。在此之前，12CrMoV 钢就被用于制造蒸汽涡轮和喷射发动机的铸件和锻件，但是由于其易产生焊接裂纹，不能用于制造蒸汽管道。在 20 世纪 50 年代中期，成功研发针对该钢的焊接工艺，随后该钢开始在欧洲燃煤电站中广为使用。X20CrMoV121 钢的蠕变强度达到 2.25CrMo 和 0.5CrMoV 钢的两倍，因此用于制造第一代超临界锅炉。1992 年，使用这种钢的丹麦 Esbjerg 的 400MW 锅炉达到了其所能运行的蒸汽参数极限，其蒸汽压力和温度分别为 25MPa 和 560℃。

1955 年，比利时在 9Cr-1Mo 钢的基础上研发了第一代含 Nb 的 EM12 钢。这种钢主要合金元素为 0.1%C、9%Cr、2%Mo，含 V 和 Nb，其组织为马氏体和铁素体的双相组织，该钢被纳入法国标准，并在 1970 年以后用于过热器制造。20 世纪 70 年代，基于低的辐照激活能和良好的抗液态钠腐蚀性，9%Cr 马氏体耐热钢在 LMFBR 型核电站中应用成为关注焦点，美国橡树岭国立实验室（ORNL）与 CE 公司（Combustion Engineering）在 P9 钢的基础上，通过对 Nb、V 和 N 添加量的优化研发了 P91 马氏体耐热钢，P91 钢持久强度相对于 P9 钢获得了很大提高[14]。自 1984 年纳入 ASME 标准以来，P91 钢在燃煤电厂中被广泛应用。

日本自 20 世纪 50 年代起就开展了对 9%～12% Cr 钢的研究，并推出蠕变性能优越的含 B 的 10%Cr 型 TAF 钢[9]。Fujita 等人在这种钢的基础上，于 1986 年推出 TB9 锅炉钢[10]。TB9 钢的化学成分与 P91 相比，不仅对 Mo 和 W 的含量进行了优化，而且添加了 B 元素，最终获得了比 P91 高出 25%的蠕变强度。随后，日本新日铁公司将这种钢以 NF616 企业钢号进行推广[11,12]。美国 EPRI 主导了对 NF616 钢的国际合作项目，并对其进行了评估与标准化，并在 1994 年以 P92 钢号纳入 ASME 标准。2001 年丹麦 400MW 的 Avedøre 2 电站是 P92 钢首次在超超临界机组中应用，其蒸汽温度与压力分别为 580℃ 和 29MPa。P92 钢是目前商业超超临界电站中可用的持久强度最高的马氏体耐热钢，其可承受的最高蒸汽温度与压力分别为 600℃ 和 30MPa。

现有的蠕变增强型马氏体耐热钢均为改进的 9%Cr 型耐热钢。最早，人们认为，耐热钢如果要在 600℃ 以上的温度获得较高的抗蒸汽腐蚀性能，其 Cr 含量应达到 11%~12%。基于上述概念，研发了 12%Cr 型马氏体耐热钢，如实验室阶段的 NF12 钢和标准化的 P122、VM12 钢和 HCM12 钢等[13~16]。然而，没有一种 12%Cr 型马氏体耐热钢的持久强度能达到 P92 钢的水平，其持久性能在长时低应力下将大幅衰减，甚至低至 P91 钢的水平，如图 1-3 所示[17]。基于这样的结果，为将蒸汽参数继续提升至 30MPa 和 600℃ 以上，需要在 9%Cr 马氏体钢基础上继续研究。

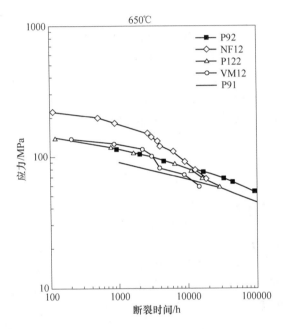

图 1-3 650℃ 下 P91、P92 和 3 种 12%Cr 型钢的持久强度[17]

9%Cr 钢在 600℃ 以上获得持久强度提升的关键是使用 W 元素替代 Mo 元素，同时添加 Co、N 和 B 元素，提高铁素体扩大元素（W 等）需同时添加稳定奥氏体元素（Co 等），以避免 δ-Fe。基于这一概念，日本研发了几种新型 9%Cr 钢，包括 MARBN、低 C 型 9Cr、SAVE12 和 SAVE12AD 钢，并作为 630~650℃ 蒸汽参数超超临界机组中厚壁锅炉构件（主蒸汽管和集箱等）的候选材料[18]。若将蒸汽温度继续提升至 650℃ 以上，则锅炉中厚壁锅炉构件（主蒸汽管和集箱等）的候选材料将需要镍基耐热合金。

MARBN 钢是一种添加 B 元素的马氏体耐热钢，其强化机制基于对 PAGB

（原奥氏体晶界）附近组织结构的稳定化[19]。低 C 型 9%Cr 钢的设计是通过对杂质元素 Ni 和 Al 的消除而在高温下稳定马氏体结构，同时其 C 含量也降低至 0.035% 以提升焊接性[20]。SAVE12AD 钢是对 SAVE12 钢的改进，除了将 Cr 含量由 12% 降至 9% 之外，对 B 和 N 的含量进行了优化，这主要是因为 SAVE12 钢的实验数据不理想，不对成分进行改进基本不能用于高参数机组设计，SAVE12AD 钢采用了 MARBN 设计思路[21,22]。

欧洲超超临界电站锅炉用 9%~12%Cr 钢是在科学与技术合作（COST，Cooperationin Science and Technology）项目中逐步发展起来的，包括 COST 501 （1986~1997 年）、COST 522（1998~2003 年）和 COST 536（2004~2009 年），其使用目标温度分别为 600℃、620℃ 和 650℃。COST 522 项目中的 FB2 钢 （9Cr1Mo-1Co-0.2V-0.07Nb-0.02N-0.010B）的使用温度为 620℃，由该材料制造的大型转子锻件可加工性较好[23]。在 COST 536 项目中，在 FB2 钢的基础上改进的 FB2-3Ta 钢（8.9Cr-1.49Mo-1.0Co-0.2V-0.03Nb-0.013B-0.009N-0.08Ta）表现出更好的持久蠕变稳定性，其成分主要特点：高 Si 含量、改变 B/N 比、极低的 Ni 含量以及使用 Ta 取代部分 Nb。试制的 FB2-3Ta 钢在 650℃ 下的持久性能相比 FB2 更好[24]。

1.2　9%~12%Cr 系耐热钢设计的物理冶金机理

1.2.1　9%~12%Cr 系耐热钢强化机理

9%~12%Cr 钢主要强化机制包括固溶强化、析出强化、位错强化以及界面强化等[25~27]。一般 9%~12%Cr 钢的强化是由几种机制共同作用构成，对每种强化机制所产生的对持久强度的贡献进行准确定量分析是比较困难的。9%~12%Cr 钢在其长时持久蠕变过程中，界面强化（包括亚界面强化）是比较重要的一种强化机制。

1.2.1.1　固溶强化和析出强化

固溶强化是通过在铁素体或奥氏体钢中加入与基体元素 Fe 原子半径接近的元素（Cr、Mo、W、Co 等），或者加入原子半径较小的元素（如 C、N 等），使基体的晶格发生畸变，其强化作用分别称为置换固溶强化和间隙固溶强化。元素在固溶体中的固溶度积随温度等因素发生变化，因此这类元素常在固溶强化之外在一定条件下与其他合金元素结合，以析出相的形式存在。如 Mo 和 W 在 9%~12%Cr 钢中以 $Fe_2(Mo,W)$ 型 Laves 相的形式析出，Cr 在钢中常以 $M_{23}C_6$ 或 M_7C_3 型碳化物的形式存在，而 N 常以 TiN 或 VN 等氮化物的形式弥散分布。Nb、V 和 Ti 是常见的析出强化型元素，这些析出强化型元素与碳、氮结合形成 $M_{23}C_6$、

M_6C、M_7C_3、$M(C,N)$ 和 $M_2(C,N)$ 析出物。此外，金属间化合物除 $Fe_2(Mo,W)$ 型 Laves 相外，还包含 Fe_7W_6 型 μ 相和 χ 相等。

1.2.1.2 位错强化

对一个可移动位错来说，其他位错是其移动的障碍，这是位错强化的基础解释。位错强化可用式（1-1）描述：

$$\sigma_\rho = 0.5MGb(\rho_f)^{1/2} \tag{1-1}$$

式中，ρ_f 是基体中的自由位错密度[25]。位错强化是马氏体耐热钢的一种重要强化机制。9%～12%Cr 钢中服役前含有很高密度位错，其数值范围一般在 $(1～10)\times10^{14}/m^2$。通过热处理或冷、热加工可调控钢中的位错密度。

1.2.1.3 界面和亚界面强化

图 1-4 为 9%～12%Cr 马氏体耐热钢组织示意图。在原奥氏体晶粒内，亚结构由低到高逐级为板条（laths）、马氏体块（blocks）、马氏体束（packets）。$M_{23}C_6$ 多分布于亚结构的界面附近，而 MX 常弥散分布于基体中。相邻的马氏体束和马氏体块以大角界面（>15°）分开，其取向不同。同一板条块内的相邻板条以小角界面（2°～15°）分开，且具有相似的晶粒取向[28,29]。典型的马氏体板条结构图解和 9%Cr 钢的马氏体板条分别如图 1-4[19] 和图 1-5[30] 所示。板条可认为是拉长的亚晶粒，其强化作用可用式（1-2）描述：

$$\sigma_{sg} = 10Gb/\lambda_{sg} \tag{1-2}$$

式中，λ_{sg} 是板条或亚晶粒的宽度[25]。通过细小析出相颗粒钉扎亚晶界以维持亚晶粒（板条）的宽度，对 9%～12%Cr 马氏体耐热钢在高温长时保持足够高的持久性能至关重要。

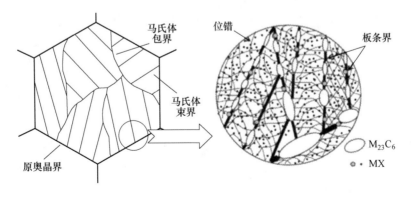

图 1-4 9%～12%Cr 钢淬火+回火后组织示意图[19]

图 1-5　9Cr3W 钢正火和回火后的组织 TEM 图像[30]

1.2.2　9%~12%Cr 系马氏体耐热钢中主要合金元素及其作用

1.2.2.1　铬的作用

马氏体耐热钢中添加 Cr 元素通常认为可提高抗蒸汽腐蚀和抗煤灰腐蚀性能[31,32]，但应注意提高 Cr 含量对 MX 向 Z 相的转变有加速作用[33]，过高的 Cr 含量也可导致 δ-Fe 出现[19]。此外，Cr 是 $M_{23}C_6$ 析出相的主要组成元素。实践已经证明，在 9%~12%Cr 钢中 Cr 含量过高对持久强度有直接的负面影响。

1.2.2.2　钼和钨的作用

9%~12%Cr 钢中添加 W 和 Mo 元素的主要目的是增强固溶强化作用。在起固溶强化作用的同时，由于温度等条件变化，这两种元素还可以以 Laves 相形式析出。随着 9%~12%Cr 马氏体耐热钢由早期的 T/P91 钢发展至 T/P92 钢和新一代马氏体耐热钢（如 G115/SAVE12AD 钢等），其 Mo、W 元素添加从单独添加 Mo 向 Mo/W 复合添加乃至 W 单独添加演变，Laves 相在钢中的形式也由 Fe_2Mo[34] 转变为 $Fe_2(Mo,W)$[35~37] 和 Fe_2W[38~40]，这个过程也是马氏体耐热钢持久强度不断提升的过程，由此可知，W 元素添加相比 Mo 元素的强化作用更好。除了是 Laves 相的主要构成元素之外，W 的添加对 $M_{23}C_6$ 的粗化也有一定的抑制作用[41]，但其含量不宜过高，以避免出现 δ-Fe[42]。但是，在工程实践中一定要注意 W 元素由于其特有的冶金特性对其他性能可能造成的不利影响。

1.2.2.3 钴和铜的作用

Co 和 Cu 元素均为奥氏体稳定化元素, 在 9%~12%Cr 钢中的添加可用于抑制 δ-Fe 的出现。Cu 在 9%~12%Cr 钢的回火及时效过程中, 常以非常细小的富 Cu 相颗粒的形式分布于界面附近, 有一定的析出强化作用[43,44]。过量添加 Co 和 Cu, 可能会引起 Ac_1 点下降, 缩小回火温度窗口。过量的 Cu 也会引起脆化问题。

1.2.2.4 铌和钒的作用

Nb 和 V 元素在 9%~12%Cr 钢中一般形成 (Nb,V)(C,N) 型 MX 析出相, MX 相在长时服役过程中稳定性较高, 可起到一定的弥散析出强化作用。学者对两者的含量匹配进行过优化研究, 通常认为 600~650℃ 马氏体耐热钢中添加 0.20%V 和 0.05%Nb 时, 可获得最佳的复合析出强化效果[45,46]。此外, 这两种元素也是 Z 相的主要构成元素, Danielsen 等人[47]提出一种利用细小 Z 相弥散强化的方法, 其试验钢在 600~650℃ 表现出与 P92 钢相当的持久强度。

1.2.2.5 碳和氮的作用

C 和 N 均为间隙固溶强化元素, 但在 9%~12%Cr 马氏体耐热钢中多以析出相形式存在, 如 $M_{23}C_6$ 和 MX 等。随 C 含量增加, $M_{23}C_6$ 的含量随之增加, 而 MX 相则维持稳定, 这可能是由于 Cr 与 Nb/V 在钢中的含量差异造成的[31]。

1.2.2.6 硼的作用

一般认为 B 元素在 9%~12%Cr 马氏体耐热钢中多偏聚于晶界, 其主要作用为抑制焊接热循环过程的 α/γ 相变和降低蠕变过程中的 $M_{23}C_6$ 粗化速率 (见图 1-6)[48], 这两种作用对马氏体耐热钢持久强度的提升有非常重要的意义。

Tabuchi 等人[49]研究含 B 的 9Cr3W3Co 钢焊接性能发现其热影响区并未出现可导致Ⅳ裂纹的细晶粒区。Kondo 等人[50]指出含 B 钢焊接热循环过程中细晶粒区的消失, 可能是奥氏体记忆效应或奥氏体逆转变 (α/γ 相变) 两种效应被抑制造成的。Shirane 等人[51]对含 B 钢与 P92 钢进行焊接热模拟的原位观察后发现, 含 B 钢在 Ac_3 点附近出现了马氏体浮凸现象, 而 P92 钢则在相同温度下出现典型的奥氏体再结晶, 因此推断 B 对 α/γ 相变的抑制是细晶粒区消失的原因。Abe 等人[48]认为 B 在晶界的偏聚降低了 α/α 的界面能, 使其难以作为 γ 相形核的质点, 从而抑制加热过程中的 α/γ 相变, 而由马氏体逆转变取代。B 在 9%~12%Cr 钢中对 $M_{23}C_6$ 粗化的抑制作用已被大量文献证实。

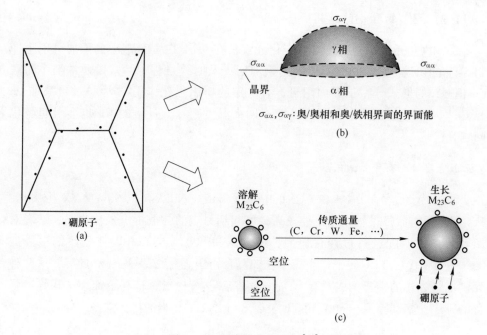

图 1-6 B 元素的作用机理[48]

(a) B 在晶界中的富集；(b) B 对加热过程中晶界附近的扩散型 α/γ 相变的影响；
(c) B 对蠕变过程中 $M_{23}C_6$ 粗化的抑制作用

1.3 9%~12%Cr 系耐热钢国内外研究现状及存在问题

1.3.1 马氏体耐热钢组织稳定性

1.3.1.1 基体组织的稳定性

9%~12%Cr 马氏体耐热钢服役前基体组织一般为板条形态回火马氏体。如果其合金元素的含量控制与热处理制度的选择不合适，基体中可能存在少量 δ-Fe 组织，对材料性能带来不利影响。通常在钢中加入扩大奥氏体区的元素（Co、Cu 等），降低铁素体区扩大元素（Cr、W 等）含量，并通过正火处理制度的优化，避免出现 δ-Fe。Ryu 和 Yu 等人[73]提出一个经验公式，可通过 Cr 当量的计算精确地评估钢中 δ-Fe 的含量，见式（1-3）。

$$w(Cr_{eq}) = w(Cr) + 0.8w(Si) + 2w(Mo) + w(W) + 4w(V) + 2w(Nb) +$$
$$1.7w(Al) + 60w(B) + 2w(Ti) + w(Ta) - 2w(Ni) - 0.4w(Mn) -$$
$$0.6w(Co) - 0.6w(Cu) - 20w(N) - 20w(C) \qquad (1-3)$$

$w(Cr_{eq}) < 10\%$ 可避免出现 δ-Fe，同时当 $w(Cr_{eq}) > 17\%$ 时将得到完全的 δ-Fe 组织。假如 $10\% < w(Cr_{eq}) < 12\%$，δ-Fe 的含量可用式（1-4）来估算：

$$\varphi(\delta\text{-Fe}) = 340.34 - 71.75w(Cr_{eq}) + 3.77w(Cr_{eq})^2 \tag{1-4}$$

从公式 (1-3) 和式 (1-4) 可以看出，Co 和 Cu 的添加可显著抑制 δ-Fe 的出现。

回火马氏体并非一种热力学稳定相，其在高温长时服役过程中将发生一系列组织转变，最终转变为热力学稳定的铁素体组织，这种过程可分为 3 个阶段，分别为回火马氏体板条的宽化、亚晶的形成与亚晶长大。同时马氏体内的位错密度也逐渐降低。9%~12%Cr 钢中板条马氏体的演变图解如图 1-7 所示[52]。

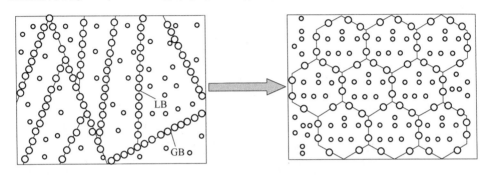

图 1-7　9%~12%Cr 钢中板条马氏体的演变图解[52]

Sawada 等人[53]通过对马氏体耐热钢回火过程的原位观察发现，在回火的初始阶段发生了界面弓出，随后该现象重复发生最终引起界面迁移和板条的宽化。由于回火马氏体的稳定性较高，马氏体耐热钢的时效处理温度要比回火处理温度低，在时效阶段马氏体耐热钢板条宽度的增量比回火阶段更低[54,55]，可认为马氏体转变时在界面处累积的应变能也是板条界面迁移的驱动能之一。

9%~12%Cr 马氏体耐热钢中亚晶粒的形成是板条回复过程完成后的产物。大量研究表明[56,57]，持久蠕变过程相比时效过程，由于产生了大量应变从而对亚晶的形成起到了一定的加速作用。这是由于持久蠕变过程产生大量移动位错，而高温可显著增加位错移动速度。两种因素结合起来可同时提高位错的数量及其可移动性，从而有利于位错之间的交互作用，尤其是滑移和攀移的进行，导致位错墙的形成与多边形化，最终形成亚晶粒。

研究指出[58~60]，亚晶粒的长大与析出相密切相关。在持久蠕变过程中，除温度因素外，应变的存在加速了析出相的长大与粗化，使析出相对界面的钉扎作用逐渐弱化，界面移动造成亚晶粒长大。

1.3.1.2　9%~12%Cr 钢中主要析出相及其稳定性

9%~12%Cr 马氏体耐热钢服役过程主要析出相为 $M_{23}C_6$、MX 和 Laves 相，此外可能也含有 Z 相与细小富 Cu 相等。

$M_{23}C_6$ 相具有复杂面心立方结构，在 9%~12%Cr 钢中多以（Fe,Cr,W）$_{23}C_6$ 结构存在，其晶体学构成如图 1-8 所示，其中 M1~M4 为 4 种晶体学上独立的金属原子，C 代表碳原子[61]。$M_{23}C_6$ 在回火后就存在，分布于晶界及亚晶界处，析出初期可起到较强的钉扎作用，然而在长时服役后粗化的 $M_{23}C_6$ 颗粒是导致持久强度衰减的主要因素之一[26,39,62~64]。研究人员对如何细化 $M_{23}C_6$ 析出相进行了大量研究，研究的重点聚焦于合金元素的调整。Gustafson[65] 和 Paul[66] 等人分别通过热力学计算，认为添加 Co 和 W 可降低 9%Cr 钢中 $M_{23}C_6$ 的粗化速率。大量研究表明在钢中添加 B 元素，对 $M_{23}C_6$ 的粗化行为具有明显的抑制效果[64,67~70]。Hättestrand 等人发现正火+回火处理后，B 元素在 7 种 9%~12%Cr 钢中多分布于 $M_{23}C_6$ 析出相中，在 9%Cr 钢与 12%Cr 钢中分别呈现均匀分布与表层富集的状态[71]。Abe 等人认为正火过程中 B 在晶界偏聚，使其能够在随后回火过程中进入 $M_{23}C_6$ 表面的空位，从而抑制 $M_{23}C_6$ 长大粗化[48]。Sahara 等人则报道 B 的添加在改变 $Fe_{23}(C,B)_6$ 形核能的同时，降低了 Fe（110）‖ $Fe_{23}(C,B)_6$（111）的相界面能，两者的共同作用提高了 $M_{23}C_6$ 的稳定性[61]。目前，对 B 在耐热钢中的作用机制仍未有一个非常完善的解释，但已有结果表明 B 元素对 $M_{23}C_6$ 粗化的抑制作用可显著提高 9%~12%Cr 钢的持久性能。

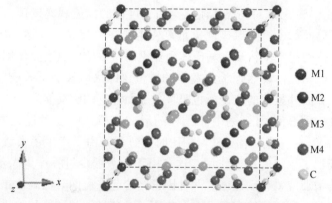

图 1-8　9%~12%Cr 钢中 $M_{23}C_6$ 的晶格结构[61]

Laves 相是一种密排六方结构的金属间化合物，主要由 Fe、Mo 和 W 元素构成。9%~12%Cr 马氏体耐热钢中的 Laves 相在时效初期就在回火马氏体的亚结构界面处析出，其形态在长时时效过程中由短杆状逐渐向方形过渡[56]，而在 δ-Fe 中呈现均匀弥散的分布状态，且其稳定性相对在回火马氏体中更高[72]。Abe 等人认为短时析出的细小 Laves 相对材料的持久蠕变强度有利，而其较高的粗化速率将加快材料持久蠕变断裂的发生[73]。大量文献[74~78]证实粗大的 Laves 相颗粒也是导致 9%~12%Cr 马氏体耐热钢持久蠕变断裂的主要原因之一，同时引起材料时效后韧性的快速大幅下降。Hosoi 等人[79]发现，降低 9Cr-1Mo 钢中的 Si 含量可改变 Laves 相平均电子浓度和原子半径，从而提高 Fe_2Mo 型 Laves 相的稳定性。Hu[80]等人认为 Co 元素的添加能抑制 Mo 和 W 在 10%Cr 钢基体中的溶解度，从而促进 $Fe_2(Mo,W)$ 型 Laves 相的析出。Abe 等人[41]研究了温度对 9Cr-4W 钢中 Laves 相长大粗化行为的影响，其析出曲线近似为 C 形，且在其曲线鼻尖温度处粗化最快。Cui 等人[72]从应变的角度解释了 Laves 相的粗化动力学，认为应变对 W/Mo 的扩散有一定的加速作用。影响 Laves 相长时粗化行为的因素很多，在服役温度和应力较难改变的情况下，从成分优化角度来研究 Laves 相的粗化行为是较为可行的。

MX 相为面心立方结构，其中 M 代表 V 或 Nb，而 X 代表 C 或 N。当钢中含有 Ti 或 Ta 等，还可能形成 TiN 或 TaC 型析出相。由于 Ti 在钢中极易与 N 结合，所形成的 TiN 相的溶解温度过高，在常规的正火过程中难以回溶基体[81]，从而在后续的回火和时效过程中弥散析出量十分有限，因此需严格控制 Ti 含量，避免一次 TiN 形成。Ta 元素价格较贵，在 9%～12%Cr 马氏体耐热钢中添加较少见，Ta 常用于耐热合金、高温合金和一部分低活化钢中[82]。由于 Ta 与 V、Nb 均属于 VB 族元素，因此其化学性质相似，大多数情况下可由 V、Nb 所替代。9%～12%Cr 马氏体耐热钢中富 Nb、V 的细小 MX 相多分布于马氏体基体中，其在服役过程中稳定性极高，能很好地对位错等起到钉扎作用，是一种重要的弥散析出强化相[58,83]。

$Cr(Nb,V)N$ 型 Z 相比 MX（尤其是 MN）具有更高的热力学稳定性，是 MN 相在长期高温服役过程中转变的最终形态[84～86]。Z 相的形成并非均匀形核，而是以 MN 相为依托，如图 1-9 所示[87]。一般认为 Z 相是从细小 MN 相转变而来，虽然 Z 相在 9%～12%Cr 马氏体耐热钢中需要较长时间形核，但其长大粗化很快，因此将导致弥散析出强化效果降低[88]。文献指出[87]，Z 相也是引起 9%～12%Cr 马氏体耐热钢持久蠕变断裂的重要因素之一。此外，Cr 和 N 元素含量对 Z 相的形成有重要影响[89]。

Cu 元素在低合金钢中的添加比较多见，多用于提高钢的耐蚀性[90]和改善疲劳强度[91]等，同时形成 ε-Cu 相以形成弥散析出强化效果[92]。在 9%～12%Cr 马氏体耐热钢中，Cu 元素首先在 T/P122 钢中添加用以抑制 δ-Fe 的形成，同时形成纳米级富 Cu 相，如图 1-10 所示。Hättestrand 等人[43]报道添加 0.87%Cu 的 P122 钢在 600℃和 650℃时效后均发现富 Cu 相，由于其易腐蚀，制备用于常规扫描电镜与透射电镜的样品时富 Cu 相颗粒易从基体脱落，需要采用能量损失谱（EELS）和能量过滤透射电子显微镜（EFTEM）相结合的方法进行观察，表征难度较大。Ku 等人[44]发现富 Cu 相多分布于 Laves 相附近，因此推断其可作为 Laves 相的形核质点，对 Laves 相的析出起到一定的辅助作用。目前富 Cu 相在铁

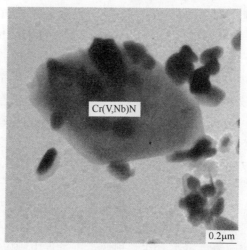

图 1-9　NF12 钢 650℃时效 17000h 后的 Z 相与 MN 相[87]

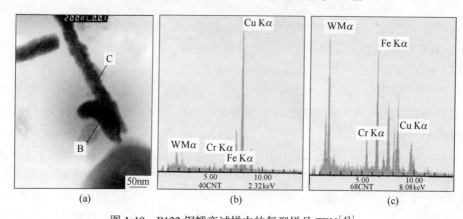

图 1-10　P122 钢蠕变试样中的复型样品 TEM[43]

（a）形貌；（b）B 号（富 Cu 相）的 EDS 结果；（c）C 号（Laves）的 EDS 结果

素体耐热钢的研究多集中于 12%Cr 马氏体耐热钢（P122 等），对其在 9%Cr 马氏体耐热钢中的作用仍待进一步研究。

1.3.2　马氏体耐热钢的抗蒸汽腐蚀性

超超临界机组用马氏体耐热钢在服役过程中的抗蒸汽氧化性能是电站安全稳定运行至关重要的因素之一。首先，蒸汽氧化可造成大口径厚壁管的壁厚减薄，可导致潜在的蠕变断裂风险；其次，氧化皮层导热性较低，可导致部件金属温度局部升高；再次，氧化皮层剥落可导致弯管处管道堵塞，从而造成局部温度过高甚至爆管[93]。对于锅炉内的小口径马氏体耐热钢管还要考虑管外侧的煤灰腐蚀问题。

材料的抗蒸汽氧化性能与多种因素相关，包括材料的合金成分、服役环境的温度与时间等。此外，热流、蒸汽压与蒸汽成分、材料表面情况、晶粒尺寸、表面残余应力和合金中的杂质元素等也是影响材料氧化性的因素。超超临界电站所用材料的 Larson-Miller 参数与氧化层厚度之间的关系如图 1-11 所示[94]。与铁素体/马氏体耐热钢相比，虽然奥氏体耐热钢表现出更佳的抗氧化性，然而由于其较高的热膨胀性与较低的热导率，将导致蒸汽腐蚀过程中基体金属与氧化层之间存在较大的热膨胀性差异，氧化皮裂纹形成与剥落的可能性更高，可能引发安全隐患。

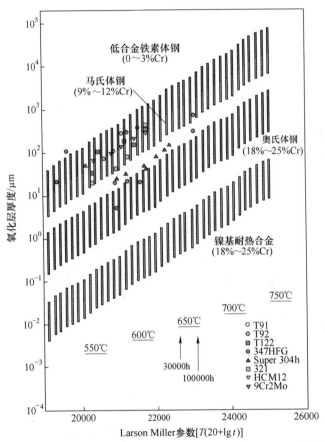

图 1-11　Larson -Miller 参数与超超临界电站用材料氧化层厚度之间的关系[94]

很多学者对 9%~12%Cr 钢在 600~650℃下的蒸汽氧化性进行了研究。与低合金铁素体耐热钢存在抛物线-线性氧化动力学转换不同，9%~12%Cr 马氏体耐热钢在蒸汽氧化过程中很少形成 FeO 氧化物，其氧化动力学以抛物线型为主[95,96]。有学者指出 9%~12%Cr 马氏体耐热钢的氧化速率在 600℃以下与 Cr 元素含量的相关程度较低，而在高于 600℃时将随 Cr 元素含量的增加而显著下降，这也是将 P92 马氏体耐热钢的使用温度上限设定为 620℃左右的原因之一[97]。

因为 Cr 元素含量提高将弱化马氏体耐热钢的持久强度，因此如何在不提高 Cr 元素含量的前提下提高马氏体耐热钢的抗氧化性能是该类材料的重点研究方向之一。

喷丸与扩散型喷镀常用于提高奥氏体耐热钢抗蒸汽腐蚀性能。有学者指出[98]，经喷丸处理后的含 18%Cr 的 TP347HFG 奥氏体耐热钢的抗蒸汽氧化性能可达到含 25%Cr 的 HR3C 奥氏体耐热钢的水平，但这种处理方法对铁素体系耐热钢是否有效尚待研究。9%～12%Cr 马氏体耐热钢中氧化物主要由 Fe_3O_4 和 $(Fe,Cr)_3O_4$ 构成，其中前者是与蒸汽接触的外层氧化物，而后者则是金属表面所接触的内层尖晶石结构氧化物[99]。以 18-8 钢为代表的奥氏体不锈钢，之所以表现较高的抗氧化性，其中一个重要原因是在金属表面与内层氧化物之间存在一层具有较高的保护作用 Cr_2O_3 氧化层，如图 1-12 所示[93]。Cr_2O_3 的形成主要与材料中 Cr 元素含量有关。Itagaki 等人发现添加 3%Pd 可使 9%Cr 钢在 650℃蒸汽中形成一层薄 Cr_2O_3 层，但由于 Pd 价格高昂，这种方法的经济性较低[100]。

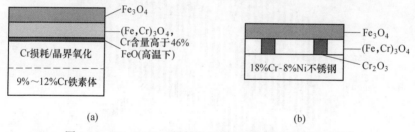

图 1-12　9%～12%Cr 钢与奥氏体不锈钢的氧化层构成[93]
(a) 9%～12%Cr 钢；(b) 奥氏体不锈钢

Abe 等人[101,102]采用成分优化和预氧化处理方法，通过提高 Si 含量与在 700℃下 Ar 气预处理相结合的方法，使 9%Cr 马氏体耐热钢在 650℃蒸汽环境中形成 Cr_2O_3 氧化层，减缓了材料的氧化行为，如图 1-13 所示。

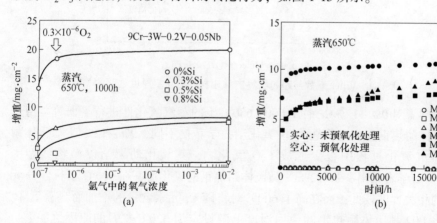

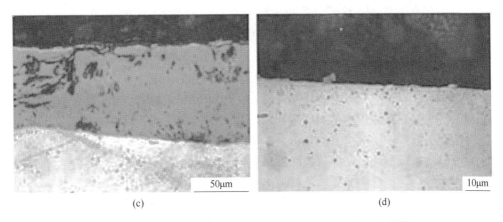

(c)　　　　　　　　　　　　　　　　　(d)

图 1-13　预氧化处理对 9%Cr 马氏体耐热钢氧化性能影响[101]

（a）不同含 Si 量的 9Cr 钢在 Ar 气预处理后在 650℃蒸汽下暴露 1000h 后的氧化增重；

（b）3 种 9Cr 钢（MARN、MARB1 和 MARB2）经预处理与未经预处理后的 650℃氧化增重情况；

（c）经预处理的 MARN 钢 650℃蒸汽下暴露 500h 后的氧化层界面分析；

（d）未经预处理后的 MARN 钢 650℃蒸汽下暴露 500h 后的氧化层界面分析

1.3.3　马氏体耐热钢的焊接性

1.3.3.1　9%~12%Cr 马氏体耐热钢的焊接工艺

以 P92 钢为例，9%~12%Cr 马氏体耐热钢的典型焊接工艺如图 1-14 所示[103]。为了消除材料的延迟断裂（冷裂纹）敏感性，预热温度通常比焊接层间温度略低，且两者均低于材料的 M_f 点，以获得完全的马氏体组织。焊后热处理（PWHT）的目的是对焊后的组织进行软化处理并消除残余应力，以获得焊接接头部位较高的塑韧性，同时为避免出现马氏体+铁素体的双相组织，其焊后热处理温度必须在材料的 Ac_1 点以下，同时要考虑马氏体耐热钢回火处理问题。

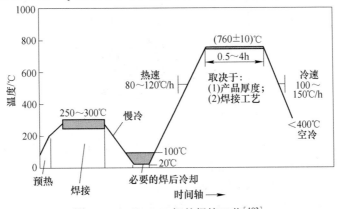

图 1-14　E911/P92 钢的焊接工艺[103]

　　为获得高质量焊接接头，钨极气体氩弧焊（GTAW）一般作为 9%～12%Cr 马氏体耐热钢的第一道焊接工艺，随后可继续采用该工艺进行焊接，但药芯焊丝电弧焊（FCAW）、手工电弧焊（MMAW）或埋弧自动焊（SAW）在锅炉管道的实际焊接中更为常用，以提高效率或进行复杂焊接或深焊的目的。

　　9%～12%Cr 马氏体耐热钢管需在高温下长时服役，因此其焊接材料的选择需考虑持久强度和冲击韧性同时达到与母材的良好匹配，尽管制造出完全达到与母材性能完全一样的焊接材料几乎是不可能的。因此只能退而求其次，选择持久性能与母材接近但冲击韧性略低的焊接材料，除了略微提高其 Mn 和 Ni 含量以改善韧性之外，其化学成分应与母材尽可能接近。

1.3.3.2　9%～12%Cr 马氏体耐热钢的接头组织与裂纹敏感性

　　9%～12%Cr 马氏体耐热钢焊接接头的组织示意如图 1-15 所示[104]。根据焊接热循环中峰值温度（T_p）的不同，可将母材与焊缝之间的热影响区分为：过回火区、部分再结晶区、细晶粒区、粗晶粒区。不同区域的组织与性能特点如下所述。

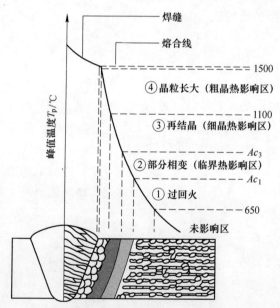

图 1-15　随焊接热循环峰值温度变化的热影响区组织分布[104]

　　（1）过回火区：当峰值温度低于 Ac_1 点时，相当于对材料进行高温回火处理，析出相颗粒发生了粗化，而其基体组织并未发生相变。

　　（2）临界区：峰值温度位于 Ac_1 与 Ac_3 之间，部分组织发生了奥氏体相变，冷却后形成奥氏体-马氏体与回火马氏体的双相组织。此外，只有少量析出相溶于基体中，未溶的析出相将在后续的 PWHT 过程中继续粗化。此区域硬度最低，对第Ⅵ类裂纹敏感。

（3）细晶粒区。峰值温度略高于 Ac_3 点，组织发生完全奥氏体转变。由于该区间温度较低，未溶析出相较多能显著地阻碍晶界迁移，使最终形成细小的晶粒，冷却得到马氏体组织。此区域是蠕变强度最低，易产生第Ⅳ类裂纹。

（4）粗晶粒区。峰值温度远高于 Ac_3 点，绝大部分析出相可溶于基体中，从而晶粒长大明显。此区域硬度最高而韧性最低，在蠕变载荷下可能对热裂纹敏感。

1974 年 Schüller 等人[105]根据耐热钢焊接接头中裂纹的萌生位置与扩展路径的不同，将裂纹分为 4 种，如图 1-16 所示。其中，前 3 种裂纹可分为两大类：

第Ⅰ类与第Ⅱ类裂纹均起源于焊缝中，前者止裂于焊缝，而后者可扩展至热影响区甚至母材。据报道，这两种裂纹产生于焊缝金属的凝固过程中，可归类为热裂纹。通过提高冶金质量和降低杂质元素含量，可降低甚至避免出现这两类裂纹。

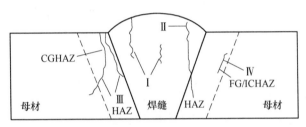

图 1-16　马氏体耐热钢焊接接头的常见裂纹形式[105]

第Ⅲ类裂纹多起源于热影响区中的粗晶粒区，并在热影响区扩展或扩展至母材中。据报道，第Ⅲ类裂纹产生于焊后热处理或长时服役过程中，与晶界和晶粒内部的强度差异有关，是一种沿晶界扩展的应力松弛裂纹。此类裂纹在早期的低合金耐热钢（T/P23 和 T/P24 等）中较为常见，而在 9%~12%Cr 马氏体耐热钢中敏感性较低。

第Ⅳ类裂纹是一种起源于热影响区的细晶粒区或临界区的裂纹，同时也是铁素体耐热钢焊接接头在长时服役过程中提前断裂的主要原因之一。这类裂纹在低合金耐热钢（T/P22、T/P23 等）和 9%~12%Cr 马氏体耐热钢中均有可能发生。目前普遍认为，与母材和焊缝相比，HAZ 细晶粒区的持久强度较低，从而在多轴应力下形成了拘束效应，如图 1-17 所示[106]。对造成细晶粒区较低持久强度的原因，目前已有大量报道。有学者认为，在焊接热循环过程中细晶粒区中析出相溶解程度较低，后续 PWHT 和服役过程中将二次长大，其颗粒尺寸比其他区域更大[107]。Liu 等人[108]认为，细晶粒区的晶界缺少析出相颗粒的钉扎，致使其在服役过程中容易迁移，也有学者[106,109]认为细晶粒区内的基体组织为位错密度很低的亚晶粒结构，其相比板条结构更易宽化。

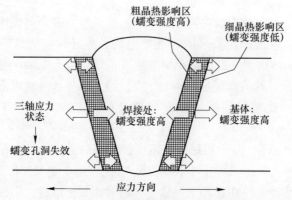

图 1-17　9%~12%Cr 钢焊接接头持久过程中的拘束应力[106]

Li 等人[110]通过有限元模拟的方法，得出缩短细晶粒区的宽度可减小其等效应变，进而降低蠕变孔洞的发生概率，并通过电子束焊（EBW）方法对计算结果进行了验证，成功地将 P122 钢的焊接接头持久性能提升至 GTAW 接头的两倍以上，然而其应力低于 100MPa 时，仍出现第Ⅳ裂纹。Abe 等人[111~113]通过调整9Cr-3W-3Co 钢中的 B/N 配比，避免了焊接热循环过程中出现细晶粒区，成功地将其焊接接头的持久性能提升至与母材相近的水平，在 10000h 内未发现第Ⅳ裂纹。尽管目前其作用机理仍未完全明晰，但现有结果表明可通过抑制细晶粒区来避免这类马氏体耐热钢焊接热影响区第Ⅳ类裂纹的出现。

参 考 文 献

[1] Fukuda M. Advanced USC technology development [J]. Journal of Smart Processing, 2014, 3 (2)：78-85.

[2] Thornton D V, Mayer K H. European high temperature materials development for advanced steam turbines [C]// In：R. Viswanathan, J. W. Nutting, eds. Advanced Heat Resistant Steels for Power Generation. London：IOM Communications Ltd, 1999：349-365.

[3] Masuyama F, Yokoyama T, Sawaragi Y, et al. Properties of 12%Cr high strength ferritic steel tubes and pipe weldments for boilers [C]// In：proceedings of CSPE-JSME-ASME international conference on power engineering-95. Beijing：Chinese Society of Power Engineering, 1995：1093

[4] 刘荣藻. 低合金热强钢的强化机理 [M]. 北京：冶金工业出版社, 1981.

[5] 刘正东, 程世长, 包汉生, 等. 超超临界火电机组用锅炉钢技术国产化问题 [J]. 钢铁, 2009, 44 (6)：1-7.

[6] Masuyama F. History of power plants and progress in heat resistant steel [J]. ISIJ International, 2001, 41 (6)：612-620.

［7］ Hizume A, Takeda Y, Yokota H, et al. An advanced 12Cr steel rotor applicable to elevated steam temperature 593℃ ［J］. Journal of Engineering Materials and Technology, 1987, 109 (4): 319-325.

［8］ Kalwa G, 李惠琳. X20CrMoV121 钢的发展状况与应用技术 ［J］. 发电设备, 1987, 5: 31-35.

［9］ Sikka V K, Ward C T, Thomas K C, et al. Modified 9Cr-1Mo steel—an improved alloy for steam generator application ［C］∥ In: Khare A K, eds. Proceedings of Ferritic Steels for High Temperature Application. Ohio: ASM, 1983: 65-84.

［10］ Fujita T. Current progress in advanced high Cr ferritic steels for high-temperature applications ［J］. ISIJ international, 1992, 32 (2): 175-181.

［11］ 保田英洋. フェライト系ボイラチューブ NF616 の開発 ［J］. 火力原子力発電, 1988, 39 (5): 517-524.

［12］ Sakakibara M, Masumoto H, Ogawa T, et al. High strength 9Cr-0. 5Mo-1. 8W steel (NF616) tubes for boilers ［J］. Thermal and Nuclear Power, 1987, 38: 841-850.

［13］ 严伟, 胡平, 赵立君, 等. 新型耐热钢 NF12 的热处理工艺 ［J］. 金属热处理, 2009, 34 (9): 59-61.

［14］ Yoshizawa M, Igarashi M, Moriguchi K, et al. Effect of precipitates on long-term creep deformation properties of P92 and P122 type advanced ferritic steels for USC power plants ［J］. Materials Science and Engineering: A, 2009, 510: 162-168.

［15］ Zieliński A, Dobrzański J, Sroka M. Changes in the structure of VM12 steel after being exposed to creep conditions ［J］. Archives of Materials Science and Engineering, 2011, 49 (2): 103-111.

［16］ Iseda A, Sawaragi Y, Teranishi H, et al. Development of new 12% chromium steel tubing (HCM12) for boiler application ［J］. Sumitomo Search, 1989 (40): 41-56.

［17］ Hald J. High-alloyed martensitic steel grades for boilers in ultrasupercritical power plants ［C］∥ In: Gianfrancesco A D, eds. Materials for Ultra-Supercritical and Advanced Ultra-Supercritical Power Plants ［M］. Cambridge: Woodhead Publishing, 2017: 77-97.

［18］ Abe F. Development of creep-resistant steels and alloys for use in power plants ［C］∥ In: Shirzadi A, Jackson S, eds. Structural Alloys in Power Plants ［M］. Cambridge: Woodhead Publishing Limited, 2014: 250-293.

［19］ Abe F. Precipitate design for creep strengthening of 9%Cr tempered martensitic steel for USC power plant ［J］. Science and Technology of Advanced Materials, 2008, 9: 1-15.

［20］ Sato T, Tamura K, Fukuda Y, et al. Development of low-C 9Cr steel for USC boilers ［J］. CAMP-ISIJ, 2006, 19: 565.

［21］ Metzger K, Czychon K H, Roos E, et al. Testing for the investigation of the damage mechanism of high-temperature for the 700℃ power plant ［C］∥ In: Proc. of 34th MPA-Seminar. Stuttgart, Germany, 2008: 1-12.

［22］ Igarashi M, Sawaragi Y. Development of 0. 1C-11Cr-3W-3Co-V-Nb-Ta-Nd-N ferritic steel for

USC boilers [C] // In: Proc. of International Conference on Power Engineering-97 (ICOPE-97). Tokyo, Japan, 1997: 107-112.

[23] Blaes N, Donth B, Bokelmann D. High chromium steel forgings for steam turbines at elevated temperatures [J]. Energy Materials, 2007, 2 (4): 207-213.

[24] Abe F. Research and development of heat-resistant materials for advanced USC power plants with steam temperatures of 700℃ and above [J]. Engineering, 2015, 1 (2): 211-224.

[25] Maruyama K, Sawada K, Koike J. Strengthening mechanisms of creep resistant tempered martensitic steel [J]. ISIJ International, 2001, 41: 641-653.

[26] Abe F. Bainitic and martensitic creep-resistant steels [J]. Current Opinion in Solid State and Materials Science. 2004, 8: 305-311.

[27] Abe F. Strengthening mechanisms in steel for creep and creep rupture [C] // In: Abe F, Kern T U, Viswanathan R, eds. Creep-Resistant Steels [M]. Cambridge: Woodhead Publishing Limited, 2008: 15-77.

[28] Yoshida F, Terada D, Nakashima H, et al. Microstructure change during creep deformation of modified 9Cr-1Mo steel [C] // In: Viswanathan R, Bakker W T, Parker J D, eds. Advances in Materials Technology for Fossil Power Plants, Proceedings of the 3rd Conference. London: The Institute of Materials, 2001: 143-151.

[29] Winning M, Gottstein G, Shvindlerman L S. Migration of grain boundaries under the influence of an external shear stress [J]. Materials Science and Engineering: A, 2001, 317 (1): 17-20.

[30] Skleni čka V, Kucha řová K, Svoboda M, et al. Long-term creep behavior of 9% ~ 12% Cr power plant steels [J]. Materials Characterization, 2003, 51: 35-48.

[31] Masuyama F, Komai N, Yokoyama T, et al. 3-Year Experience with 2.25Cr-1.6W (HCM2S) and 12Cr-0.4Mo-2W (HCM12A) steel tubes in a power boiler [J]. JSME International Journal Series B Fluids and Thermal Engineering, 1998, 41 (4): 1098-1104.

[32] Thornton D V, Mayer K H. New materials for advanced steam turbines [C] // In: Strang A, eds. Advances in Turbine Materials, Design and Manufacturing, Proceedings of the Fourth International Charles Parsons Turbine Conference Advances in Turbine Materials, Design and Manufacturing. London: The Institute of Materials, 1997: 203-226.

[33] Liu F, Rashidi M, Johansson L, et al. A new 12% chromium steel strengthened by Z-phase precipitates [J]. Scripta Materialia, 2016, 113: 93-96.

[34] Mitchell D R G, Sulaiman S. Advanced TEM specimen preparation methods for replication of P91 steel [J]. Materials characterization, 2006, 56 (1): 49-58.

[35] Sakthivel T, Panneer S S, Parameswaran P, et al. Creep deformation and rupture behaviour of thermal aged P92 steel [J]. Materials at High Temperatures, 2016, 33 (1): 33-43.

[36] Wang X, Xu Q, Yu S, et al. Laves-phase evolution during aging in 9Cr-1.8W-0.5Mo-VNb steel for USC power plants [J]. Materials Chemistry and Physics, 2015, 163: 219-228.

[37] Sawada K, Hongo H, Watanabe T, et al. Analysis of the microstructure near the crack tip of

ASME Gr. 92 steel after creep crack growth [J]. Materials Characterization, 2010, 61 (11): 1097-1102.

[38] Abe F. Alloy design of creep- and oxidation-resistant 9%Cr steel for high efficiency USC power plant [J]. Materials Science Forum, 2012, 706-709: 3-8.

[39] Abe F. Analysis of creep rates of tempered martensitic 9%Cr steel based on microstructure evolution [J]. Materials Science and Engineering: A, 2009, 510: 64-69.

[40] Semba H, Abe F. Alloy design and creep strength of advanced 9%Cr USC boiler steels containing high concentration of boron [J]. Energy Materials, 2006, 1 (4): 238-244.

[41] Abe F, Araki H, Noda T. The effect of tungsten on dislocation recovery and precipitation behavior of low-activation martensitic 9Cr steels [J]. Metallurgical and Materials Transactions A, 1991, 22 (10): 2225-2235.

[42] Abe F, Nakazawa S. The effect of tungsten on creep [J]. Metallurgical and Materials Transactions A, 1992, 23 (11): 3025-3034.

[43] Hättestrand M, Schwind M, Andrén H O. Microanalysis of two creep resistant 9%~12% chromium steels [J]. Materials Science and Engineering: A, 1998, 250 (1): 27-36.

[44] Ku B S, Yu J. Effects of Cu addition on the creep rupture properties of a 12%Cr steel [J]. Scripta Materialia, 2001, 45: 205-211.

[45] Muneki S, Okubo H, Abe F. Creep property of carbon and nitrogen free high strength new alloys [J]. International Journal of Pressure Vessels and Piping, 2010, 87: 351-356.

[46] Abe F, Taneike M, Sawada K. Alloy design of creep resistant 9Cr steel using a dispersion of nano-sized carbonitrides [J]. International Journal of Pressure Vessels and Piping, 2007, 84 (1): 3-12.

[47] Danielsen H K, Hald J. On the nucleation and dissolution process of Z-phase Cr(V,Nb)N in martensitic 12% Cr steels [J]. Materials Science and Engineering: A, 2009, 505 (1): 169-177.

[48] Abe F, Tabuchi M, Tsukamoto S. Mechanisms for boron effect on microstructure and creep strength of ferritic power plant steels [J]. Energy Materials, 2009, 4 (4): 166-174.

[49] Tabuchi M, Kondo M, Watanabe T, et al. Improvement of Type IV cracking resistance of 9Cr heat resisting steel weldment by boron addition [J]. Acta Metallurgica Sinica (English Letters), 2004, 17 (4): 331-337.

[50] Kondo M, Tabuchi M, Tsukamoto S, et al. Suppressing type IV failure via modification of heat affected zone microstructures using high boron content in 9Cr heat resistant steel welded joints [J]. Science and Technology of Welding and Joining, 2006, 11 (2): 216-223.

[51] Shirane T, Tsukamoto S, Tsuzaki K, et al. Ferrite to austenite reverse transformation process in B containing 9%Cr heat resistant steel HAZ [J]. Science and Technology of Welding and Joining, 2009, 14 (8): 698-707.

[52] Yan W, Wang W, Shan Y Y, et al. Microstructural stability of 9%~12%Cr ferrite/martensite heat-resistant steels [J]. Frontiers of Materials Science, 2013, 7 (1): 1-27.

[53] Sawada K, Taneike M, Kimura K, et al. In situ observation of recovery of lath structure in 9% chromium creep resistant steel [J]. Materials science and technology, 2003, 19 (6): 739-742.

[54] Sawada K, Maruyama K, Hasegawa Y, et al. Creep life assessment of high chromium ferritic steels by recovery of martensitic lath structure [J]. Key Engineering Materials, 2000, 171-174: 109-114.

[55] Abe F, Nakazawa S, Araki H, et al. The role of microstructural instability on creep behavior of a martensitic 9Cr-2W steel [J]. Metallurgical and Materials Transactions A, 1992, 23 (2): 469-477.

[56] Panait C G, Bendick W, Fuchsmann A, et al. Study of the microstructure of the Grade 91 steel after more than 100000h of creep exposure at 600℃ [J]. International journal of pressure vessels and piping, 2010, 87 (6): 326-335.

[57] Cerjak H, Hofer P, Schaffernak B. The influence of microstructural aspects on the service behaviour of advanced power plant steels [J]. ISIJ international, 1999, 39 (9): 874-888.

[58] Panait C G, Zielińska-Lipiec A, Koziel T, et al. Evolution of dislocation density, size of subgrains and MX-type precipitates in a P91 steel during creep and during thermal ageing at 600℃ for more than 100000h [J]. Materials Science and Engineering: A, 2010, 527 (16): 4062-4069.

[59] Eggeler G. The effect of long-term creep on particle coarsening in tempered martensite ferritic steels [J]. Acta Metallurgica, 1989, 37 (12): 3225-3234.

[60] Aghajani A, Somsen C, Eggeler G. On the effect of long-term creep on the microstructure of a 12% chromium tempered martensite ferritic steel [J]. Acta Materialia, 2009, 57 (17): 5093-5106.

[61] Sahara R, Matsunaga T, Hongo H, et al. Theoretical investigation of stabilizing mechanism by boron in body-centered cubic iron through $(Fe,Cr)_{23}(C,B)_6$ precipitates [J]. Metallurgical and Materials Transactions A, 2016, 47 (5): 2487-2497.

[62] Horiuchi T, Igarashi M, Abe F. Improved utilization of added B in 9Cr heat-resistant steels containing W [J]. ISIJ International, 2002, 42: S67-S71.

[63] Abe F, Horiuchi T, Taneike M, et al. Stabilization of martensitic microstructure in advanced 9Cr steel during creep at high temperature [J]. Materials Science and Engineering A, 2004, 378: 299-303.

[64] Abe F. Effect of boron on microstructure and creep strength of advanced ferritic power plant steels [J]. Procedia Engineering, 2011, 10: 94-99.

[65] Gustafson Å, Ågren J. Possible effect of Co on coarsening of $M_{23}C_6$ carbide and Orowan stress in a 9%Cr steel [J]. ISIJ international, 2001, 41 (4): 356-360.

[66] Paul V T, Vijayanand V D, Sudha C, et al. Effect of tungsten on long-term microstructural evolutionand impression creep behavior of 9Cr reduced activation ferritic/martensitic Steel [J]. Metallurgical and Materials Transactions A, 2017, 48 (1): 425-438.

[67] Abe F, Tabuchi M, Tsukamoto S. Alloy design of martensitic 9Cr-boron steel for A-USC Boiler at 650℃-beyond grades 91, 92 and 122 [C]∥In: Energy Materials 2014. John Wiley & Sons, 2014: 129-136.

[68] Mayr P, Méndez Martín F, Albu M, et al. Correlation of creep strength and microstructural evolutionof a boron alloyed 9Cr3W3CoVNb steel in as-received and welded condition [J]. Materials at High Temperatures, 2010, 27 (1): 67-72.

[69] Albert S K, Kondo M, Tabuchi M, et al. Improving the creep properties of 9Cr-3W-3Co-NbV steels and their weld joints by the addition of boron [J]. Metallurgical and Materials Transactions A, 2005, 36 (2): 333-343.

[70] Plesiutschnig E, Beal C, Paul S, et al. Optimised microstructure for increased creep rupture strength of MarBN steels [J]. Materials at High Temperatures, 2015, 32 (3): 318-322.

[71] Hättestrand M, Andrén H O. Boron distribution in 9%~12% chromium steels [J]. Materials Science and Engineering: A, 1999, 270 (1): 33-37.

[72] Cui J, Kim I S, Kang C Y, et al. Creep stress effect on the precipitation behavior of Laves phase in Fe-10%Cr-6%W alloys [J]. ISIJ international, 2001, 41 (4): 368-371.

[73] Abe F. Effect of fine precipitation and subsequent coarsening of Fe2W Laves phase on the creep deformation behavior of tempered martensitic 9Cr-W steels [J]. Metallurgical and materials transactions A, 2005, 36 (2): 321-332.

[74] Zhu S, Yang M, Song X L, et al. Characterisation of Laves phase precipitation and its correlation to creep rupture strength of ferritic steels [J]. Materials Characterization, 2014, 98: 60-65.

[75] Kipelova A, Belyakov A, Kaibyshev R. Laves phase evolution in a modified P911 heat resistant steel during creep at 923K [J]. Materials Science and Engineering: A, 2012, 532: 71-77.

[76] Aghajani A, Richter F, Somsen C, et al. On the formation and growth of Mo-rich Laves phase particles during long-term creep of a 12% chromium tempered martensite ferritic steel [J]. Scripta Materialia, 2009, 61 (11): 1068-1071.

[77] Maddi L, Barbadikar D, Sahare M, et al. Microstructure evolution during short term creep of 9Cr-0. 5Mo-1. 8W steel [J]. Transactions of the Indian Institute of Metals, 2015, 68 (2): 259-266.

[78] Prat O, Garcia J, Rojas D, et al. The role of Laves phase on microstructure evolution and creep strength of novel 9%Cr heat resistant steels [J]. Intermetallics, 2013, 32: 362-372.

[79] Hosoi Y, Wade N, Kunimitsu S, et al. Precipitation behavior of laves phase and its effect on toughness of 9Cr-2Mo Ferritic-martensitic steel [J]. Journal of Nuclear Materials, 1986, 141: 461-467.

[80] Hu P, Yan W, Sha W, et al. Study on Laves phase in an advanced heat-resistant steel [J]. Frontiers of Materials Science in China, 2009, 3 (4): 434-441.

[81] Yin F, Tian L, Xue B, et al. Effect of titanium on second phase precipitation behavior in

9%～12%Cr ferritic/martensitic heat resistant steels [J]. Rare Metals, 2011, 30: 497-500.

[82] Klueh R L, Alexander D J, Rieth M. The effect of tantalum on the mechanical properties of a 9Cr-2W-0. 25V-0. 07Ta-0. 1C steel [J]. Journal of nuclear materials, 1999, 273 (2): 146-154.

[83] Yamada K, Igarashi M, Muneki S, et al. Creep properties affected by morphology of MX in high-Cr ferritic steels [J]. ISIJ international, 2001, 41 (Suppl): S116-S120.

[84] Strang A, Vodarek V. Z phase formation in martensitic 12CrMoVNb steel [J]. Materials science and technology, 1996, 12 (7): 552-556.

[85] Danielsen H K, Hald J. Behaviour of Z phase in 9%～12%Cr steels [J]. Energy Materials, 2006, 1 (1): 49-57.

[86] Sawada K, Kushima H, Kimura K, et al. TTP diagrams of Z phase in 9%～12%Cr heat-resistant steels [J]. ISIJ international, 2007, 47 (5): 733-739.

[87] Hald J. Microstructure and long-term creep properties of 9%～12%Cr steels [J]. International Journal of Pressure Vessels and Piping, 2008, 85 (1): 30-37.

[88] Cipolla L, Danielsen H K, Venditti D, et al. Conversion of MX nitrides to Z-phase in a martensitic 12%Cr steel [J]. Acta Materialia, 2010, 58 (2): 669-679.

[89] Yin F, Jung W, Chung S. Microstructure and creep rupture characteristics of an ultra-low carbon ferritic/martensitic heat-resistant steel [J]. Scripta Materialia, 2007, 57 (6): 469-472.

[90] Larrabee C P, Coburn S K [C]// In: first international Congress on Metallic corrosion. London: 1961: 276-285.

[91] Mikalac S J, Vassilaros M G. Strength and toughness response to aging in a high copper HSLA-100 steel [C]// In: A. J. Deardo, eds. Proceedings of the International Conference on Processing, Microstructure and Proportion of Micro-alloyed and Other Modern High Strength Low Alloy Steels. 1992: 331-343.

[92] 毛卫民, 任慧平. 含铜结构钢的发展 [J]. 钢铁, 2000, 35 (6): 49-53.

[93] Viswanathan R, Sarver J, Tanzosh J M. Boiler materials for ultra-supercritical coal power plants—Steamside oxidation [J]. Journal of Materials Engineering and Performance, 2006, 15 (3): 255-274.

[94] Osgerby S, Fry A. Simulating steam oxidation of high temperature plant under laboratory conditions: practice and interpretation of data, NPL, U. K. [R]. June 2003, Personal Communication.

[95] Muramatsu K. Development of ultrasupercritical plant in Japan [C]// In: Viswanathan R and nutting J W, eds. Advanced heat Resistant Steel for Power Generation. London: Institute of Metals, 1999: 543-559.

[96] Nakagawa K, Kajigaya I, Yanagisawa T, et al. Study of corrosion resistance of newly developed 9%～12%Cr steels for advanced units [C]// In: Viswanathan R, Nutting J W, eds. Advanced heat Resistant Steel for Power Generation. London: Institute of Metals, 1999: 468-481.

[97] Watanabe Y, Yi Y, Kondo T, et al. Steam oxidation of ferritic heat-resistant steels for ultra supercritical boilers [J]. Zairyo-to-Kankyo, 2001, 50: 50-56.

[98] Matsuo H, Nishiyama Y, Yamadera T. Steam oxidation of fine-grain steels [C] // In: Viswanathan R, Gandy D, and Coleman K, eds. Advances in Materials Technology for Fossil Power Plants. ASM International, 2005: 441-451.

[99] Naoi H. NF616 pipe production and properties and welding development in new steels for advanced plant up to 620℃ [C]//In: Metcalfe E, eds. Palo Alto: EPRI. 1995: 8-30.

[100] Itagaki T, Kutsumi H, Igarashi M, et al. Alloy design of advanced ferritic steels in 650℃ USC boiler [J]. ISIJ, 2000, 13: 1114-1115.

[101] Kutsumi H, Itagaki T, Abe F. Improvement of oxidation resistance of 9%Cr steel for A-USC by pre-oxidation treatment [C]//In: Lecomte-Beckers J, Carton M, Schubert F, et al. eds. Proceedings of 7th Liege Conference on Materials for Advanced Power Engineering. Liege, 2002: 1629-1638.

[102] Okubo H, Muneki S, Hara T, et al. Improvement of oxidation resistance of 9%Cr steel for A-USC by pre-oxidation treatment [C] //In: Proceedings of the 34th MPA-Seminar on "Materials and Components Behavior in Energy & Plant Technology. Stuttgart: MPA, 2008: 1-11.

[103] Heuser H, Jochum C. Pipe steels for modern high output power plants - filler metals and their use in welding, Vallourec & VoestAlpine Bohler Welding [R]. http: //www. vallourec. com/ fossilpower/Lists/Brochures/Attachments/7/V_B01B0005B-15GB. pdf.

[104] Francis J A, Mazur W, Bhadeshia H. Review type Ⅳ cracking in ferritic power plant steels [J]. Materials Science and Technology, 2006, 22 (12): 1387-1395.

[105] Schüller H J, Hagn L, Woitscheck A. Risse im schweißnahtbereich von formstücken aus heißdampfleitungen [J]. Werkstoffuntersuchungen. Der Maschinen-schaden, 1974, 47 (1), 1-13.

[106] Abe F, Tabuchi M. Microstructure and creep strength of welds in advanced ferritic power plant steels [J]. Science and technology of welding and joining, 2004, 9 (1): 22-30.

[107] Hasegawa Y, Muraki T, Harada H, et al. Analysis of degradation of creep strength in heat affected zone of weld for tungsten containing martensitic heat resistant steel [C]//In: International Conference Experience with Creep-Strength Enhanced Ferritic Steels and New and Emerging Computational Methods. ASME, San Diego, 2004.

[108] Liu Y, Tsukamoto S, Shirane T, et al. Formation mechanism of Type Ⅳ failure in high Cr ferritic heat-resistant steel-welded joint [J]. Metallurgical and Materials Transactions A, 2013, 44 (10): 4626-4633.

[109] Eggeler G, Ramteke A, Coleman M, et al. Analysis of creep in a welded 'P91' pressure vessel [J]. International journal of pressure vessels and piping, 1994, 60 (3): 237-257.

[110] Li D, Shinozaki K, Kuroki H, et al. Analysis of factors affecting type Ⅳ cracking in welded joints of high chromium ferritic heat resistant steels [J]. Science and technology of welding and joining, 2003, 8 (4): 296-302.

[111] Abe F, Tabuchi M, Kondo M, et al. Suppression of Type Ⅳ fracture in welded joints of advanced ferritic power plant steels-effect of boron and nitrogen [J]. Materials at High Temperatures, 2006, 23 (3-4): 145-154.

[112] Abe F, Tabuchi M, Kondo M, et al. Suppression of Type Ⅳ fracture and improvement of creep strength of 9Cr steel welded joints by boron addition [J]. International journal of pressure vessels and piping, 2007, 84 (1): 44-52.

[113] Albert S K, Kondo M, Tabuchi M, et al. Improving the creep properties of 9Cr-3W-3Co-NbV steels and their weld joints by the addition of boron [J]. Metallurgical and Materials Transactions A, 2005, 36 (2): 333-343.

2　G115 原型钢的发明和研制

2.1　9%~12%Cr 马氏体耐热钢技术研发历程

　　T9、T/P91、T/P92 和 9Cr-3W-3Co 系耐热钢是 9%~12%Cr 马氏体耐热钢技术研发过程中的重要里程碑，其典型化学成分见表 2-1。T/P91 是在 T9 基础上进行成分优化和改进而得到的，T/P92 是在 T/P91 的基础上进一步进行成分改进而得到的。蒸汽温度在 580~600℃区间，T/P91 和 T/P92 耐热钢因其均衡的持久强度和抗蒸汽腐蚀性能，使其在先进超（超）临界电站建设中获得广泛应用。

表 2-1　典型 9%Cr 钢的化学成分（质量分数）　　　　　　（%）

钢 种	C	Si	Mn	Cr	Mo	W
T9	<0.15	0.25~1.0	0.3~0.6	8~10	0.9~1.1	—
T/P91	<0.15	0.2~0.5	0.3~0.6	8~9.5	0.85~1.05	—
T/P92	<0.15	<0.5	0.3~0.6	8~9.5	0.3~0.6	1.5~2.0
9Cr-3W-3Co	0.002~0.16	0.3	0.3~0.6	9	—	3

钢 种	V	Nb	N	B	Co	
T9	—					
T/P91	0.18~0.25	0.06~0.10	0.03~0.07	—		
T/P92	0.15~0.25	0.04~0.09	0.03~0.07	0.001~0.006		
9Cr-3W-3Co	0.2	0.05	0.002~0.004	$0~1.39×10^{-3}$	3	—

　　T9 是典型的 9Cr1Mo 型的 Cr-Mo 钢，受到 G102 钢"多元素复合强化"设计思想的影响，20 世纪 70 年代末美国橡树岭国家实验室的科研人员在 T9 钢中添加了 Nb-V-N，优化了 Cr-Mo 等元素的配比，成功研发了 T91 钢。在 T9 钢 Cr-Mo 固溶强化的基础上，T91 钢增加了 Nb-V-N 复合析出强化。在钢中添加 V 和 Nb 的主要目的是形成 MX 相，一般情况下 MX 相细小弥散，在高温长时服役过程中比较稳定，是 9%~12%Cr 耐热钢中重要的强化相。由于 MX 相一般均匀分布于晶内，对钢的基体有显著的强化作用。如图 2-1 所示，大量的试验结果表明在 9%~12%Cr 耐热钢中 0.18%V 和 0.05%Nb 复合添加的强化效果最好[1]。包汉生等人[2]对不同 V 含量（0.14%~0.31%）的 T122 钢进行了详细研究，发现当 V 含量为 0.19%时，材料的综合性能最好。

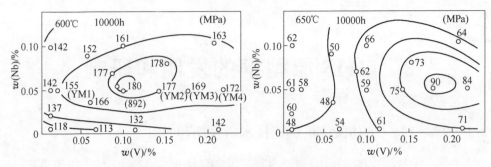

图 2-1   10Cr2Mo 钢钒和铌配比与强度关系图[1]

在 T/P91 钢设计理念中，Cr-Mo 固溶强化、Nb-V-N 析出强化、马氏体板条亚结构强化和位错-析出颗粒钉扎强化是其主要强化机制，但这些强化机制均与服役过程中该钢组织的演变密切相关。图 2-2 给出了 P91 钢在 600℃ 长时服役过程中其显微组织的演变情况[3]。从 P91 钢组织的演变可以归纳分析造成锅炉管服役过程早期失效的原因。第一，高温长时服役过程中，P91 钢基体的马氏体组织发生回复，失去原有的板条结构，亚结构强化效果明显降低。第二，P91 钢组织中的自由位错发生湮灭，位错密度明显下降，位错强化效果明显降低。第三，析出相 $M_{23}C_6$ 长大粗化，其钉扎位错的效果减弱或消失，进一步弱化了位错强化效果。因此，在进行耐热钢成分设计时，既要努力提升强化因素的效果，又要抑制早期失效行为的发生。

图 2-2   P91 钢在 600℃ 长时服役过程中显微组织的演变情况[3]

(a) 回火；(b) 160MPa, 971h；(c) 120MPa, 1258h；(d) 100MPa, 34141h

锅炉钢的成分设计必须考虑其具体应用环境，同时要兼顾化学成分对持久蠕变性能、焊接性、抗蒸汽氧化腐蚀、抗煤灰腐蚀等的影响。关于锅炉钢经济性问题，应有一个全面的观点，即要综合考虑合金元素、加工工艺和服役过程中维护全过程，要从整套设备的全寿期的角度评价锅炉钢的成本问题。材料的经济性绝不是仅仅体现在合金元素的成本上，如果减少合金元素造成了工艺成本大幅增加或者使用过程中存在安全隐患，那这种材料的经济性观点是不可取的。

20 世纪 80~90 年代以来，日本在铁素体耐热钢的研发方面取得了令人瞩目的成就。实际上，日本从 20 世纪 50~60 年代开始从海外引进铁素体耐热钢技术。当时考虑铁素体耐热钢的使用温度上限为 600℃，高于此温度的则应选用 18-8 型奥氏体耐热钢。正如太田定雄先生所言"日本在 20 世纪 60~70 年代脚踏实地地进行了提高高温强度的基础性研究，带来了 20 世纪 80 年代的 9%~12%Cr 钢的大发展"，其结果是使日本在耐热钢的材料研究和产业技术方面后来居上，迅速赶超欧美成为世界最强国[4]。T/P92 和 9Cr3W3Co 耐热钢均是在日本首先研发成功。在 650℃蒸汽参数锅炉钢开发方面，日本也走在世界前列。

T/P92 钢的设计理念是在保留 T/P91 的 Nb-V-N 析出强化基础上，通过加 W 减 Mo 的 W-Mo 复合固溶强化来进一步提升钢的持久性能。与 Mo 相比，W 的原子序数大，热扩散系数低，固溶强化效果比 Mo 好，且有研究表明，耐热钢中 W 含量的提高对抑制 $M_{23}C_6$ 和马氏体板条的粗化均有明显作用，可以有效提高耐热钢的持久性能。但是由于 Mo 和 W 元素属于铁素体形成元素，含量过多会导致材料中产生 δ-Fe，因此要控制其总含量。在 T/P92 中增加 1.8% 左右的 W，而把 Mo 含量从 1.0% 左右减半，9%Cr 耐热钢的这种配比的 W-Mo 复合固溶强化取得了很好的效果，与 T/P91 相比，T/P92 在抗蒸汽腐蚀性能相当的前提下，其持久强度有了较大幅度提升，使 T/P92 的蒸汽温度使用上限提高到 600℃，而 T/P91 的蒸汽温度使用上限提高到 580℃ 以下。

在过去的 50 年中，高温高压条件下铁素体耐热钢的使用温度（蒸汽）从 560℃ 提高到 600℃ 左右。针对 650℃蒸汽温度，已开发了若干铁素体耐热钢，如 SAVE12、NF12、9Cr-3W-3Co、15Cr-6W-3Co 以及不采用碳化物强化的 18Ni-9Co-5Mo 马氏体时效钢等，但是现阶段还不能确认这些新钢种是否可成功应用于电站锅炉的建设，其性能指标及其稳定性尚需进一步考核，这些工作才刚刚起步。从目前已经获得研究结果看，在这些正在研发的新钢种中 9Cr3W3Co 系马氏体耐热钢是比较有应用潜力的。在强化机制设计方面，9Cr3W3Co 耐热钢是在 T/P92 的基础上从多方面进一步提高固溶强化效果，保持了 T/P92 钢的析出强化水平，同时增加了 B-N 复合强化机制。9Cr3W3Co 马氏体耐热钢成分设计的主要特点在于以下几个方面。

2.1.1　优化 C 和 N 元素含量及配比

碳易与 Cr、Mo、W、V 和 Nb 形成碳化物而可能有助于锅炉钢持久强度的提高。当碳含量低于 0.05% 时，在一定程度上对钢的强度和韧性都有损害。而当碳含量超过 0.20% 时（有时超过 0.15% 时），将使钢的 Ac_1 点大幅度降低，从而可能导致高温回火进入两相区。另外，过高的碳含量将使钢的加工性和焊接性变差。鉴于此，一般情况下铁素体锅炉钢的碳含量选择在 0.05%~0.15% 之间。同时，氮也易与 V 和 Nb 形成化合物从而提高钢的持久强度。当氮含量超过 0.07%时，钢的成形性和可焊性将变差。而当氮含量不足 0.003%时，预期添加氮的作用显现不出来。因此，合适的氮含量应在 0.003%~0.07%之间[5]。

应该注意的问题是高蒸汽参数铁素体锅炉钢中碳和氮是有直接关联的两个元素。Taneike 和 Abe 等人[6]对 9Cr-3W-3Co 钢的研究表明：氮含量为 0.05%时，分别变化碳含量为 0.002%、0.018%、0.047%、0.078%、0.120% 和 0.160%。如图 2-3（a）所示，碳含量变化对蠕变速率有很大的影响。如蠕变时间短于 0.1h，各炉号钢的蠕变速率接近。随着蠕变时间的增加，蠕变第三阶段的起始时间受碳含量影响明显，在碳含量 0.047%~0.160%之间时，蠕变加速起始时间点接近，碳含量为 0.018%和 0.002%时，蠕变加速的起始时间点被明显延迟，获得了较低的蠕变速率，较长的蠕变断裂时间。另一方面，如图 2-3（b）所示，当碳含量高于 0.047%时，蠕变断裂时间非常接近，说明当碳含量高于 0.05%而低于 0.15%时，碳含量的变化对蠕变断裂没有明显的影响。而当碳含量低于 0.047%时，蠕变断裂时间明显增加。同时 Taneike 和 Abe 等人也研究了碳含量为 0.002%时，氮含量（分别为 0.05%、0.074%和 0.103%）的变化对蠕变强度的影响，结果发现随着氮含量的增加，钢的蠕变强度反而低于 0.05%氮含量的钢。当碳含量为 0.08%时，随氮含量增加，在氮含量为 0.0079%时持久强度最高，当氮含量增加到 0.065%时，3000h 内持久强度高于 0.0034%氮的钢，但在 3000h 后持久强度陡降，如图 2-4 所示[7]，对这一实验现象的解释需要进一步的证据。

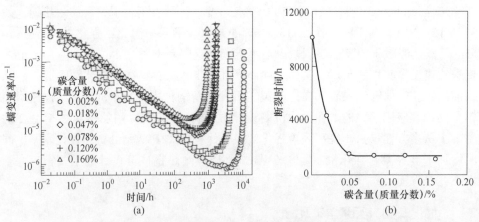

图 2-3　不同碳含量对蠕变速率和蠕变断裂时间的影响

（温度 650℃，应力 140MPa，其他元素含量 9%Cr-3%W-3%Co-0.2%V-0.06%Nb-0.05%N）

（a）碳含量对蠕变速率-时间曲线的影响；（b）碳含量对蠕变断裂时间的影响

日本住友金属公司的 Yamada 和 Igarashi 等人[8,9]研究了碳氮配比对 9Cr-3W-3Co 钢性能的影响，试验钢成分见表 2-2。研究发现 C 钢蠕变速率大于 A 钢蠕变速率，或者说 A 钢的蠕变断裂时间明显长于 C 钢，如图 2-5 所示。图 2-6 比较了 A、

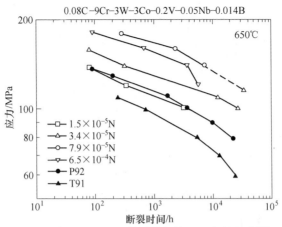

图 2-4　氮含量对马氏体耐热钢持久强度的影响[7]

B 和 C 三炉钢 650℃ 下 120MPa 和 140MPa 应力作用下的蠕变速率，可以看出 C 钢的蠕变速率明显高于 A 钢和 B 钢，120MPa 应力下 A 钢和 B 钢的蠕变速率接近，第三阶段蠕变加速起始时间点也接近，断裂时间也基本一致，140MPa 应力下，B 钢蠕变断裂速率低于 A 钢，蠕变加速起始时间延迟，蠕变断裂时间比 A 钢略长。

表 2-2　碳氮配比对 9Cr-3W-3Co 钢性能的影响（质量分数）　　　　（%）

钢	C	Cr	W	Co	V	Nb	N	B
A	0.082	9.16	3.3	3.0	0.20	0.05	0.051	0.0047
B	0.100	9.28	3.3	3.0	0.20	0.05	0.026	0.0047
C	0.120	9.28	3.3	3.0	0.20	0.05	0.001	0.0047

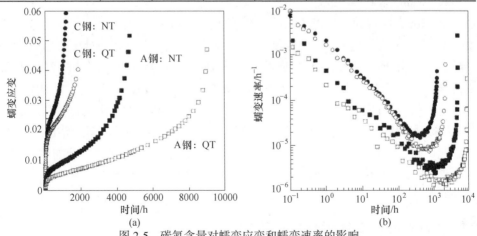

图 2-5　碳氮含量对蠕变应变和蠕变速率的影响

（温度 650℃，应力 120MPa）

（a）蠕变应变的影响；（b）蠕变速率的影响

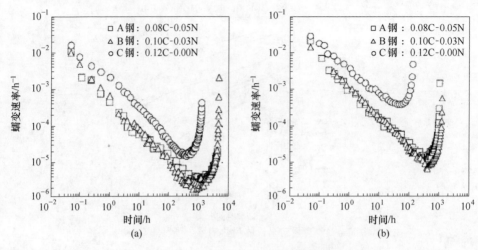

图 2-6　碳氮含量变化对蠕变速率的影响

（a）温度 650℃，应力 120MPa；（b）温度 650℃，应力 140MPa

2.1.2　适合的 Cr 元素含量控制范围

当 Cr 含量低于 8% 时，锅炉钢的抗热腐蚀和抗氧化性能不足。当 Cr 含量大于 12%（甚至更低）时，锅炉钢中将可能出现一定比例的 δ-Fe，从而损害钢的持久强度和韧性。因此高蒸汽参数铁素体锅炉钢的最佳 Cr 含量一般为 8%~12%。当蒸汽参数提高到 650℃时，9%~12%Cr 含量将不足以使锅炉管具有足够的抗氧化和环境腐蚀的能力。刘正东等人[10]试图在 12%Cr 和 18%Cr 之间寻找某一可能的 Cr 含量以提高 9%~12%Cr 钢的抗热腐蚀性能，在成分设计上考虑了铬当量和镍当量平衡问题以尽量避免大量 δ-Fe 出现。目前的实验结果表明，完全避免 δ-Fe 出现是非常困难的。从近年来的试验结果看，把蒸汽参数 650℃用锅炉钢的基本 Cr 含量确定为 9% 应作为重要参考。在 T122 钢中，当 Cr 含量处于上限时，将导致 δ-Fe 的出现，该结果已被证明对持久强度有很大的负面影响。刘兴阳和 Fujita 等人[11]研究认为 10%~13%Cr 钢的 650℃持久强度在 Cr 含量为 11.4% 时达到最高，如图 2-7 所示。图中 Cr 含量为 12.9% 时在 2000h 左右出现持久强度的陡降，Cr 含量越高持久强度下降的开始越早。目前，解决铁素体锅炉钢抗热腐蚀问题似乎有两个思路：（1）继续在 12%~18%Cr 之间寻找合适的成分配比；（2）立足于 9%Cr，而在锅炉管的表面处理技术上寻找突破。至于这两个思路哪个是正确的，还需要进一步研究。

2.1.3　W-Co 和 V-Nb 复合强化

Co 是奥氏体稳定元素，加入一定量的 Co 可以保证材料不形成 δ-Fe。Co 在

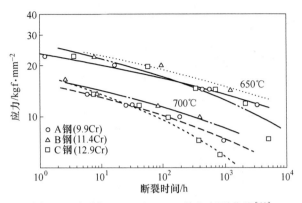

图 2-7 试验钢 650℃和 700℃持久断裂曲线[11]

基体中固溶度高，在析出相中固溶度低，因此 Co 主要在基体中起固溶强化作用。同时，Co 有可能降低扩散过程，从而降低第二相的粗化速率。以 Co 取代 Mo，W、Co 复合添加是 650℃铁素体耐热钢成分设计的特点之一。T92、T911 和 T122 等钢是以 W-Mo 复合强化，通过研究发现用 Co 取代 Mo，其强化效果更好，因此 650℃铁素体锅炉钢普遍采用 W、Co 添加。W 含量增加对持久强度的提高和抑制 $M_{23}C_6$ 相的粗化，已有很多研究（见图 2-8 和图 2-9），W 取代 Mo 的作用不再赘述。W 含量的增加可抑制蠕变过程中 $M_{23}C_6$ 相尺寸的长大，而且含 W 钢的蠕变应变明显低于含 Mo 钢的蠕变应变[12]。

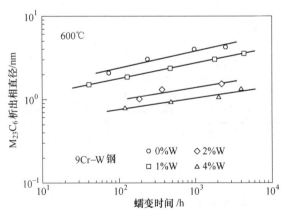

图 2-8 W 对蠕变断裂时间的影响[12]

Katsumi Yamada 等人[13]研究 Co 对 9%Cr 钢的微观组织和性能的影响，钢的成分见表 2-3，发现含 3%Co 钢的蠕变速率明显低于不含 Co 钢的蠕变速率，如图 2-10 所示。欧洲 AD700 计划中曾尝试提高 9%~12%Cr 钢的 650℃持久强度，研究了 7 炉试验钢，其中 6 炉钢的持久强度低于 P92 钢，只有 1 炉 9Cr-5Co-2WVNbN

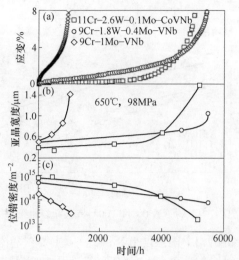

图 2-9　W-Mo 对蠕变速率、亚结构宽度和位错密度的影响[12]

钢的持久强度与 P92 钢接近[14]。R. Agamennone 等人[15] 研究了 9%~12%Cr 含 2W-5Co 钢（成分见表 2-4），其 650℃持久强度的比较如图 2-11 所示，只有 5A 与 6A 钢的持久强度与 P92 钢接近，其他炉号钢的持久强度均低于 P92 钢。同时欧洲也对 NF12 和 NIMS-9Cr3W3Co 钢的长时性能进行了测试，发现 10000h 时 NF12 钢的强度下降明显，而 NIMS-9Cr3W3Co 钢没有出现强度陡降现象[14]，如图 2-12 所示。

　　迄今研究表明，在 9%Cr 铁素体钢中添加 3%W 和 3%Co 具有重要参考价值。Cui 和 Kim 等人[16] 研究了 10%Cr 铁素体钢中添加 6%W 和 6%W-3%Co 对钢组织和性能的影响。当 10%Cr 钢中的 W 增加到 6% 时，明显促进 Laves 相的析出，而再加入 3%Co 时，会使 Laves 相尺寸增大。

表 2-3　Co 对 9%Cr 钢的微观组织和性能的影响（质量分数）　　　　（%）

含　量	C	Cr	W	Co	V	Nb	N	B
3%Co	0.082	9.16	3.27	2.94	0.19	0.050	0.058	0.0047
不含 Co	0.073	8.93	3.23	—	0.19	0.046	0.051	0.0050

表 2-4　9%~12%Cr-2W-5Co 钢成分（质量分数）　　　　（%）

钢	C	Si	Mn	P	S	Cr	Ni	W	Co	Mo	V	Nb	B	N
5A, 5C	0.159	0.469	0.102	—	—	12.0	—	1.99	4.81	0.176	0.215	0.065	<0.001	0.0315
5E, 5E-I	0.12	0.33	0.04	—	—	11.6	0.12	2.00	5.00	0.20	0.21	0.06	0.0035	0.034
6A	0.18	0.089	0.103	—	—	8.38	—	1.93	4.84	0.173	0.213	0.064	<0.001	0.0335
P92	0.11	0.10	0.45	0.012	0.003	8.82	0.17	1.87	—	0.47	0.19	0.06	0.002	0.047

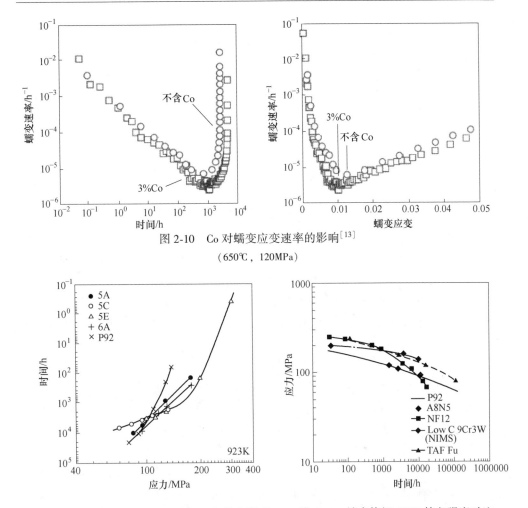

图 2-10　Co 对蠕变应变速率的影响[13]

（650℃，120MPa）

图 2-11　9%～12%Cr-2W-5Co 钢 650℃持久强度　　图 2-12　铁素体钢 650℃持久强度对比

　　Yoshiaki Toda 等人[16] 研究了 W、Co 对 15%Cr 铁素体耐热钢组织和性能的影响，钢的成分见表 2-5，发现在 15%Cr 铁素体钢中单独添加 3W、6W 和 3W-3Co 情况下，钢的持久强度低于改进型 9Cr-1Mo 和 NF616 钢，只有 6W-3Co 情况下的持久强度和 NF616 钢接近，如图 2-13 所示。

表 2-5　15%Cr 试验钢化学成分（质量分数）　　　　　　（%）

添加量	C	Si	Mn	P	S	Cr	Mo	W	V	Nb	Co	N	B
3W-0Co	0.110	0.24	0.49	0.001	0.003	15.21	0.98	2.95	0.20	0.051	—	0.072	0.0028
6W-0Co	0.095	0.20	0.50	<0.002	0.001	15.10	0.98	5.96	0.19	0.06	—	0.083	0.0030
3W-3Co	0.096	0.20	0.50	<0.002	0.001	15.11	0.99	3.01	0.19	0.06	3.01	0.083	0.0030
6W-3Co	0.096	0.18	0.50	<0.002	0.001	15.10	0.99	5.94	0.18	0.06	3.00	0.082	0.0027

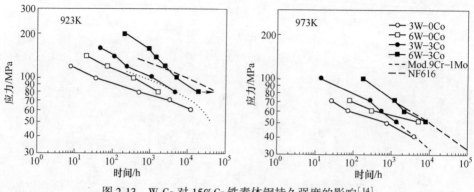

图 2-13　W-Co 对 15%Cr 铁素体钢持久强度的影响[14]

　　总结 W-Co 复合强化的研究结果可以看出，目前的 9%Cr 钢基本可采用 3W-3Co 强化方式。当 W 含量超过 2% 时，9%Cr 钢中就有 Laves 析出，采用 6W 时 Laves 相含量更多，而且 W 是铁素体形成元素，增加 Cr 当量，容易促使 δ-Fe 出现。欧洲的研究结果表明把 9%Cr 钢中 Co 含量提高到 5% 时，其持久强度与 P92 接近，持久强度并没有明显提高。而 Co 是奥氏体形成元素，根据 866 钢（含 5%Co，Ac_1 约 720℃）和 768 钢（含 6%Co，Ac_1 约 680℃）的研究经验[18]，Co 增加可能会降低 Ac_1 温度。NF12 钢采用 3W-2.5Co-0.5Mo 复合添加，该钢的持久强度也不是很高。15%Cr 钢采用 6W-3Co 强化方式，因为 W 含量低于 6% 时持久强度没有明显提高。可以认为 Cr 含量增加会降低持久强度，通过 W-Co 复合加入可提高持久强度。6W-3Co 配比可使 15%Cr 钢的持久强度达到 T92 钢的水平，而 3W-3Co 配比仅能使 15%Cr 钢的持久强度达到 T91 钢的水平。

　　除了上述典型合金化（Cr-W-Co）特点外，650℃ 马氏体钢的成分设计中依然沿袭了 T92、T122 等钢种的 V-Nb 复合强化，钒含量在 0.20% 左右，铌含量在 0.05% 左右时，钢的持久强度最高[19]。研究表明控制 Cu/Co 或 Cu/（Co+Ni）配比对提高高铬铁素体锅炉钢的高温韧性和强度也是重要的[20]。

2.1.4　B 元素含量控制问题

　　在铁素体系耐热钢中加入 B，已有很多研究和报道。Abe 等人[7]系统研究了 B 对 0.08C-9Cr-3W-3Co-0.5Mn-0.3Si-0.2V-0.05Nb 钢持久强度的影响，如图 2-14 所示。在该成分体系下，在 1.4×10^{-4} 以下范围内，随着 B 含量的增加，钢的持久强度明显提高。值得注意的是，钢中 B 的加入量与钢中的 C 和 N 含量有相互作用关系，应把 C 和 N 配比与 B 添加的关联作用综合讨论。关于 B 和 N 配比，研究者们进行了大量的研究。在钢中 B 和 N 元素配比失当的情况下，钢中可能会形成大块的 BN 夹杂物，对钢的持久强度和持久塑性均有不利影响。包汉生等人[21]在 9%~12%Cr 锅炉钢的实验研究中已经发现了大块 BN 的存在，大块 BN

有碎化现象，对钢的持久强度和持久塑性更为不利。

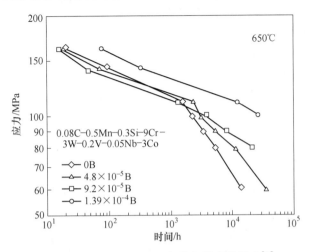

图 2-14 B 对 9Cr-3W-3Co 钢持久强度的影响[7]

日本学者深入研究了 9%～12%Cr 锅炉钢中 B 和 N 元素之间的配比关系，其研究结果绘于图 2-15[22]。在 ASME 规范中，P92 钢中 B 的含量范围是 $1×10^{-5}$～$6×10^{-5}$，N 的含量范围是 $3×10^{-4}$～$7×10^{-4}$，P122 钢中 B 的含量范围是 $5×10^{-5}$～$5×10^{-4}$，N 的含量范围是 $4×10^{-4}$～$1×10^{-3}$，从图 2-15 中可以清晰看出，P92 和 P122 钢中 B 和 N 元素的配比均处于易生成大块 BN 的区域之内，这些因素在工程实践中要引起足够的注意。

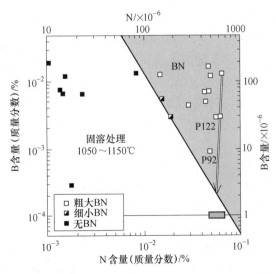

图 2-15 9%～12%Cr 锅炉钢中 B 和 N 元素之间的配比关系[22]

　　B 元素在耐热钢中，除了可能与 N 元素发生反应外，更多的是强化晶界、抑制组织粗化。早在 1960 年，钢铁研究总院刘荣藻教授领导的耐热钢研究组在研发 G102 锅炉钢时就引入 B 元素，并对 B 元素在耐热钢中的作用机理进行了深入的研究。1980 年钢铁研究总院邓星临等人[23]对 20 炉不同成分的 G102 钢（620℃，10 万小时持久强度约在 34~64MPa 范围内变动）的持久强度与 B 和 Cr 元素含量之间的定量关系进行了逐步回归，得到最优回归方程见式（2-1）：

$$\sigma_{10^5\text{h}}^{620℃} = 51.8238 - 0.0323\frac{1}{w(\text{B})} - 18.0604w(\text{Cr}) \tag{2-1}$$

　　式（2-1）说明 G102 钢的持久强度与 $1/w(\text{B})$ 和 $w(\text{Cr})$ 相关程度很高。B 对持久强度影响很大，B 含量越高，钢的持久强度就越高。为了直接对比 B 对钢热强性的影响，把 B 含量不同的钢在相同温度和应力下进行蠕变试验。结果表明，含 B 低的钢无论是蠕变第一阶段的变形量还是第二阶段的蠕变速度，都显著高于含 B 高的钢。

　　1985 年钢铁研究总院胡云华等人[24]进一步研究了 B 元素对 G102 钢热强性的影响，发现 B 对 G102 钢 620℃、10 万小时持久强度 $\sigma_{10^5\text{h}}^{620℃}$ 的贡献约为 10MPa。B 对 G102 钢持久强度和持久塑性发生影响的原因，一方面 B 是内表面活性元素，优先分布于晶界，从而与 Ti 共同抑制高温下晶界区的扩散过程，阻止晶界区碳化物和空穴的聚集长大，改善晶界状态从而强化晶界。另一方面主要是通过微量 B 对碳化物相数量、大小、形状和分布的影响，从而间接地影响钢的热强性，这两方面的影响均得到了实验结果的验证。中 B 钢中的粗大 $M_{23}C_6$ 相颗粒远比无 B 钢细小，在 620℃长期时效后，MC 相颗粒大小基本保持原状，而无 B 钢 MC 相粒子则显著变大。虽然时效约 1 万小时后，无 B、中 B（B 含量为 $4.2×10^{-5}$）和高 B（B 含量为 $1.1×10^{-4}$）钢中碳化物相成分总量差别均不大。但是，中 B 钢在 620℃时效前后碳化物中元素含量变化最小，组织稳定性最好。与此相对应，中 B 钢的持久强度也最高。

　　最近几年，日本金属材料研究所的 Abe 等人[22]在研究 9Cr3W3Co 钢时，对钢中 B 的作用做了更进一步的探究，发现 B 元素主要富集在晶界附近，而且 B 元素进入晶界附近析出的 $M_{23}C_6$ 碳化物中，形成 $M_{23}(\text{C},\text{B})_6$ 碳硼化物。而 $M_{23}(\text{C},\text{B})_6$ 碳硼化物在高温高压长期服役过程中长大的速度远低于 $M_{23}C_6$ 碳化物的长大速度，从而实现了晶界和钢的强化，如图 2-16 所示。这个研究结果实际上是在胡云华等人研究的基础上前进了一步，但是 B 元素在服役过程中的定量演变问题仍然需要深入研究。目前来看，日本和欧洲的学者的报道结果都显示，B 元素在 $1.3×10^{-4}$ 时，有良好的强化效果。

2.1.5　N 元素的影响

　　氮在钢中的存在有一定的固溶作用，能够提高钢的强度。但更为重要的是氮

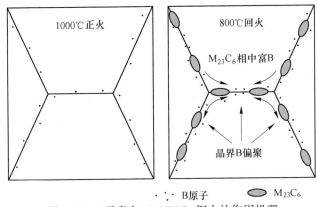

图 2-16 B 元素在 9Cr3W3Co 钢中的作用机理

元素的析出行为。在 9%～12%Cr 系耐热钢中，N 可以形成 MX 型析出物，提高弥散强化作用。另外，N 还可以形成 BN，BN 的形成不仅消耗了基体中的 B，大颗粒 BN 还会影响持久强度，造成早期失效。当 Cr 含量较高时，N 在长期高温条件下容易形成 Z 相，Z 相也是马氏体耐热钢合金化中的有害相。因此在设计合金时，至少应考虑 N 与几种元素间的配比关系：与 B 是否会生成 BN；与 Cr 是否会生成 Z 相；是否影响碳化物类型析出物。

2.1.6 Cr 元素的影响

从提高抗氧化性的角度，往往希望 Cr 含量越高越好。当 Cr 含量大于 25%时，材料表面易于形成良好的富 Cr 氧化层，对材料保护作用十分显著。Cr 固溶于基体中，可以起到固溶强化作用。同时 Cr 也是形成析出物的重要元素，起到析出强化作用。但是 Cr 含量高了之后也带来很多问题。研究表明，当 Cr 含量高于 10.5%时，在 650℃服役时材料中的 MX 相很容易转变为 Z 相，Z 相易粗化，且以消耗 MX 相为代价，因此危害要远大于 $M_{23}C_6$ 和 Laves 相粗化带来的危害。同时，随着 Cr 含量的提高，材料中会出现 δ-Fe，降低材料的持久强度和韧性。目前研究表明，Cr 含量在 9%～12%的马氏体耐热钢具有较好的综合性能。9%Cr 钢通常表现出良好的强度水平，而 12%Cr 钢通常表现出良好的抗氧化效果。

2.2 9%~12%Cr 马氏体耐热钢设计许用应力下调问题

电站用马氏体耐热钢管在高温高压多种腐蚀环境下长期服役，要求材料的组织和性能保持稳定。但是，由于高温下耐热钢强化机制所限，在高温应力状态下耐热钢管的组织往往处于亚稳定状态，也就是说耐热钢管的组织及与其对应的性能在高温应力作用下难以长期保持稳定，因此，在服役过程中耐热钢管的持久强度呈现逐步衰减趋势。长期以来，国内外学者对电站锅炉钢管的老化和剩余使用寿命等问题进行了大量研究，一部分学者的研究是基于对持久蠕变数据用数学方法进行分析，另一部分学者的研究是基于持久蠕变数据和显微组织演变表征，采用数学分析和物理冶金分析相结合的方法。近年不断公开发布的电站耐热钢持久蠕变数据集资料为上述研究提供了基础和可能性。

　　耐热钢管的微观组织在制造过程中也可能存在控制不好的情况，即潜在的薄弱的微观组织是可能存在的。这些微观组织的薄弱环节在高温高压腐蚀环境下长期服役后，可能会产生早期失稳，在实测的持久蠕变曲线上就表现为出现拐点，使平稳衰减的持久曲线的斜率出现转折。由于微观组织薄弱环节存在造成的钢管早期失稳是难以用数学分析和物理冶金分析方法来预测的，这是电站锅炉管剩余寿命预测研究的一个难点，同时这种情况对电站的安全运行更是潜在的危险。电站耐热材料需要一个非常长的综合考核过程，只有经历这样的考核过程耐热材料中可能存在的薄弱环节对持久性能的影响才能得到逐步确认，因此，对已使用的耐热材料的许用应力值进行调整是正常的，更是必要的，甚至是必须的。过去十几年，美国 ASME、欧盟 ECCC 和日本 METI 都先后对 T/P92 和 T/P122 耐热钢的许用应力进行了大幅度调低，具体见表 2-6[25] 和表 2-7[26]。从表 2-6 可见，在 ASME 标准体系中，在 600℃ 时，T/P92 钢的许用应力已经从 88.1MPa 下调到 77.0MPa，下调幅度达到 12.5%。在 650℃ 时，T/P92 钢的许用应力已经从 47.2MPa 下调到 38.6MPa，下调幅度达到 18.2%。从表 2-7 可见，在 ASME 标准体系中，在 600℃ 时，T/P122 钢的许用应力已经从 83.1MPa 下调到 67.1MPa，下调幅度达到 19.3%。在 650℃ 时，T/P122 钢的许用应力已经从 42.8MPa 下调到 31.3MPa，下调幅度达到 27%。上述马氏体耐热钢高温许用应力的下调，对超超临界燃煤电站的工程建设有非常大的直接影响，因为许多超超临界燃煤电站锅炉管已经选用了 T/P92 和 T/P122 钢，且是按下调前的许用应力进行工程设计的，这部分电站如果还是按照原来设计的蒸汽参数运行，可能面临很大的安全风险。我国当时无缝高压锅炉管国家标准 GB 5310—2008[27] 是 2008 年发布的，具体制订和修订的时间要更早一些，表 2-6 和表 2-7 中对 T/P92 和 T/P122 许用应力的下调还没有来得及被完全纳入。另外 GB 5310—2008 标准中，对小口径管和大口径管的持久强度数据也没有加以区分，这可能造成该标准持久强度数据表中的大口径锅炉管持久强度数据比实际测试数据偏高。我国后续修订的 GB 5310—2008 标准对 T/P92 和 T/P122 锅炉管许用应力进行了相应修订。

表 2-6　T/P92 钢许用应力值的变迁

版　　本	许用应力/MPa		
	600℃	625℃	650℃
ASME CC2179-3 (1999)	88.1	67.1	47.2

版　　本	许用应力/MPa		
	600℃	625℃	650℃
ASME CC2179-6（2006）	77.1（↓12.5%）	56.3	38.6（↓18.2%）
ASME CC2179-8（2012）	77.0	56.5	38.3
ECCC 1999	82	61	42.7
ECCC 2005	75.3（↓8.2%）	54.6	37.3（↓12.6%）
METI 2002	86	65	47
METI 2005	78（↓9.3%）	56	30（↓36.2%）

表 2-7　T/P122 钢许用应力值的变迁

版　　本	许用应力/MPa		
	600℃	625℃	650℃
ASME CC2180-3（2006.04）	83.1	61.1	42.8
ASME CC2180-4（2006.08）	67.1（↓19.3%）	47.0	31.3（↓27%）
日本产业经济省 METI（2002）	85	65	45
日本产业经济省 METI（2005.12）	68（↓20%）	46	27（↓40%）

2017 年 ASME16-958 工作组的日本材料研究所（NIMS）和美国电力科学研究院（EPRI）专家收集了 1279 个 T91/P91 钢的持久试验数据（最长试验时间 101301h），去除持久断裂时间小于 1000h 的持久试验数据，采用 Larson-Miller 法三次函数拟合，外推 10 万小时持久强度，据此提出了下调 T91/P91 钢许用应力建议。2017 年 9 月 ASME II 材料委员会投票通过了 ASME16-958 工作组关于 T91/P91 钢许用应力下调方案。ASME16-958 给出的 T91/P91 钢 Larson-Miller 方程见式（2-2），相关参数值见表 2-8。

$$T \times (\lg t + C) = a_0 + a_1 \times \lg\sigma + a_2 \times (\lg\sigma)^2 + a_3 \times (\lg\sigma)^3 \qquad (2-2)$$

表 2-8　式（2-2）中参数对应数值

参　数	数　　值
a_0	38306.20548
a_1	−15685.08528
a_2	8126.931017

续表 2-8

参　数	数　值
a_3	−1857.046814
C	23.64483306

根据 ASME16-958 工作组给出的 T91/P91 钢持久试验数据，使用双对数外推的 10 万小时和 20 万小时平均持久强度，其结果列于表 2-9。

表 2-9　外推 T91/P91 钢 10 万小时/20 万小时持久强度

拟合公式	温度/℃	20 万小时持久强度/MPa	10 万小时持久强度/MPa
$\lg Y = 2.52037 - 0.17348 \lg X$	650	39.87	44.97
$\lg Y = 2.50708 - 0.13665 \lg X$	625	60.63	66.65
$\lg Y = 2.60211 - 0.13362 \lg X$	600	78.30	85.91
$\lg Y = 2.67336 - 0.1182 \lg X$	575	111.37	120.88
$\lg Y = 2.60855 - 0.07935 \lg X$	550	154.13	162.85

2017 年 ASME17-659 工作组日本材料研究所（NIMS）和美国电力科学研究院（EPRI）专家收集了 340 个化学成分满足 ASME Code Case 2864 要求的 T91-CL2/P91-CL2 钢持久试验数据（最长试验时间 123442h），去除持久断裂时间小于 1000h 的持久试验数据，采用 Larson-Miller 法三次函数拟合，外推 10 万小时持久强度，提出了下调 T91-CL2/P91-CL2 钢许用应力建议。2017 年 9 月 ASME II 材料委员会投票通过了 ASME17-659 工作组建议的 T91-CL2/P91-CL2 钢许用应力方案。ASME17-659 给出的 T91-CL2/P91-CL2 钢 Larson-Miller 方程见式（2-3），式中参数对应数值见表 2-10。

$$T \times (\lg t + C) = a_0 + a_1 \times \lg \sigma + a_2 \times (\lg \sigma)^2 + a_3 \times (\lg \sigma)^3 \qquad (2-3)$$

表 2-10　式（2-3）中参数对应数值

参　数	数　值
a_0	37188.3602
a_1	−11431.46995
a_2	5903.065837
a_3	−1490.555776
C	25.20341884

根据 ASME17-659 工作组给出的 T91-CL2/P91-CL2 钢持久试验数据,使用双对数外推的 10 万小时和 20 万小时平均持久强度见表 2-11。

表 2-11 外推 T91-CL2/P91-CL2 钢 10 万小时/20 万小时持久强度

拟合公式	温度/℃	20 万小时持久强度/MPa	10 万小时持久强度/MPa
$\lg Y = 2.48321 - 0.16165\lg X$	650	42.29	47.31
$\lg Y = 2.56954 - 0.15398\lg X$	625	56.66	63.04
$\lg Y = 2.59555 - 0.13199\lg X$	600	78.68	86.22
$\lg Y = 2.68912 - 0.12269\lg X$	575	109.32	119.03
$\lg Y = 2.55559 - 0.06593\lg X$	550℃	160.72	168.24

ASME17-659 工作组提案的 T91-CL2/P91-CL2 钢在 575℃许用应力比 ASME2017 T/P91 钢许用应力下降了 11.6%,600℃时许用应力下降 11.4%,具体见表 2-12。T/P91 钢许用应力下调必将导致锅炉钢管壁厚增加,其潜在影响包括:可能因计算 T/P91 钢管壁厚太厚,导致钢管无法生产,被迫选用 T/P92 钢,成本上升;钢管壁厚增加带来焊接缺陷风险;钢管生产和部件制作带来额外困难;小口径管传热效率低;大口径厚壁管疲劳损伤倾向更严重等。

表 2-12 T/P91 钢许用应力   (MPa)

钢 类 型	550℃	575℃	600℃	625℃	650℃
ASME2017 T/P91(厚度小于等于75mm)	107	88.5	65.0	45.5	28.9
ASME2017 T/P91(厚度大于75mm)	103	80.6	61.6	45.7	28.9
ASME2019 T/P91	98.5	75.5	54.3	36.8	24.0
ASME2019 T91-CL2/P91-CL2	102	78.2	57.6	39.2	25.1

我国 T/P91 钢管长期工程实践表明,没有发现因 T/P91 钢许用应力高估而导致的问题,相反焊接缺陷、制造缺陷和冶金质量等是其常见的主要工程问题[28]。如果 ASME 规范在原来基础上进一步下调许用应力,将可能加剧因厚壁管壁厚进一步增加而导致的焊接缺陷。为此,我国冶金、机械、电力行业的专家联合制订了《承压设备用 10Cr9Mo1VNbNG 无缝钢管》(T/CSTM 00155—2019)标准[29],应对 ASME 对 T/P91 钢许用应力下调问题。

2.3 650℃马氏体原型耐热钢的选择性强韧化设计

2.3.1 650℃马氏体原型耐热钢研发背景

火电机组蒸汽参数越高,电厂效率越高,供电煤耗越低,排放就越低。2003 年中国开始发展 600℃超超临界燃煤火电机组,该型电站建设用的高端锅炉管

T23、T/P91、T/P92、S30432 和 S31042 当时均需要从日本和欧美各国进口，推高电站成本，制约中国先进电站的建设进程。在此情况下，国家科技部从 2003 年开始组织钢铁研究总院、宝钢集团公司、哈尔滨锅炉厂等单位组成联合攻关组，研发国产高端锅炉管。经过十余年的艰苦努力，截至 2013 年中国的冶金企业已经全面实现了 T23、T/P91、T/P92、S30432 和 S31042 等高端锅炉管的自主化生产，产品大批量供应国内外市场。自 2006 年 11 月我国第一台 600℃ 超超临界火电机组投运，到 2018 年年底，国内燃煤火电装机已经突破 10 亿千瓦，火电机组发电量仍占我国发电总量的 71% 左右。其中，我国已投运和在建的 600℃ 超超临界燃煤机组已占全球同类机组的 90% 以上，中国已经发展成为超超临界燃煤发电技术先进的国家。

据经合组织（OCED）数据，钢铁工业 CO_2、SO_2 和 NO_x 排放分别仅占 6.15%、7.4% 和 5.9%，而火电机组 CO_2、SO_2 和 NO_x 排放分别占总排放量的 41%、46% 和 49%。据英国 Maple Croft Data，1994 年中国 CO_2 排放 26 亿吨，此后年增 1.5 亿吨~3.0 亿吨。2009~2010 年中国 CO_2 排放 60 亿吨，美国 CO_2 排放 59 亿吨。2013 年世界 CO_2 排放 360 亿吨，中国超过 1/6。一般而言，燃烧 1t 煤产生 2.6t 左右 CO_2。实践证明先进超超临界电站对实现我国国家节能减排战略目标具有决定性作用。

在充分挖掘现有耐热钢潜力的基础上，哈尔滨锅炉厂在华能集团浙江长兴电厂建设了蒸汽压力 29.3MPa、蒸汽温度 600℃、再热温度 623℃ 的 660MW 高效超超临界火电机组，该机组已于 2014 年 12 月 17 日投入商业运行。该机组热效率达到 46%，供电煤耗 278g/(kW·h)，比常规超超临界火电机组的热效率高近 2%，发电煤耗减少 9g/(kW·h)，每年可节约电煤 3 万吨，减排 CO_2 约 10 万吨。实际上，再热温度 620℃ 等级的高效超超临界火电机组在中国已经进入批量建设阶段。目前国内已投运的最先进的二次再热超超临界机组的发电煤耗已经达到 256g/(kW·h)，这个发电煤耗数据处于世界领先水平。2015 年以来国内有几个电力集团在筹划设计和建设更高效的 630℃ 超超临界火电机组，其设计蒸汽压力为 35MPa、蒸汽温度为 610℃/630℃/630℃，该设计参数再次刷新了世界商用超超临界火电机组运行温度上限。最近，国内有电力集团甚至在考虑设计蒸汽温度为 650℃ 的超超临界燃煤电站。

700℃ 超超临界技术是欧-美-日-韩-中正在研发的新一代高效清洁燃煤发电技术，耐热合金及其部件研制是该先进发电技术的瓶颈问题，是世界性工程科技难题。700℃ 超超临界电站较 600℃ 机组热效率提高 10%，可进一步降低发电煤耗，进一步降低 CO_2、SO_2 等污染物排放，具有十分巨大的经济和社会效益。因此，中国已开始研究 700℃ 燃煤发电技术，力争在不久的将来能使我国高效清洁燃煤发电技术早日跃居世界领先水平。

600℃超超临界燃煤火电机组大规模商业化应用后，国内外研究人员都把目标转向了600℃以上更高参数的火电机组。截至目前，已经大批量使用的马氏体耐热钢 T/P92 的使用温度上限就是600℃蒸汽温度（金属温度622℃），超过这一温度 T/P92 将面临持久强度不足和抗环境腐蚀（流动的超超临界蒸汽和/或多种煤灰腐蚀）性能不足的问题。对于小口径锅炉管系，在 T92 之上可以采用奥氏体耐热钢管制造过热器和再热器，奥氏体耐热钢管可以在 600~650℃蒸汽温度段使用。但是奥氏体耐热钢只能用于小口径锅炉管制造，由于其热传导性能差和热膨胀系数大，不能用于制造大口径锅炉管和其他大型厚壁构件。如用铁镍基或镍基耐热合金制造 600~650℃温度段的大口径锅炉管，则成本过高。因此，急需研发可用于 600~650℃温度段大口径锅炉管和大型厚壁构件，以使 600~630℃等级超超临界火电机组的批量建设具有经济性和可行性，或者可以说，提升马氏体耐热钢使用温度上限是研发 600~630℃等级超超临界火电机组的瓶颈性问题之一。

2.3.2 650℃马氏体原型钢发明

随着蒸汽温度和蒸汽压力的提高，超超临界火电机组对耐热材料的性能提出了更高的要求，主要表现在以下几个方面：（1）更高的高温持久强度和蠕变强度；（2）优异的组织稳定性；（3）良好的冷、热加工性能；（4）良好的抗氧化和耐蚀性能；（5）良好的焊接性能等。

耐热材料是制约火电机组向高参数发展的主要"瓶颈"问题，而大口径锅炉管和集箱则是"瓶颈中的瓶颈问题"。700℃蒸汽参数超超临界火电机组锅炉中的蒸汽温度是从600℃逐步升温到700℃，各个关键温度段均需要有满足使用要求的候选耐热材料。根据目前的研究结果，马氏体耐热钢 P92 可用于620℃蒸汽温度以下部分大口径锅炉管制造，镍基耐热合金 CCA617 可用于 650~700℃蒸汽温度段大口径锅炉管制造。由于奥氏体耐热钢的热导率低、热膨胀系数大，不适合用于制造高参数超超临界火电机组的大口径锅炉管，目前世界范围内在 620~650℃蒸汽温度段尚无成熟的可用于大口径锅炉管制造的耐热材料。把镍基耐热合金应用于650℃以下温度段管道的制造，在电站经济性上基本上是不可接受的。可行的方案只能是在 P92 钢的基础上，把铁素体系耐热钢使用温度的上限推进到650℃，该温度已经接近铁素体系耐热钢使用的极限温度，因此新钢种的研发技术难度非常大。

日本 Takashi Sato 等人申报的美国专利 US20090007991A1 中介绍了一种基于 P92 改进型的9%Cr 铁素体耐热钢9Cr0.5Mo1.8WNbVN，该专利内容仅仅是实验室阶段的研究成果，没有工业试制数据支撑。日本国家材料研究所（NIMS）的 Fujio Abe 等人研发的9Cr3W3CoBN 马氏体耐热钢（MARBN）具有优异的高温持久强度，其持久强度数据明显高于 P92 钢，日本住友金属公司试制了 MARBN 钢大口径锅炉管，该钢有望用于先进超超临界电站 650℃ 蒸汽温度段的大口径锅炉管制造。与 9Cr0.5Mo1.8WNbVN 钢相比，9Cr3W3CoBN 钢 650℃ 温度下持久强度的提升主要得益于 B 元素的强化机制。

　　我国用于 650℃ 参数的马氏体原型钢的发明是在"多元素复合强化"理论指导下，采用"选择性强韧化"设计观点，结合 MARBN 钢的研究基础，通过添加沉淀析出型元素 Cu 以进一步提高发明钢的强度，充分发挥 B 冶金强化作用，进一步提高发明钢高温下晶界的强度和韧性，同时控 Ni 控 Al，控制 B 和 N 元素之间的配比，根据上述成分优化设计和试验结果，提出了发明钢的最佳化学成分控制范围。根据实验室研究和两轮工业试制实践，提出了采用该发明钢制造大口径锅炉管的冶炼、热加工和制管工序，提出了最佳热加工工艺和最佳热处理工艺制度。该发明钢的钢铁研究总院企业牌号为 G115 钢（专利 CN103045962B）[30]。

　　G115 原型钢（08Cr9W3Co3VNbCuBN，以下简称 G115 钢）发明采用了电站耐热材料的"选择性强韧化"设计观点，在具体设计过程中也融合了基于"多元素复合强化"理论和"热强钢晶界工程学原理"的窄范围成分匹配与精确控制技术、基于大口径厚壁锅炉管工业生产的冶炼-热加工工序搭配及其最佳热加工工艺和基于工业生产现场的大口径厚壁锅炉管最佳热处理工艺。上述内容作为一个整体提供了一种生产迄今为止具有最高热强性能的用于 650℃ 蒸汽温度段超超临界火电机组大口径厚壁锅炉管的方法，不仅在实验室而且在工业生产现场把铁素体耐热钢的使用温度上限成功地从 620℃ 推进到 650℃，在理论上和实践上均实现了创新。

　　G115 原型钢的最佳化学成分控制范围（质量分数）见表 2-13。

表 2-13　G115 发明钢最佳化学成分控制范围（质量分数）　　　（%）

元素	C	Si	Mn	P	S	Cr	W	Co
成分	0.06~0.10	0.1~0.5	0.2~0.8	≤0.004	≤0.002	8.0~9.5	2.5~3.5	2.5~3.5
元素	Nb	V	Cu	N	B	Ce	Ni	Al
成分	0.03~0.07	0.1~0.3	0.8~1.2	0.006~0.01	0.01~0.016	0.01~0.04	≤0.01	≤0.005
元素	As	Bi	Pb	Ti	Zr	Fe		
成分	<0.01	<0.001	<0.007	≤0.01	≤0.01	余		

　　注：严格控制其他有害元素含量和氢氧含量，使之尽可能低。

　　主要化学成分的选取理由如下：

　　把马氏体耐热钢的使用温度上限从 620℃ 推进到 650℃ 具有非常重要的意义，但技术上尚存在非常大的困难，迄今世界范围内尚未取得重要突破。本发明钢充分挖掘"多元素复合强化"理论，采用"选择性强韧化"设计观点，以组织中无 δ 铁素体为主成分（Cr、W、Co、Ni）设计原则，在此基础上考虑固溶强化

（Cr、W、无 Mo、Co 等）、沉淀析出强化（Nb、V、Cu、Zr 等）、亚结构强化和位错强化对发明钢高温热强性的贡献。同时，本发明钢充分利用"热强钢晶界工程学原理"，通过 B、N、Al 等元素的匹配和精确控制，实现发明钢高温下晶界强化，通过提高高温下晶界强度这个"短板"，来有效提高发明钢的 650℃ 持久强度。上述成分设计与研制的热加工和热处理工艺相结合，使本发明钢在 650℃ 下具有优异的高温持久性能。

碳：C 可以和 Cr、W、V 和 Nb 等元素形成析出物，析出碳化物可通过弥散强化等方式提高材料的持久蠕变性能。但是碳含量过高可能致使析出的碳化物过多，消耗固溶元素（如 Cr、W）过多，从而对持久蠕变性能和耐蚀性能产生负面影响。另一方面，过高的 C 含量对焊接性能不利，因此本发明钢的 C 含量范围控制在 0.06%~0.10%。

硅：Si 对提高材料基体的强度和抗蒸汽腐蚀性能有利，但过高的 Si 含量对材料的冲击韧性不利。经验表明材料的持久强度随着 Si 含量的增加而降低。因此本发明钢 Si 含量范围选取为 0.10%~0.50%。

锰：Mn 既可以提高热加工性能，也可稳定 P、S 等。当 Mn 含量低于 0.2% 时，Mn 起不到明显作用。当 Mn 含量高于 1% 时，组织中可能会出现第二相，对材料的冲击韧性有害。因此本发明钢选取 Mn 含量为 0.2%~0.8%。

磷、硫：钢中 P 和 S 的存在是难以避免的，它们对材料的性能有诸多不利的影响，其含量应尽可能低。本发明钢要求 P 含量低于 0.004%，S 含量低于 0.002%。

铬：Cr 是本发明钢中抗蒸汽腐蚀和抗热腐蚀最重要的元素。随着 Cr 含量的增加，钢的抗蒸汽腐蚀性能明显增加。研究表明，当 Cr 含量过高时，钢中将产生 δ 铁素体，从而降低材料的高温热强度。同时相关试验研究也表明，当 Cr 含量为 9% 时，钢的持久强度最高。考虑到高温热强性是该类钢的短板，因此，本发明钢选取 Cr 含量范围为 8.0%~9.5%。对于热强性要求偏高的应用，Cr 含量可选择在 8.5%~9.0%。

钨：W 是典型的固溶强化元素，由于 W 的原子半径比 Mo 的原子半径大，W 元素固溶引起的晶格畸变比 Mo 元素大，所以 W 元素的固溶强化效果比 Mo 元素明显。试验研究表明，在其他条件不变的情况下，随着 W 含量的升高，9%Cr 钢在 W 含量为 3% 左右时其 10000h 持久强度具有最大峰值，当 W 含量超过 3% 时，会导致 δ 铁素体的产生，对钢的综合性能有非常不利的影响。所以本发明钢的 W 含量范围控制在 2.5%~3.5%。对于冲击韧性要求偏高的应用，W 含量可选择在 2.5%~3.0%。

钴：由于本发明钢中含有较高的 Cr-W 固溶强化元素和 Nb-V 沉淀强化元素等铁素体形成元素，为抑制钢中 δ-Fe 的形成，在钢中加入奥氏体形成元素 Co 将

在显著抑制 δ 铁素体形成的同时，对钢的其他性能基本没有不利影响。研究发现，在 650℃ 条件下钢中加入 3% 左右的 Co 元素对钢的持久强度具有最有利的影响。因此本发明钢的 Co 含量范围控制在 2.5%~3.5%。

铌：Nb 可以与 C、N 结合形成细小弥散的 MX 型第二相析出物 Nb(C, N)，该类析出物细小、弥散，尺寸基本为纳米级，在高温服役过程中组织稳定性很好，可有效提高材料的高温持久强度。当 Nb 含量低于 0.01% 时，强化效果不明显。当 Nb 含量高于 0.2% 时，正火后会有大量含 Nb 的未溶第二相。因此本发明钢选取 Nb 含量为 0.03%~0.07%。

钒：与 Nb 类似，V 与 C、N 可以形成细小弥散的第二相析出物 V(C, N)。形成的第二相尺寸在高温长时条件下保持稳定，不易粗化，可以有效地提高材料的高温持久强度。当 V 含量低于 0.1% 时，强化效果不明显。当 V 含量高于 0.4% 时，持久强度又开始下降。因此本发明钢把 V 含量控制在 0.1%~0.3%。

铜：Cu 固溶在基体中可以牵制位错移动从而降低蠕变速率，Cu 也可以在耐热钢中形成弥散分布的纳米富铜相，钉扎位错，提高耐热钢的热强性。当 Cu 含量低于 0.5% 时，Cu 元素基本固溶在基体中，析出的纳米级尺寸的富铜相数量少，强化效果弱。当 Cu 含量高于 3% 时，会严重降低钢的高温塑性。Cu 的添加对提高钢的耐蒸汽腐蚀性能有益。因此本发明钢控制 Cu 含量的范围为 0.8%~1.2%。

氮和硼：如前所述，N 可以与 V、Nb 形成细小弥散第二相颗粒，显著提高材料的高温持久强度。但是由于发明钢中含有较高含量的 B 元素，当 N 含量过高时，可能会与 B 元素结合成粗大的 BN 颗粒，在本身严重弱化钢的强韧性的同时，还将消耗用于晶界强化的 B 元素，从而严重损害钢的高温持久强度。前述日本国立材料研究所（NIMS）和钢铁研究总院（CISRI）的实验研究已经表明，N 含量与 B 含量之间存在一个配比区间，在该配比区间内既可以避免粗大的 BN 形成，同时还可以大幅度提升铁素体耐热钢在 650℃ 温度下的长时持久强度。通过添加 B 来提高铁素体系耐热钢乃至部分镍基耐热合金持久强度近年已获得应用，并已产生明显效果。但是 B 在铁素体系耐热钢中的作用机理以前还没有明确描述。在本发明钢的研制过程中，发明人的定量试验研究表明，B 元素除在晶界析出强化晶界外，更进入铁素体耐热钢晶界及晶界附近析出的 $M_{23}C_6$ 碳化物中，形成 $M_{23}(C_{0.85}B_{0.15})_6$ 碳硼化物。与 $M_{23}C_6$ 碳化物相比，$M_{23}(C_{0.85}B_{0.15})_6$ 碳硼化物在 650℃ 长时试验中具有更好的稳定性，粗化缓慢，从而大大延缓了铁素体系耐热钢晶界的弱化进程。在较高使用温度下，铁素体系耐热钢的晶界是薄弱环节，是组织退化和失稳的"短板"所在，提高铁素体系耐热钢的晶界稳定性就可以显著提升该类钢的高温持久性能。这就是所谓的铁素体系耐热钢的"晶界工程学"问题。根据试验研究的结果，建议本发明钢的 N 含量范围控制在 6×10^{-5}~1×10^{-4}，B 含量控制在 1×10^{-4}~1.6×10^{-4}。发明人的工业实践已经表明上述 B 和

N 的成分配比控制范围不容易控制，但这确实是需要努力达到的目标。

钛、锆：Ti 和 Zr 很容易与 C、N 形成化合物，影响 V、Nb 与 C、N 的析出强化效果。同时会形成 TiN 化合物，由于 TiN 的溶解温度高，无法通过热处理的方法进行回溶并二次析出，难以调控其尺寸。为了避免形成如 TiN 类析出物，本发明钢严格控制 Ti 和 Zr 的含量，使其低于 0.01%。

铝：尽管加入 Al 元素对提高体素体系耐热钢的抗氧化性能有利，但 Al 与 N 有较强的结合倾向，对钢中 N 元素作用的发挥有不利的影响，因此本发明钢严格控制 Al 含量在 $5×10^{-5}$ 以下。

镍：Ni 是奥氏体形成元素，对稳定铁素体系马氏体组织有积极作用，但 Ni 对材料的持久强度有不利影响。在保证钢中无 δ 铁素体的前提下，要尽可能降低 Ni 元素的含量。因此本发明钢控制 Ni 含量在 0.01% 以下。

稀土元素铈：发明钢中添加 Ce 有助于提高钢的持久性能和改善热塑性。本发明钢中 Ce 含量范围控制在 0.01%~0.04%。

此外，五害元素越低越好，氢和氧的含量也要严格控制，使之处于尽可能低的水平。低的氢氧含量对制定生产工艺和保证大口径管最终性能具有重要作用。

G115 钢可采用转炉+LF+VD、EAF+LF+VD、EAF+AOD+保护气氛 ESR 或 VIM+保护气氛 ESR 工艺流程冶炼，也可以采用其他适合的工艺流程冶炼。冶炼钢锭（或电极棒）需及时退火处理，退火工艺为（870±10）℃炉冷，退火后钢锭（或电极棒）可采用包括热挤压和斜轧穿孔在内的适合的制管方法制作大口径钢管。图 2-17 为 G115 钢的热加工图（应变量为 0.5），图中没有失稳区。发明人在进行应变量为 0.9 的试验测试中，也只是在很少一部分区间出现组织失稳，说明 G115 钢具有优异的热加工变形性能。推荐最佳热加工温度为（1150±10）℃，最低热加工温度应高于950℃。热加工后钢管或管坯应根据后续工艺安排及时进行适合的退火处理。

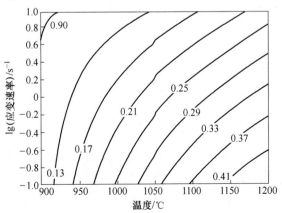

图 2-17　G115 钢的热加工图（应变量为 0.5）

2.3.3　G115 原型钢管研发历程

日本 NIMS 较早开始研究新型马氏体耐热钢，钢铁研究总院和宝钢集团公司（宝钢）在国内率先开展相关研究工作，日本新日铁住友金属（Nippon Steel & Sumitomo Metal Corporation）也在该领域开展了研究工作。日本新日铁住金的钢号为 SAVE12AD（9Cr-3W-3CoNdVNbBN）。新日铁住金公司早期研发的用于650℃耐热钢为含 10.5%~12%Cr 含量的 SAVE12 钢，高 Cr 含量主要是考虑提升马氏体耐热钢的抗蒸汽腐蚀性能。然而，经过几年的实践，发现 SAVE12 钢的持久强度过低，无法满足 630~650℃温度区间使用要求，新日铁住金公司只能降低Cr 含量，采用与 NIMS 和我国 G115 钢相同的 9%Cr 成分体系，即日本新日铁住金公司走了一段弯路，最终把 SAVE12 改进成 SAVE12AD，申报了 ASME Code Case，准备把 SAVE12AD 推向应用。G115 钢是由钢铁研究总院研发的具有自主知识产权的 650℃马氏体耐热钢（专利 CN103045962B），G115 钢具有优异的 620~650℃温度区间组织稳定性能，650℃温度下其持久强度是 P92 钢的 1.5 倍，其抗高温蒸汽氧化性能和可焊性与 P92 钢相当，有潜力应用于 620~650℃温度段大口径管和集箱等厚壁部件、620~650℃小口径过热器和再热器管制造以及相同温度段的汽轮机大型铸锻件的制造。

2007 年起，钢铁研究总院依托科技部国际合作项目"650℃蒸汽参数超超临界火电机组锅炉钢品种研发和性能研究"，开展了 9%~12%~15%Cr 含量 650℃耐热钢的成分优化和品种筛选的探索研究，确定了发展 9%Cr 含量 650℃马氏体耐热钢的方向和基本化学成分体系。2009 年起，依托科技部 973 计划"耐高温马氏体钢的组织稳定性基础研究"课题，开展了 9%Cr 含量 650℃马氏体耐热钢的高温组织稳定性的基础研究，提出了 650℃马氏体耐热钢的"选择性强化"设计观点，成功开发出 G115 原型钢，原型钢的 650℃持久强度优于日本 MARBN钢，并申报国家发明专利。2012 年起，依托科技部 863 计划"先进超超临界火电机组关键锅炉管开发"项目，开展了 G115 钢厚壁大口径管的研发，解决了工业生产过程中的一系列问题，已经具备了生产外径尺寸 19~1200mm，壁厚 2~100mm 以下全尺寸规格谱系锅炉管的能力。2014 年 11 月，G115 钢获得国家发明专利授权"一种 650℃蒸汽温度超超临界火电机组用钢"，专利号 CN103045962B。

2.3.4　G115 钢热塑性行为

对 G115 钢的热变形行为进行了系统研究，选取实验钢的化学成分见表 2-14，采用 Gleeble 3800 热力模拟试验机上进行 G115 热塑性研究，试样尺寸为 $\phi 8mm \times 15mm$，热变形温度设计为 900℃、1000℃、1100℃ 和 1200℃，应变速率为0.1s^{-1}、1s^{-1}、5s^{-1}、10s^{-1} 和 20s^{-1}，热模拟工艺曲线如图 2-18 所示。

表 2-14 实验用 G115 钢管化学成分（质量分数） （%）

G115	C	Cr	W	Co	V	Nb	N	B	Cu	Re	Fe
含量	0.08	9.0	3.0	3.0	0.19	0.05	0.008	0.014	1.0	0.02	Bal.

G115 钢在不同变形条件下的真应力-真应变曲线如图 2-19 所示，其显微组织如图 2-20 所示。在热变形过程中，应变速率相同时，温度越高，流变应力越低；温度相同时，应变速率越大，流变应力越高。显微组织显示，当变形温度为 900℃时，在高应变速率下（20s^{-1}），晶粒被拉长，未发生动态再结晶；在低应变速率下（0.1s^{-1}），发生了部分动态再结晶。

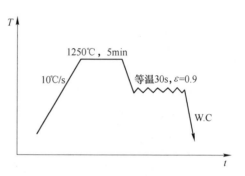

图 2-18 G115 钢热模拟试验示意图

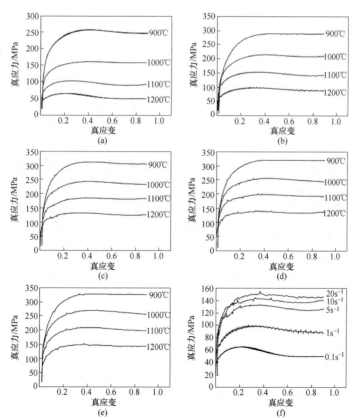

图 2-19 G115 钢在不同条件下的真应力-真应变曲线

（a）0.1s^{-1}；（b）1s^{-1}；（c）5s^{-1}；（d）10s^{-1}；（e）20s^{-1}；（f）1200℃

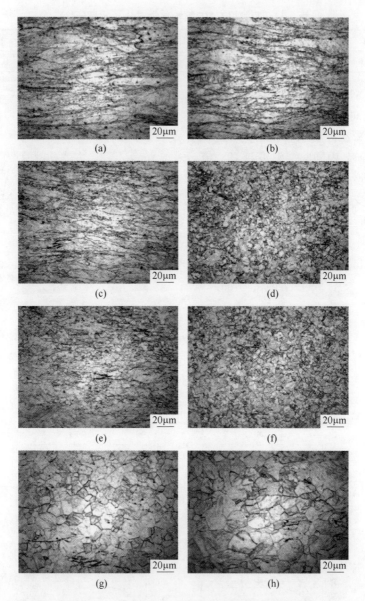

图 2-20   G115 钢在不同变形条件下的微观组织

（a）900℃，1s^{-1}（未动态再结晶）；（b）900℃，0.1s^{-1}（部分动态再结晶）；
（c）1000℃，1s^{-1}（部分动态再结晶）；（d）1000℃，0.1s^{-1}（完全动态再结晶）；
（e）1100℃，20s^{-1}（部分动态再结晶）；（f）1100℃，10s^{-1}（完全动态再结晶）；
（g）1200℃，20s^{-1}（完全动态再结晶）；（h）1200℃，0.1s^{-1}（完全动态再结晶）

在 1200℃时，不论是 20s^{-1}还是 0.1s^{-1}，都发生了完全动态再结晶。G115 钢的动态再结晶行为除了与应变速率和温度有关，还与应变量有关。

在热变形数据统计分析的基础上得到了 G115 钢的热变形流变方程。热变形过程中的流变应力与材料的化学成分、应变速率、变形温度和应变量均有关。当化学成分和应变量确定时，流变应力与应变速率和变形温度的关系可以用双曲正弦函数来表示：

$$\dot{\varepsilon} = A \left[\sinh(\alpha\sigma) \right]^n \exp\left(-\frac{Q}{RT} \right) \tag{2-4}$$

当应力较低时，式 (2-4) 可以简化为：

$$\dot{\varepsilon} = A'\sigma^{n'} \exp\left(-\frac{Q}{RT} \right) \tag{2-5}$$

当应力较高时，式 (2-4) 可以简化为：

$$\dot{\varepsilon} = A''\exp(\beta\sigma) \exp\left(-\frac{Q}{RT} \right) \tag{2-6}$$

式中，A、A'、A''、n、n'、α（$=\beta/n'$）和 β 为材料常数，应力因子 α 是使得 $\ln\dot{\varepsilon}$ 与 $\ln[\sinh(\alpha\sigma)]$ 线性拟合度最好的参量；Q 为变形激活能；T 为绝对温度；R 为气体常数；σ 为特征应力。本节中，σ 使用峰值应力去替代，因为峰值应力是求解热变形方程最常用的参量。

在变形温度恒定时，对式 (2-5) 和式 (2-6) 求偏导，可以得到式 (2-7) 和式 (2-8)：

$$n' = \left[\frac{\partial\ln\dot{\varepsilon}}{\partial\ln\sigma} \right]_T \tag{2-7}$$

$$\beta = \left[\frac{\partial\ln\dot{\varepsilon}}{\partial\sigma} \right]_T \tag{2-8}$$

式中，n' 和 β 分别为 $\ln\dot{\varepsilon} - \ln\sigma_p$ 和 $\ln\dot{\varepsilon} - \sigma_p$ 的斜率，如图2-21所示。通过对图 2-21 进行线性拟合，可以得到 $n' = 11.283$，$\beta = 0.05796$。然后可以求解得到 α 值，$\alpha = \beta/n' = 0.00514$。

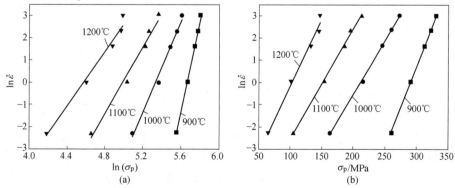

图 2-21　G115 钢峰值应力与应变速率自然对数的关系图

(a) $\ln\dot{\varepsilon} - \ln\sigma_p$；(b) $\ln\dot{\varepsilon} - \sigma_p$

对式（2-4）两边求自然对数，可得：

$$\ln\sinh(\alpha\sigma_p) = \frac{1}{n}\ln\dot{\varepsilon} + \frac{1}{n}\frac{Q}{RT} - \frac{1}{n}\ln A \tag{2-9}$$

在恒定变形温度（或恒定应变速率）下，对式（2-9）求偏导，可得到式（2-10）和式（2-11）：

$$\frac{1}{n} = \left[\frac{\partial\ln\sinh(\alpha\sigma_p)}{\partial\ln\dot{\varepsilon}}\right]_T \tag{2-10}$$

$$Q = nR\left[\frac{\partial\ln\sinh(\alpha\sigma_p)}{\partial(1/T)}\right]_{\dot{\varepsilon}} \tag{2-11}$$

可以看出，当变形温度（或应变速率）恒定时，可以通过 $\ln\sinh(\alpha\sigma_p)$ 与 $\ln\dot{\varepsilon}$（或 $1/T$）拟合直线的斜率求得 n 和 Q 的值，如图2-22所示。

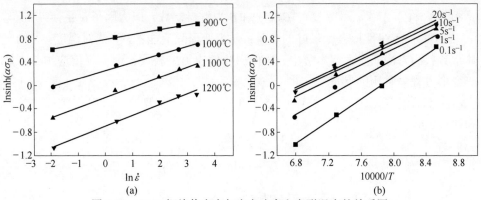

图2-22　G115钢峰值应力与应变速率和变形温度的关系图

(a) $\ln\sinh(\alpha\sigma_p)$-$\ln\dot{\varepsilon}$；(b) $\ln\sinh(\alpha\sigma_p)$-10000/T

通过式（2-9）~式（2-11）以及图2-22的回归结果，可以得到 $n = 8.06$，$Q = 494$kJ/mol，$A = 3.614\times10^{19}$。把 α、A、n 和 Q 的值代入式（2-4）中，可以得到 G115钢在变形温度为900~1200℃，应变速率为0.1~20s^{-1}条件下的流变方程，见式（2-12）：

$$\dot{\varepsilon} = 3.614\times10^{19}\left[\sinh(0.00514\sigma_p)\right]^{8.06}\exp\left(-\frac{494000}{RT}\right) \tag{2-12}$$

Zener-Hollomon 参数（Z参数）可以用来描述变形过程中应变速率与变形温度的综合作用，G115钢 Z参数与峰值应力关系如图2-23所示。动态再结晶发生的条件取决于 Z值和应变量 ε。当 Z值一定时，应变量越大，发生动态再结晶的倾向越大。当应变量一定时，Z值越大，越不容易发生动态再结晶。据此计算获得了 G115钢温度、应变量与组织再结晶的关系，如图2-24所示。根据动态材料模型，计算了 G115钢变形中的功率耗散和流变失稳参数，并最终获得了应变量为 0.8 时的热加工图（见图 2-25）。图 2-25 中阴影部分为失稳区。从热加工图 2-25 中可以得出，随着变形温度的升高和应变速率的降低，能量耗散效率不断升高，即加工性能不断增强。当变形温度低、应变速率高时（A 区），能量耗散效率值最低，材料发生了失稳。当变形温度高，应变速率低时（B 区），材料未发生失稳，能量耗散效率值最高，具有最佳热加工性能。马氏体耐热钢 G115 的推荐热加工区间为：（1150±10）℃，0.1~1s^{-1}。

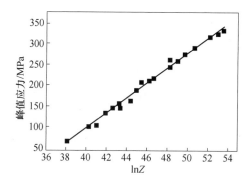

图 2-23 G115 钢 Z 参数与峰值应力关系

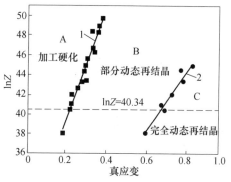

图 2-24 G115 钢 Z 参数和真应变
与再结晶行为关系
1—发生动态再结晶临界应变；
2—稳态动态再结晶临界应变

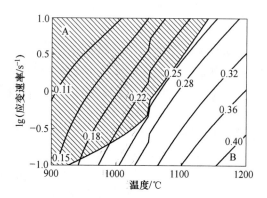

图 2-25 G115 钢应变量为 0.8 时的热加工图

2.3.5 G115 钢热处理工艺

热处理是钢铁材料制备的重要过程，决定着材料最终的组织状态及使用性能。对于马氏体耐热钢，传统的热处理工艺为正火（淬火）+回火工艺，通过正火（淬火）处理得到马氏体组织，然后高温回火，得到回火马氏体组织。研究

G115 钢的热处理工艺是必不可少的环节，对于应用非常重要。G115 试验钢的 CCT 曲线如图 2-26 所示。G115 试验钢的相变点为：$Ac_1 = 800℃$，$Ac_3 = 890℃$，$M_s = 375℃$，$M_f = 255℃$。G115 钢具有良好的淬透性，在 100℃/h 的冷却速度下也会完全生成马氏体组织。因此热处理中可以采用空冷即可能获得单相马氏体组织。

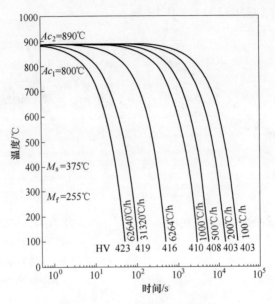

图 2-26　G115 试验钢 CCT 曲线

奥氏体化温度（即正火温度）的选择对材料力学性能有重大影响。在 9%～12%Cr 耐热钢中，由于合金元素多，需要考虑合金析出物在奥氏体化处理及后续回火过程中的演变问题，因而考察奥氏体化温度的影响时，既要对正火后的组织性能进行观察分析，也要考察分析正火+回火后的组织性能。

G115 钢在不同温度正火保温 1h 处理后的显微组织如图 2-27 所示，可以看出，1040℃ 正火时，材料中仍然有大量的析出相未完全回溶；1100℃ 正火时，材料中的析出相基本回溶，只剩下少许残余；1140℃ 正火时，材料中的析出相完全回溶。G115 试验钢的 Thermo-calc 计算相图如图 2-28 所示；可以看出，当温度高于 1080℃ 时，G115 钢中所有析出相理论上可以完全回溶。这与图 2-27 中 1040℃ 和 1140℃ 正火时的现象吻合。然而，在 1100℃ 正火时，试验结果与 Thermo-calc 计算结果不吻合，这是因为 G115 钢中含有 9% 的 Cr，降低了 C 原子的扩散系数，从而使析出相的回溶在奥氏体化保温时间 1h 内尚未完成所致。

G115 马氏体耐热钢在不同正火温度后的金相照片和晶粒尺寸分别如图 2-29 和图 2-30 所示。在 1040℃ 正火时，材料为明显的混晶组织；当正火温度高于

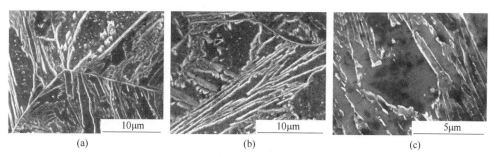

图 2-27 马氏体耐热钢 G115 在不同正火温度后的 SEM 照片

(a) 1040℃；(b) 1100℃；(c) 1140℃

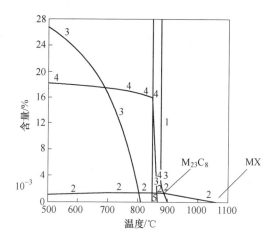

图 2-28 马氏体耐热钢 G115 的 Thermo-Calc 计算相图

1—BCC 基体；2—MX 相；3—Laves 相；4—$M_{23}C_6$；5—FCC 基体

1060℃时，材料转变为等轴晶组织，晶粒尺寸随着正火温度的升高而升高。其中，在 1080~1120℃区间，材料的晶粒尺寸处于稳定，基本不随温度的改变而改变。这种现象可能与静态再结晶以及析出相的回溶有关。在 1040℃正火时，材料只发生了部分静态再结晶，因此为混晶组织；当正火温度高于 1060℃时，材料发生了完全静态再结晶，因此转变为等轴晶组织。当正火温度在 1080~1120℃之间时，由于析出相尚未完全回溶，仍然能够有效钉扎晶界，阻碍晶粒长大，因此晶粒尺寸变化较缓慢。当正火温度达到 1140℃时，析出相完全回溶，晶界失去钉扎，导致晶粒尺寸大幅度增长。

对 G115 钢不同正火温度相同回火温度处理后的力学性能的统计如图 2-31 所示。可以发现材料的强度随正火温度的提高不断上升，其中在 1000~1100℃为平台区。若单从原奥氏体晶粒尺寸这一结果，是无法合理解释的。G115 钢的各种

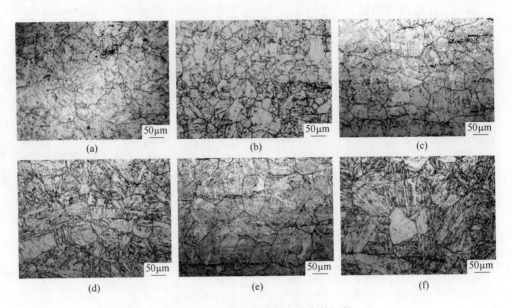

图 2-29　G115 钢不同正火温度的组织

（a）1040℃；（b）1060℃；（c）1080℃；（d）1100℃；（e）1120℃；（f）1140℃

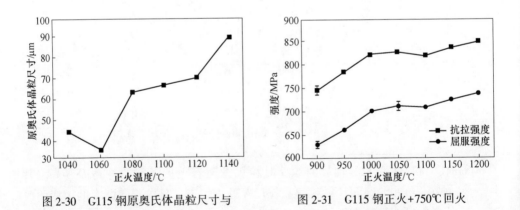

图 2-30　G115 钢原奥氏体晶粒尺寸与
　　　　　正火温度关系

图 2-31　G115 钢正火+750℃回火
　　　　　处理后的强度

强化机理可以通过公式（2-13）~式（2-16）来进行半定量描述：

$$\sigma_y = \sigma_0 + \sigma_s + \sigma_\rho + \sigma_P + \sigma_d \tag{2-13}$$

$$\sigma_P = 0.8MGb/\lambda_i \tag{2-14}$$

$$\sigma_d = kd^{-1/2} \tag{2-15}$$

$$\sigma = \alpha Gb\sqrt{\rho} \tag{2-16}$$

式中，σ_y 为屈服强度；σ_0 为纯铁的内摩擦应力（82.5MPa）；σ_s 为固溶强化量；σ_ρ 为位错强化量；σ_P 为弥散强化量；σ_d 为晶界强化量；M 为泰勒因子（$M=3$）；

G 为马氏体的剪切模量（室温下为 80GPa）；b 为柏氏矢量长度（0.25nm）；λ_i 为平均颗粒间距；k 为 Hall-Petch 斜率；d 为有效晶粒尺寸；α 为常数（=0.88）；ρ 为位错密度。

G115 钢在 900~1200℃不同温度下正火并在 750℃回火后的位错密度分别为 $4.7 \times 10^{14}/\mathrm{m}^2$、$4.8 \times 10^{14}/\mathrm{m}^2$、$4.6 \times 10^{14}/\mathrm{m}^2$ 和 $4.4 \times 10^{14}/\mathrm{m}^2$。这表明正火温度对 G115 钢的位错密度影响不明显。通过 EBSD 软件统计各正火温度下板条宽度的结果如图 2-32 所示，可以发现板条宽度随正火温度升高而变宽，这表明晶界强化效果是随温度升高而降低的。通过扫描电镜和相分析手段对 G115 钢析出物尺寸和分布间距的统计如图 2-33 所示。可以看出，析出物的尺寸和间距都随着温度的提高而减小。在 900℃，原有的析出物没有完全固溶，在奥氏体化过程中粗化和长大。在 1000~1200℃，温度越高析出相回溶效果越好，从而在回火过程中更利于形成弥散分布的析出相。据此，对 G115 钢中各个强度因素贡献进行了计

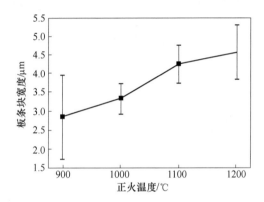

图 2-32　G115 钢在不同正火温度+750℃回火的板条宽度

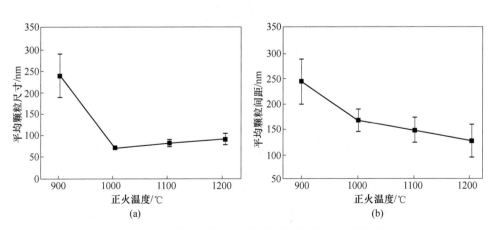

图 2-33　G115 钢在不同正火温度下的颗粒尺寸和颗粒间距

（a）颗粒尺寸；（b）颗粒间距

算，计算结果表明，除第二相强化效果随温度提高而上升外，其他强化因素均随温度提高而下降。但第二相强化效果在这一过程中占据了主导地位，因而表现出随正火温度提高，正火+回火组织强度也提高的现象（见图 2-34）。

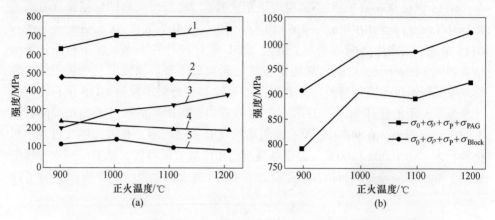

图 2-34　G115 钢在不同正火温度下各强化单元对室温屈服强度的贡献值

1—屈服强度；2—其他强化；3—第二相强化；4—板条块强化；5—原奥氏体晶界强化

同时，材料的冲击韧性也是衡量材料性能的重要指标，对 G115 钢不同温度正火+750℃回火进行冲击试验所得结果如图 2-35 所示。可以发现，在正火温度高于 1140℃后，材料的冲击韧性明显降低。一般而言，材料强度提升会导致相应韧性的下降。另外，高温正火时大的晶粒尺寸和板条宽度也是导致韧性降低的重要原因。

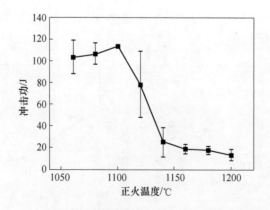

图 2-35　G115 钢在不同正火温度后回火的室温冲击功

综合不同正火温度下的析出相回溶情况以及冲击功的情况，推荐 C115 钢采用 1100℃正火，既可以使析出相大量回溶，又可以获得良好的冲击性能。

　　回火主要通过改变马氏体钢的析出相的大小、尺寸、数量，位错密度以及板条宽度来达到改善性能的目的。马氏体耐热钢大部分在回火状态使用，通过回火热处理获得稳定组织是至关重要的。马氏体耐热钢 G115 在不同回火温度下的 SEM 和 TEM 照片如图 2-36 和图 2-37 所示。对析出相尺寸、数量，位错密度和板条宽度分别进行定量化统计，结果见表 2-15 ~ 表 2-17。从图 2-36、图 2-37 和表 2-15 ~ 表 2-17 中可以看出，析出相数量、尺寸和板条宽度均随着回火温度的升高而增加，位错密度随着回火温度的升高而降低。表 2-15 ~ 表 2-17 表明，板条亚结构产生的非热屈服应力最大，其次是板条内自由位错产生的非热屈服应力，析出相颗粒产生的非热屈服应力较小。通过以上结果可以看出，回火处理后 G115 钢的室温强度主要来源于板条亚结构和自由位错的强化作用。

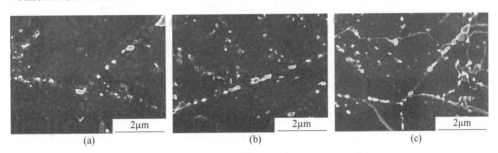

图 2-36　G115 钢在不同回火温度下的 SEM 照片
(a) 740℃；(b) 760℃；(c) 780℃

图 2-37　G115 钢在不同回火温度下的 TEM 照片
(a) 740℃；(b) 760℃；(c) 780℃

表 2-15　G115 钢不同回火温度下的原奥氏体晶界和基体中析出相的
平均尺寸、平均间距以及 Orowan 应力

回火温度/℃	原奥氏体晶界处平均直径/nm	基体中平均直径/nm	平均颗粒间距/nm	Orowan 应力/MPa
740	150	75	350	110
760	180	85	290	130
780	220	100	240	160

表 2-16　G115 钢在不同回火温度下的位错密度和非热屈服应力

回火温度/℃	位错密度/m⁻²	非热屈服应力 σ_{ρ}/MPa
740	1.1697×10^{14}	260
760	1.0425×10^{14}	245
780	6.6281×10^{13}	195

表 2-17　G115 钢在不同回火温度下的板条宽度和非热屈服应力

回火温度/℃	亚晶宽度/nm	非热屈服应力 σ_{ρ}/MPa
740	190	840
760	260	615
780	360	445

G115 钢在不同回火温度下的室温冲击功如图 2-38 所示。当回火温度从 740℃ 升高到 780℃, G115 钢的冲击功从 26J 上升至 115J。740~780℃ 均属于高温段回火, G115 钢同样在高温段回火, 回火温度仅仅相差 40℃ 时, 冲击功有巨大的变化, 表明 G115 钢的冲击韧性在此温度区间内对温度非常敏感。

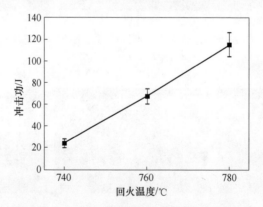

图 2-38　G115 钢在不同回火温度下的室温冲击功

G115 钢在不同回火温度下的低倍冲击断口照片如图 2-39 (a) ~ (c) 所示。当回火温度为 740℃ 时, 断口为长方形, 剪切唇很薄。当回火温度从 740℃ 升高到 760℃ 时, 断口有了一定的变形, 不再为规则的长方形, 剪切唇有所增厚。当回火温度升高到 780℃ 时, 断口已经塑性变形为梯形, 剪切唇进一步增厚。这表明随着回火温度的升高, 断裂模式已经从脆性断裂转变为韧性断裂。图 2-39 (g) ~ (i) 分别是图 2-39 (a) ~ (c) 中 4~6 区域的高倍照片, 表明在断口的边缘位置均为韧窝型断裂。740℃ 回火时, 断口边缘的韧窝很浅, 而且部分为韧窝, 部分仍为解理面。随着回火温度的升高, 断口边缘的韧窝区域占整个断口面积的比例越来越大，韧窝尺寸越来越大，也越来越深，从而导致冲击功的急剧上升。

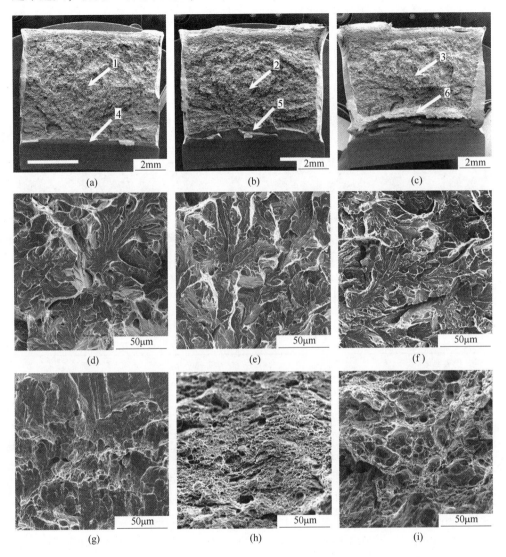

图 2-39 G115 钢在 740℃、760℃、780℃回火后的冲击断口 SEM 图

（a）740℃回火后的低倍冲击断口 SEM 图；（b）760℃回火后的低倍冲击断口 SEM 图；
（c）780℃回火后的低倍冲击断口 SEM 图；（d），（e），（f）分别是（a）、（b）、（c）中箭头
所指的 1、2、3 区域的高倍 SEM 图；（g），（h），（i）分别是
（a）、（b）、（c）中箭头所指的 4、5、6 区域的高倍 SEM 图

对 G115 钢冲击断口剖面进行了 SEM 和 EBSD 表征，如图 2-40 所示。结果表明冲击裂纹的扩展路径是沿大角晶界转折。这意味着若基体中大角晶界较多，裂

纹扩展中就要发生多次转折，这将增加裂纹扩展所需的能量。对试样的 EBSD 晶界分析结果显示，随着回火温度从 740℃增加到 780℃，其大角晶界的比例是增加的。这部分增加的大角晶界，可能是由于高温回火过程中，小角界面随着组织回复而吸收一部分自由位错成长为大角界面。对实验材料某一区域的位错及晶界统计结果见表 2-18。

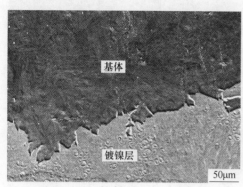
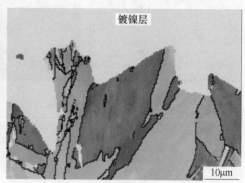

图 2-40　G115 钢冲击断口截面的 SEM 照片和 EBSD 照片

(a) SEM；(b) EBSD

表 2-18　G115 钢在不同回火温度下的位错密度

回火温度/℃	位错密度/×10^{14} m^{-2}	总界面长度/μm	大角界面长度/μm
740	3.2	15465.7	6189.7
760	3.0	13639.8	6326.3
780	2.2	15194.2	6771.1

　　从上述对 G115 钢热处理试验研究可以发现，在正火过程中，1040℃温度过低，钢中析出相不能完全回溶。1140℃正火可以使析出相完全回溶，但是晶粒尺寸增长过快，不利于焊接和冲击性能。正火温度在 1080~1120℃之间时，虽然有少许析出相残余，但是析出相尺寸已经很细小，不会对材料性能产生不利作用，且晶粒尺寸适中，基本保持稳定。此外 G115 大口径钢管主要用于主蒸汽管道制造，对材料的冲击性能有更高要求。图 2-41 为 G115 钢在不同正火温度下的冲击功演变，当正火温度为 1140℃时，冲击功很低，不能满足实际使用要求。当正火温度在 1080~1120℃时，材料有较高的冲击功。综合以上对材料性能和组织的考察分析结果，G115 钢最佳热处理制度推荐为正火（1080~1120）℃×1h 空冷+回火（760~780）℃×3h 空冷。

2.3.6　G115 钢时效过程组织稳定性

　　G115 钢时效前的典型热处理工艺为 1100℃×1h，A.C+780℃×3h A.C。回火

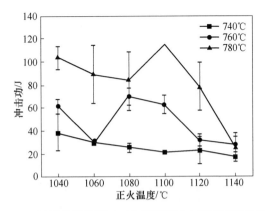

图 2-41 马氏体耐热钢 G115 在不同正火温度下的冲击功

处理后 G115 钢的微观组织形貌如图 2-42 所示，其原奥氏体晶粒尺寸均匀，基本为等轴晶。从图 2-42（b）可以看到，有大量析出相分布在晶界和基体内，统计结果显示析出相（$M_{23}C_6$）的平均尺寸为 92nm。从图 2-42（c）可以看到 G115 钢内有大量位错，板条平均宽度的统计结果为 330nm。对回火后的 G115 钢在不同时效条件下进行时效，时效温度分别为 650℃ 和 700℃，时效时间为 300h、1000h、3000h 和 8000h。

图 2-42 G115 钢时效前组织金相组织 SEM、TEM 图
(a) 金相组织；(b) SEM 图；(c) TEM 图

G115 钢在不同时效条件下的 650℃ 高温强度如图 2-43 所示。650℃ 时效后，材料的抗拉强度从 300h 的 357MPa 缓慢降低至 8000h 的 340MPa。屈服强度从 300h 的 310MPa 缓慢降低至 8000h 的 295MPa。700℃ 时效后，材料的抗拉强度从 300h 的 340MPa 急剧降低至 8000h 的 260MPa，屈服强度从 300h 的 292MPa 急剧降低至 8000h 的 233MPa。时效温度相同时，抗拉强度随时效时间的变化趋势与屈服强度变化趋势基本一致。对比 650℃ 和 700℃ 两个时效温度，650℃ 时效后的

高温强度显著高于 700℃时效后的高温强度，且 650℃时效后的高温强度随时效时间变化很小，700℃时效后的高温强度随时效时间的增加而显著降低。

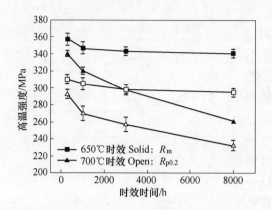

图 2-43　G115 钢在不同时效条件下的 650℃高温强度

G115 钢在 650℃时效不同时间下的室温冲击功如图 2-44 所示。时效最初 300h 内，G115 钢的冲击功急剧降低，从 120J 降到大约 36J。随着时效时间进一步增加，G115 钢的冲击功几乎不再变化，一直到 8000h 仍然在 33J 左右。这意味着 G115 钢在时效过程中冲击韧性的损失主要发生在时效初期的 300h，此后冲击功基本不再衰减。

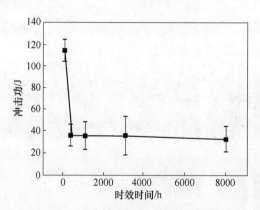

图 2-44　G115 钢 650℃时效后的冲击韧性

G115 钢时效后的主要析出相包括 MX、$M_{23}C_6$ 和 Laves 相。MX 相的尺寸细小且弥散分布，在长时间高温下仍比较稳定，而 $M_{23}C_6$ 相和 Laves 相则容易在时效过程中长大粗化。因而表征 $M_{23}C_6$ 相和 Laves 相的演变过程是研究 G115 钢组织演变的重点之一。在 SEM 研究中，通过背散射（BSE）像可以有效地区分 $M_{23}C_6$ 相和 Laves 相。这是因为 $M_{23}C_6$ 的主要合金元素为 Cr，Laves 相的主要合金元素为 W，W 的原子序数远远大于 Cr，富 W 区比富 Cr 区更为明亮，即 Laves 相的亮度高于 $M_{23}C_6$。

G115 钢在 650℃ 及 700℃ 不同时效时间后 BSE 扫描照片如图 2-45 及图 2-46 所示。对 G115 钢在不同时效条件下的析出相平均尺寸统计结果如图 2-47 所示。$M_{23}C_6$ 和 Laves 相主要都在原奥氏体晶界和板条界处析出。在 650℃ 时效时，析出相随着时效时间的延长而不断粗化，$M_{23}C_6$ 从 300h 的 108nm 增至 8000h 的 169nm，Laves 相从 300h 的 129nm 增至 8000h 的 212nm。截至 8000h 时效，$M_{23}C_6$ 和 Laves 相仍然保持在较细颗粒，对钉扎板条界和位错起着良好的作用。在 700℃ 时效时，析出相尺寸显著高于 650℃ 时效。$M_{23}C_6$ 从 300h 的 152nm 增至 8000h 的 232nm，Laves 相从 300h 的 238nm 增至 8000h 的 356nm。在相同的时效条件下，Laves 相的平均尺寸要大于 $M_{23}C_6$ 的平均尺寸，并且二者尺寸之间的差距随着时效时间和时效温度的增加而逐渐增加，表明 Laves 相的粗化速率高于 $M_{23}C_6$。相分析结果显示 $M_{23}C_6$ 相的化学成分为 $(FeCrWCo)_{23}(CB)_6$，Laves 相的化学成分为 $(FeCrCo)_2W$。在长期时效过程中，析出相化学成分配比变化很小。

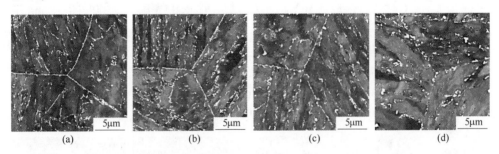

图 2-45　G115 钢在 650℃ 时效不同时间后的 SEM 照片
(a) 300h；(b) 1000h；(c) 3000h；(d) 8000h

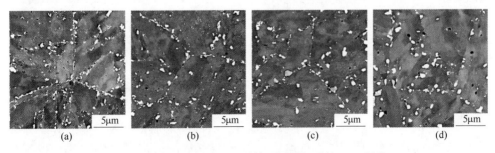

图 2-46　G115 钢在 700℃ 时效不同时间后的 SEM 照片
(a) 300h；(b) 1000h；(c) 3000h；(d) 8000h

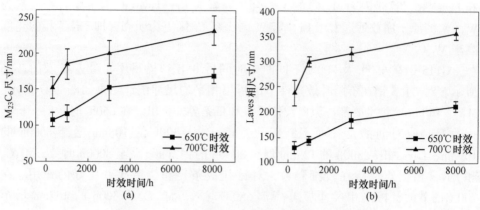

图 2-47　G115 钢在不同时效条件下的析出相尺寸

(a) $M_{23}C_6$；(b) Laves 相

　　G115 钢在不同时效条件下的 TEM 照片和板条宽度统计结果如图 2-48~图 2-50所示。板条宽度随着时效温度和时效时间的增加而逐渐增加。在 650℃ 时效时，板条宽度从 300h 的 350nm 增至 8000h 的 415nm，板条组织仍然得到很好地保持。在 700℃ 时效时，板条宽度相比 650℃ 时效显著宽化，从 300h 的 382nm 增至 8000h 的 577nm。但是，在 700℃ 时效时，3000h 后板条组织出现了因为回复而形成的多边形组织，这种多边形组织已经不再是规则的马氏体板条组织，而是转变为铁素体组织，组织中位错密度很低，材料发生了局部软化。在 8000h 时效后，马氏体板条组织进一步回复，材料已经几乎完全转变为多边形的铁素体组织，规则的马氏体板条组织已经基本消失，材料进一步软化。

图 2-48　G115 钢在 650℃ 时效时的 TEM 照片

(a) 300h；(b) 1000h；(c) 3000h；(d) 8000h

　　从 TEM 照片的结果可以看出，随着时效时间的增加和时效温度的升高，位错发生了不同程度的回复。在低温短时阶段（650℃，300h），大量规则的板条组织内含有大量的自由位错。在低温长时阶段（650℃，3000h），局部区域的自由位错发生了缠结，形成位错网和位错墙，伴随着位错密度的轻微降低。在高温长

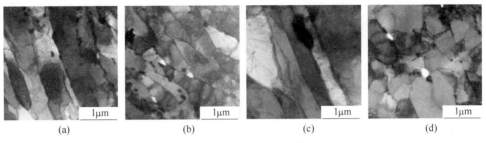

图 2-49　G115 钢在 700℃时效时的 TEM 照片

(a) 300h；(b) 1000h；(c) 3000h；(d) 8000h

时阶段（700℃，8000h），缠结的位错网和位错墙进一步回复湮灭，形成了位错新界面，与此同时，位错密度大量降低。G115 钢在不同时效条件下的位错密度统计如图 2-51 所示，650℃时效后的位错密度显著高于 700℃时效。在 650℃时效 8000h 以内，位错密度随时效时间的增加只是出现小幅度的降低，从 300h 后的 $2.16×10^{14}/m^2$ 降低至 8000h 后的 $1.32×10^{14}/m^2$。而在 700℃时效时，位错密度随着时效时间的增加出现了大幅度的降低。从 300h 的 $5.49×10^{13}/m^2$ 急剧降低到 8000h 的 $7.22×10^{11}/m^2$。总的来讲，在时效过程中，析出相不断长大、板条发生粗化、位错密度降低。相对于 700℃时效，650℃时效过程中析出相更稳定，板条的粗化明显缓慢，位错密度下降也较为缓慢。

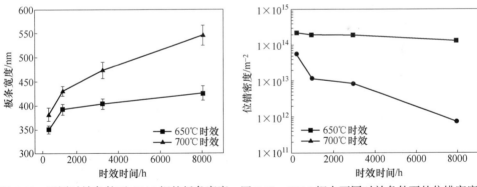

图 2-50　不同时效条件下 G115 钢的板条宽度　　图 2-51　G115 钢在不同时效条件下的位错密度

根据公式（2-13）到式（2-16）算得的非热屈服应力见表 2-19。需要说明的是，计算出来的非热屈服应力并不是各强化单元的绝对强化量，而只是相对量，主要用于反映强度的变化趋势。为了简化计算，把这三者对强度的贡献简单看成是相加形式。对这三种强化量进行加和后的结果如图 2-52 所示，三种强化机制的加和随时效温度和时效时间的变化趋势与 G115 钢的高温强度的变化趋势基本一致，说明非热屈服应力模型可以很好地解释高温强度变化趋势。同时，从表

2-19中可以看出，G115 钢中析出相的第二相强化效果相较于其他两种强化机制而言明显偏弱，说明高温强度变化主要受位错和板条亚结构的变化影响，受析出相第二相强化效果的影响很小。

表 2-19　G115 钢在不同时效条件下的非热屈服应力

时效温度	时效时间/h	σ_p/MPa	σ_1/MPa	σ_p/MPa
650℃	300	96	457	353
	1000	91	408	333
	3000	85	397	329
	8000	83	376	276
700℃	300	82	419	178
	1000	72	372	82
	3000	65	338	70
	8000	58	293	20

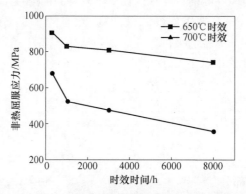

图 2-52　G115 钢在不同时效条件下的非热屈服应力

　　从表 2-19 还可以看出，时效过程中析出相、亚结构和位错的强化作用都在下降。在 8000h 以内，板条和位错的强化效果仍然占主导地位，析出相的强化效果较小。但在时效过程中，板条和位错强化效果的降低幅度分别为 81MPa 和 77MPa，比析出相强化 13MPa 的降幅大很多。可以预见，随着时间的延长析出相强化效果会逐渐显著。另外在 700℃时效各个强化效果的降幅都比 650℃时大。

　　通过上述研究发现，G115 钢在 700℃仅仅时效 3000h，微观组织相较于回火态时便发生了明显的退化，高温强度也出现了显著的降低。在 650℃/8000h 时效后，G115 钢的微观组织和高温强度仍然与回火态时差别不大，说明 G115 钢有望用于 650℃。G115 钢与 P92 和 T122 这两种传统 9%~12%Cr 马氏体耐热钢在不同时效条件下的析出相尺寸见表 2-20，G115 钢在 650℃时效时析出相尺寸明显小于

T122 钢, 甚至比 P92 钢在 600℃时效时的析出相尺寸都要小。正因为 G115 钢中这些细小弥散并且粗化速率慢的析出相, 使得 G115 钢具有了比 P92 和 T122 钢更好的长时性能。

表 2-20 几种 9%~12%Cr 马氏体耐热钢在不同时效条件下的析出相尺寸

析出相类型	时效时间/h	析出相尺寸/nm		
		G115, 650℃	T122, 650℃	P92, 600℃
$M_{23}C_6$	300	108	—	145
	1000	116	310	160
	3000	153	380	—
Laves	300	129	—	—
	1000	143	410	—
	3000	184	485	—

2.3.7 B 元素在 G115 钢中的作用机理

根据表 2-20 中的数据, G115 钢中 $M_{23}C_6$ 在长时时效过程中的尺寸低于 T122 和 P92 钢, 钢铁研究总院对其原因进行了深入研究。以往大量研究已经表明在马氏体耐热钢中加入一定量的 B 元素, 可以有效抑制 $M_{23}C_6$ 在长时过程中的粗化, 从而提高耐热材料的持久蠕变性能。但在 B 元素抑制 $M_{23}C_6$ 粗化的深入研究中, 还存在两个主要问题需要深入研究: (1) B 在 $M_{23}C_6$ 中如何分布; (2) B 抑制 $M_{23}C_6$ 粗化的机理。

关于 B 的分布问题, 目前学者们仍然存在争议。一部分学者认为 B 在 $M_{23}C_6$ 中均匀分布; 另一部分学者认为 B 在 $M_{23}C_6$ 中的分布不均匀, 内部 B 含量高于表层 B 含量; 还有一部分学者认为 B 在 $M_{23}C_6$ 表层富集。各方观点都给出了相应的证据。作者在该问题研究中采用 EPMA 先扫描观察了析出相化学成分分布情况, 如图 2-53 所示, 图中心的析出相富 Cr, 即为 $M_{23}C_6$, B 在 $M_{23}C_6$ 中存在富集。为验证此结果, 对试样进行萃取, 获得纯的 $M_{23}C_6$ 粉末, 进行精确化学成分分析。结果测得, $M_{23}C_6$ 中平均含有 0.65% (质量分数) 的 B, 是钢中加入 B 含量 (1.3×10^{-4}) 的 10 倍。由此证明, B 的确大量富集在 $M_{23}C_6$ 中。

对 G115 钢中尺寸约为 100nm 的 $M_{23}C_6$ 颗粒进行俄歇电子能谱 (AES) 分析, 测试深度约为 50nm。由于 AES 的分析精度高, 在加速电压为 10kV 时, 束斑直径小于 22nm, 深度小于 2nm, 可以排除基体干扰, 获得良好的表面信息, 精确测得 B 在 $M_{23}C_6$ 中的分布情况。测试结果如图 2-54 所示, 0~5nm 深度为材料的表面吸附层, 不在考虑范围以内。5~30nm 为 $M_{23}C_6$ 表层, B 元素出现了一定程度的富集。30nm 以后为 $M_{23}C_6$ 中心部分, B 含量相对表层较低, 由此可以证明 B

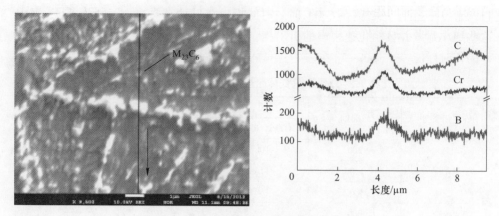

图 2-53　G115 钢的 EPMA 线扫描照片和结果

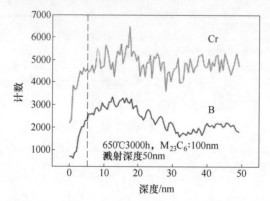

图 2-54　G115 钢中 B 和 Cr 元素的 AES 深度谱分析

在 $M_{23}C_6$ 的表层富集。

　　从上述的试验结果中可以得出 B 在 $M_{23}C_6$ 的表层富集。关于 B 抑制 $M_{23}C_6$ 粗化的机理，目前学者们主要有两种解释。一种解释为在 $M_{23}C_6$ 的 Ostwald 熟化过程中，B 原子占据了 $M_{23}C_6$ 表层碳原子的空位，使基体中的碳原子无法扩散到 $M_{23}C_6$ 表层，无法在 $M_{23}C_6$ 表层聚集，从而使得 $M_{23}C_6$ 的粗化被抑制，如图 1-6（c）所示。另一种解释为 B 在 $M_{23}C_6$ 表层富集，降低了 $M_{23}C_6$ 的界面能，从而使 $M_{23}C_6$ 的粗化速率减慢。

　　$M_{23}C_6$ 的主要成分为 $Cr_{23}C_6$，为简化研究，一律把 $M_{23}C_6$ 简化为 $Cr_{23}C_6$，图 2-55 是 $Cr_{23}C_6$ 的晶胞结构，为复杂的 FCC 结构。在马氏体耐热钢中，$Cr_{23}C_6$ 与马氏体基体的位向关系为：（111）$Cr_{23}C_6$//（011）马氏体，$[101]Cr_{23}C_6$//$[111]$ 马氏体。$Cr_{23}C_6$ 的晶格常数为 $a = 1.06214nm$。马氏体基体为体心立方结构，可近似的看成是体心正方结构，晶格常数为 $a = 0.28665nm$。$Cr_{23}C_6$ 与马氏体基体界面处

的对应晶面、面间距和错配度具体数值见表 2-21。当材料中加入 B 时，B 原子会进入到 $Cr_{23}C_6$ 中以替代部分的 C 原子。由于 B 原子的尺寸大于 C 原子，以 B 代 C 会导致 $Cr_{23}C_6$ 晶格畸变，$Cr_{23}C_6$ 的晶格常数增加，在马氏体基体界面处的面间距增加，从而降低错配度。错配度降低了，$Cr_{23}C_6$ 与马氏体基体的界面能也会随之减小。根据 Ostwald 熟化公式，界面能降低，Ostwald 熟化速率降低，从而 $Cr_{23}C_6$ 的粗化得到抑制。

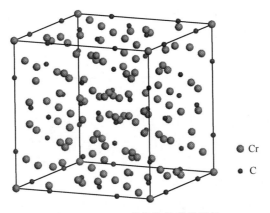

图 2-55　$Cr_{23}C_6$ 碳化物的晶体结构

表 2-21　$Cr_{23}C_6$ 与马氏体基体界面处的对应晶面、面间距和错配度

类　型	晶　面	面间距/nm	错配度/%
$Cr_{23}C_6$	（121）	0.216808	8.916
马氏体基体	（211）	0.118069	

2.3.8　G115 钢持久性能

持久试验是模拟研究耐热材料服役环境下行为的重要方法，相对于时效试验，持久试验考察在温度与应力共同作用下耐热材料的性能演变，是判断耐热材料强度的重要依据。对 G115 钢持久性能的研究进行了 4 个炉号，其具体热处理工艺参数见表 2-22。

表 2-22　4 种炉号的 G115 钢的取样来源和热处理制度

编　号	取样来源	热处理制度
G115	宝钢工业试制管	1100℃×1h A. C. +780℃×3h A. C.
G115-DT	宝钢工业试制管	1100℃×1h A. C. +760℃×3h A. C.
G115-M	钢研冶炼	1100℃×1h A. C. +780℃×3h A. C.
G115-N	钢研冶炼	1100℃×1h A. C. +780℃×3h A. C.

　　表 2-23 给出了几种马氏体耐热钢的 650℃ 10 万小时持久强度，T/P91 和 T/P92 的数据来源于公开发表的资料，G115 钢的数据是 φ254mm 大口径管取样由钢铁研究总院和宝钢平行测试，宝钢还有大部分应力点正在测试（见图 2-56），各温度下预期持久断裂时间 3 万~5 万小时的应力点也在测试中。SAVE12AD 的数据来源于日本企业发布的数据[57]。从表 2-23 中可以看出，G115 钢的 650℃ 持久强度是 P92 钢的 1.5 倍以上，也高于日本的 SAVE12AD。

表 2-23　几种马氏体耐热 650℃-1×10⁵h 外推持久强度

钢　种	T/P91	T/P92	G115	SAVE12AD
持久强度/MPa	47.5	67.4	109.8	82.1

　　对比 G115 钢与 T/P91 和 T/P92 的持久强度，从图 2-56 中可以看出 G115 钢 650℃ 持久性能明显优于 T/P92 钢，而且 G115 钢管的持久断裂时间的演变趋势稳定，不存在持久曲线突然下降的现象，说明 G115 钢管的微观组织稳定。再对 MARBN、G115 和 SAVE12AD 3 种 650℃ 马氏体耐热钢的持久强度进行比较（见图 2-57），MARBN 钢公开数据较少，G115 钢管的性能与 MARBN 钢的持久强度相当，MARBN 钢的数据为实验室小钢锭的数据，G115 钢的数据是工业生产产品测试数据。G115 管的持久性能优于 SAVE12AD 管。

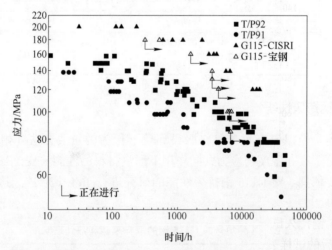

图 2-56　工业试制 G115 钢管与 T/P91 和 T/P92 钢管 650℃ 持久强度的比较

　　除了上述对比的 650℃ 持久强度数据外，G115 钢的 600℃、625℃、650℃ 和 675℃ 的系列持久试验仍在进行中，图 2-58 为正在进行的 G115 钢管持久强度试验。

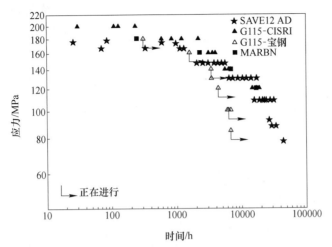

图 2-57　MARBN、G115 和 SAVE12AD 钢 650℃持久强度比较

（（1）G115 数据取自宝钢大口径管持久试验数据；（2）SAVE12 AD 数据取自 SAVE12AD ASME
Code Case Draft，Nippon Steel & Sumitomo Metal Corporation）

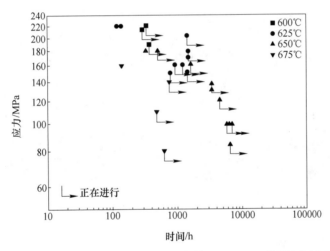

图 2-58　工业试制 G115 钢管正在进行的 600~675℃系列持久试验

　　对 G115 钢持久试样进行了系统表征和分析。将持久断裂试样沿纵向线切割
剖开，剖开后的试样表面如图 2-59 所示。用 SEM 和 EBSD 表征其 1 和 2 处（见
图 2-59）的形貌。其中 1 处为断口处，同时受温度和应力的影响；2 处为夹持
端，远离断口处，只受温度影响，基本不受应力影响。对比两处的组织形貌，可
以得到温度和应力对材料长时服役过程中的组织演变影响。

　　首先对 G115 钢 200MPa、31h 和 140MPa、6744h 的持久试样断口进行 EDS
分析，研究其断裂原因，其位置和 EDS 结果如图 2-60 和表 2-24 所示。在微孔附

图 2-59 G115 钢的持久试样分析位置

1—断口；2—夹持端

近往往存在一些夹杂物，这些夹杂物尺寸较大，含有一定量的 Ce 或者 Er 稀土元素，另外，夹杂物中的 O 含量也较高。持久试验过程中，含稀土氧化物的夹杂成为微孔形成点，进而成为持久断裂的裂纹源。这些形成的微孔在随后的持久试验过程中进一步长大、聚合直至引起材料的断裂。因此，在现有的炼钢技术条件下，如果不能解决稀土元素的冶炼问题，建议严格控制稀土的添加，排除因为产生稀土夹杂从而使得材料早期断裂的不利因素。

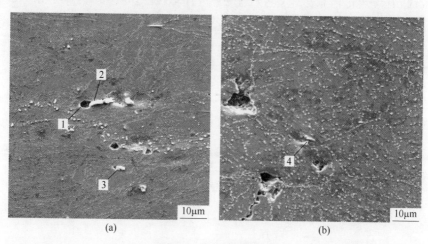

(a)   (b)

图 2-60 G115 钢的断口

(a) 200MPa, 31h；(b) 140MPa, 6744h

表 2-24 G115 钢的断口 EDS（点 1~点 4 分别对应图 2-60 上的位置）

点序号	Fe	Cr	W	C	O	Ce	Er
点 1	78. 27	8. 19	—	—	—	1. 19	12. 36
点 2	4. 71	—	—	6. 11	14. 55	74. 62	—
点 3	79. 96	8. 71	—	—	—	—	11. 34
点 4	6. 50	—	1. 19	—	18. 85	73. 45	—

图 2-61 G115 钢在不同持久条件下的 SEM 照片。从图 2-61 中可以看出，短时高应力条件下（见图 2-61 (a)、(d)），夹持端的析出相尺寸要比断口处的

析出相尺寸略大。随着应力的降低和服役时间的增加，夹持端的析出相尺寸与断口处的析出相尺寸渐趋一致（见图2-61（b）、（e））。到长时低应力条件时（见图2-61（c）、（f）），夹持端的析出相尺寸要比断口处的析出相尺寸略小。这是因为从回火态到时效态，仍有大量析出相析出。短时高应力时，形变量大，产生的新界面多，形核位置多，析出相细；长时低应力时，形变速率很慢，界面数量增速也很慢，所以形核位置几乎不变，不会引起析出相的细化；同时，由于仍然存在一定量的形变，界面数量仍有一定程度的增加，导致扩散通道增加，扩散系数提高。根据 Ostwald 熟化公式，粗化速率也相应提高。总体来说，夹持端处析出相与端口处析出尺寸的差距并不大。这也表明应力对析出相的粗化没有明显的促进或抑制作用。

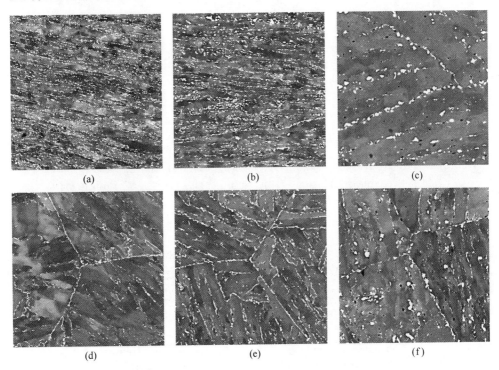

(a)　　　　　　　　　　(b)　　　　　　　　　　(c)

(d)　　　　　　　　　　(e)　　　　　　　　　　(f)

图 2-61　G115 钢在不同持久条件下的 SEM 照片
（a）断口处，200MPa，31h；（b）断口处，180MPa，578h；（c）断口处，140MPa，6744h；
（d）夹持端，200MPa，31h；（e）夹持端，180MPa，578h；（f）夹持端，140MPa，6744h

图 2-62 是 G115 钢在不同持久条件下的 EBSD 照片，对应的取向差分布情况如图 2-63 所示。从图 2-62 和图 2-63 中可以看出，断口处有明显数量的 20°～50°界面，而夹持端却几乎没有。夹持端 50°～60°界面比例较高，断口处较低。这是因为形变过程中晶粒发生转动，从而取向趋于一致，即取向差会发生一定程度的

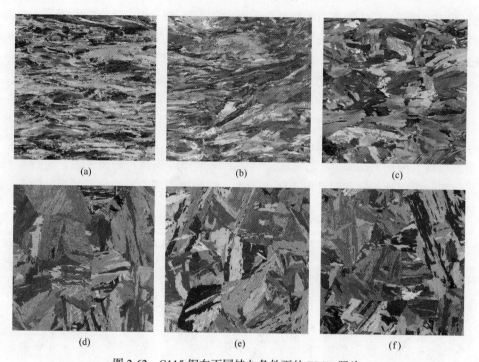

图 2-62　G115 钢在不同持久条件下的 EBSD 照片
(a) 断口处, 200MPa, 31h; (b) 断口处, 180MPa, 578h; (c) 断口处, 140MPa, 6744h;
(d) 夹持端, 200MPa, 31h; (e) 夹持端, 180MPa, 578h; (f) 夹持端, 140MPa, 6744h

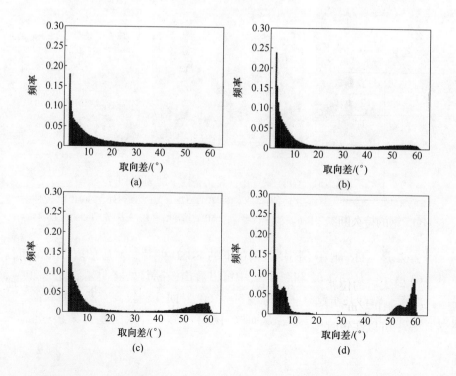

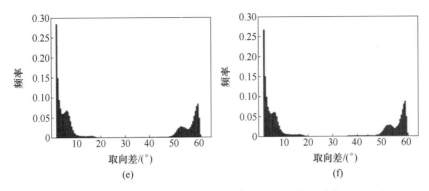

图 2-63 G115 钢在不同持久条件下的取向差分布

(a) 断口处，200MPa，31h；(b) 断口处，180MPa，578h；(c) 断口处，140MPa，6744h；
(d) 夹持端，200MPa，31h；(e) 夹持端，180MPa，578h；(f) 夹持端，140MPa，6744h

降低。部分 50°~60°的界面转变成 20°~50°的界面；形变量越大，晶粒转动程度越大，取向差降低也更大，所以 50°~60°界面比例降低越明显。

表 2-25 列出了 G115 钢不同持久条件下的界面数量密度。从表 2-25 中可以看出，断口处拥有更多的界面，形变越大，界面越多。这是因为断口处由于形变而引入位错。位错在高温下发生回复，转变为小角界面，所以小角界面数量增加；小角界面吸收位错，转变为大角界面，所以大角界面数量也增加。形变量越大，引入的位错越多，产生的新界面也就越多。140MPa、6744h 的试样由于断面收缩率低，断口形变量小，所以断口处与夹持端的界面数量密度相差不大。

表 2-25 G115 钢不同持久条件下的界面数量密度

持久条件		2°~15°的界面数量密度/$\mu m \cdot \mu m^{-2}$	>15°
200MPa 31h	断口处	1.385846	0.859239
	夹持端	0.740169	0.478376
180MPa 578h	断口	1.61153	0.71569
	夹持端	0.71527	0.45450
140MPa 6744h	断口	0.93352	0.44575
	夹持端	0.79258	0.54567

对 G115 钢的持久断裂试样进行详细分析后，对比其他几炉 G115 钢（G115-DT、G115-M 和 G115-N）的持久性能和微观分析。可以发现，G115-DT 的持久性能在高应力阶段要明显好于 G115，这是因为 G115-DT 的回火温度比 G115 低 20℃，从而导致其回火后的位错密度高于 G115。根据试验测量，回火后 G115-DT 的位错密度为 $3.1 \times 10^{14}/m^2$，G115 的位错密度为 $2.6 \times 10^{14}/m^2$。位错密度高，位错强化效果明显，可以在短时内起到良好的强化效果，提高持久强度。但是随着应力

的降低和持久断裂时间的增加，G115-DT 的持久断裂时间逐渐被 G115 反超的趋势。这是因为较低温度回火时，回火后的析出相数量较少，在长时服役过程中钉扎作用不足，不能有效钉扎位错和板条界，从而使得位错和板条在长时过程中大量回复，丧失原有的强化效果，持久强度降低。另外，冶炼纯净度的影响在持久试验中非常明显。尽管 G115-M 和 G115-N 两炉试验钢在成分设计上更加优化，但由于其纯净度差而导致其持久强度不如 G115 及 G115-DT。

参 考 文 献

[1] Fujita T, Asakura K, Sawada T, et al. Creep rupture strength and microstructure of low C-10Cr-2Mo heat-resisting steels with V and Nb [J]. Metallurgical and Materials Transactions A, 1981, 12: 1071-1079.

[2] 包汉生. 高铬铁素体耐热钢长时组织稳定性的研究 [D]. 北京：钢铁研究总院, 2009.

[3] Kimura K, Kushima H, Abe F. Heterogeneous changes in microstructure and degradation behaviour of 9Cr-1Mo-V-Nb steel during long term creep [J]. Key Engineering Materials, 2000, 171-174: 483-490.

[4] 太田定雄. 铁素体系耐热钢——向世界前沿不懈攀登的研究与开发 [M]. 张善元、张绍林, 译. 北京：冶金工业出版社, 2003: 157-177.

[5] 欧洲专利. EPA0427301A1, High-strength high-Cr heat resistant steels [P]. 1986-10-13.

[6] Taneike M, Abe F, et al. Creep-strengthening of steel at high temperatures using nano-sized carboniride dispersions [J]. International weekly journal of science, 2003, 424 (6946): 294-296.

[7] Abe F. Key issues for development of advanced ferritic steels for thick section boiler components in USC power plant at 650℃ [C]. Symposium on Ultra Super Critical Steels for Fossil Power Plants 2005, 12-13 April, 2005, Beijing, 19-28.

[8] Kasumi Yamada, Masaaki Igarashi, etc. Effect of Heat Treatment on Precipitation Kinetics in High-Cr Feritic Steels [J]. ISIJ International, 2002, 42 (7): 779-784.

[9] Kasumi Yamada, Masaaki Igarashi, etc. Creep Properties Affected by Morphology of MX in High-Cr Ferritic Steels [J]. ISIJ International, 2001 (41): S116.

[10] 刘正东. 650℃超超临界机组锅炉钢管用新一代铁素体耐热钢研究. 国家高技术研究发展计划（编号 2006AA03Z513）年度报告, 2007.

[11] Xingyang Liu, Toshio Tujita. Effect of chromium content on creep rupture properties of a high chromium ferritic heat resisting steel [J]. ISIJ International, 1989, 29 (8): 680-686.

[12] Kouichi Maruyama, Kota Savada, Jun-ichi Koike. Strengthening mechanism of creep resistant tempered martensitic steel [J]. ISIJ International, 2001, 41 (6): 641-653.

[13] Katsumi Yamada, Masaaki Igarashi, etc. Effect of Co addition on microstructure in high Cr ferritic steels [J]. ISIJ International, 2003, 43 (9): 1438-1443.

[14] Blum R, Vanstone R W. Materials development for boilers and steam turbines operating at

700℃［C］//2006 年火力发电设备用材料研讨会论文集. 成都, 2006.

[15] Agamennone R, Blum W, et al. Evolution of microstructure and deformation resistance in creep of tempered martensitic 9% ~ 12% Cr-2% W-5% Co Steels ［J］. Acta Materialia, 2006 (54)：3003-3014.

[16] Yoshiaki Toda, Kazuhiro Seki, et al. Effect of W and Co on long-term creep strength of precipitation strengthened 15Cr ferritic heat resistant steels ［J］. ISIJ International, 2003, 43 (1)：112-118.

[17] Fujio Abe. Effect of fine precipitation and subsequent coarsening of Fe_2W Laves phase on the creep deformation behavior of tempered martensitic 9Cr-W steels ［J］. Metallurgical and Materials Transactions A, 2005, 36A (2)：321-332.

[18] 杨钢, 程世长, 刘正东, 等. 钢铁研究总院内部研究报告, 2004.

[19] 刘正东, 程世长, 包汉生, 等. 钒对 T122 铁素体耐热钢组织和性能的影响 ［J］. 特殊钢, 2006, 27 (1)：7-10.

[20] 欧洲专利. EP0705909A1, A high-chromium ferritic steel excellent in high temperature ductility and strength ［P］. 1994-10-7.

[21] Bao H S, Cheng S C, Liu Z D, etc. An investigation on BN inclusions in T122 heat resistant steel ［C］. International Symposium on USC Steels for Fossil Power Plants, Beijing, China, April 12-14, 2005, pp283-289.

[22] Abe F. Precipitate design for creep strengthening of 9% Cr tempered martensitic steel for ultra-supercritical power plants ［J］. Science and Technology of Advanced Materials. 2008, 9：1-15.

[23] 邓星临, 等. 钢铁研究总院内部研究报告, 1980.

[24] 胡云华, 刘荣藻, 赵海荣, 等. 102 钢中各种强化元素的强化功能研究 ［J］. 钢铁研究学报, 1985, 5 (4)：383-390.

[25] ASME Code Case 2179-8, 9Cr2W, UNS K92460 materials, Section Ⅰ and Section Ⅷ, Division 1, ASME, Two Park Avenue, New York, NY, USA 10016-5990, approved on June 28, 2012.

[26] ASME Code Case 2180-6, Seamless 12Cr-2W materials, Section Ⅰ and Section Ⅷ, Division 1, ASME, Two Park Avenue, New York, NY, USA 10016-5990, approved on August 11, 2010.

[27] 中国国家质监总局. GB 5310—2008 高压锅炉用无缝钢管, 2008 年 10 月 24 日发布.

[28] 宋明. 我国电站锅炉 Gr.91 钢使用现状调研报告情况汇报 ［R］. 中国特种设备检测研究院, 2019 年 9 月.

[29] T/CSTM 00155—2019, 承压设备用 10Cr9Mo1VNbNG 无缝钢管, 中关村材料试验技术联盟, 2019 年 8 月 13 日.

[30] 刘正东, 程世长, 包汉生, 等. 一种 650℃蒸汽温度超超临界火电机组用钢及其大口径锅炉管的制备方法 ［P］. 钢铁研究总院, 中国专利号：ZL201210574445.1, 2012 年 12 月 7 日申请, 2014 年 11 月 5 日授权.

3　G115原型钢热处理与组织演变问题

G115马氏体耐热钢研发的主要目的是用于制造金属壁温达650℃的超超临界燃煤电站大口径厚壁管道。工业生产过程中，大口径厚壁管道的热处理及其组织演变过程远比实验室研究的小试样复杂。大口径厚壁管的热处理决定最终管道的组织和性能，这个问题必须认真开展系统实验研究，本章将重点介绍这个重要工程问题。

采用的试验材料分为两类，分别取自实验室试验钢与工业试制的大口径厚壁钢管。实验室试验钢锭重50kg，由真空感应炉炼制，钢锭锻造开坯温度为1160℃，终锻温度大于900℃，锻造成ϕ14mm圆棒和14mm×14mm方棒，圆棒用于室温与高温拉伸实验、高温持久实验和相分析实验，方棒用于冲击实验和微观组织观察。工业试制的大口径厚壁钢管经电弧炉+炉外精炼+真空除气冶炼后，浇铸成13t钢锭，锻造开坯后热挤压制成ϕ578mm×88mm×7000mm（外径×壁厚×长度）大口径厚壁钢管，沿钢管的横纵向取冲击、室温与高温拉伸和相分析试样，冲击试样为V形缺口，开口面与钢管内表面平行。所有试验材料的化学成分见表3-1，除厚壁管外，其余为实验室冶炼试验钢。

表3-1　G115钢化学成分（质量分数）　　　　　　（%）

试验材料	C	Si	Mn	Cr	W	Co
75	0.076	0.23	0.50	8.74	2.94	2.91
77	0.078	0.34	0.47	8.88	2.94	2.94
C	0.076	0.18	0.45	8.83	3.11	2.99
N	0.080	0.36	0.58	9.03	2.96	3.02
LW1	0.088	0.23	0.52	8.88	2.63	3.02
LW2	0.082	0.20	0.53	8.81	2.32	3.00
厚壁管	0.090	0.32	0.46	8.84	2.72	2.98
试验材料	V	Nb	N	B	Cu	Fe
75	0.19	0.040	0.0220	0.0081	0.014	余
77	0.19	0.040	0.0110	0.0120	0.890	余
C	0.19	0.042	0.0140	0.0130	0.910	余
N	0.20	0.058	0.0049	0.0150	0.900	余
LW1	0.20	0.051	0.0088	0.0150	0.910	余
LW2	0.20	0.050	0.0097	0.0120	1.030	余
厚壁管	0.18	0.068	0.0110	0.0130	0.850	余

3.1　G115 钢大口径厚壁管消除组织遗传性热处理

G115 马氏体耐热钢的大口径厚壁管与小尺寸构件热处理机理本质上相同，但由于其壁厚和质量较大，其热处理工艺制订需基于物理冶金特性、尺寸和细化晶粒等因素多重考虑。厚壁管高温挤压后由于形变和相变潜热等因素，如果按照传统热处理工艺易产生粗大晶粒，且因组织遗传特性在后续的热处理中难以消除。

3.1.1　G115 钢大口径厚壁管晶粒粗大问题

厚壁管的质量与尺寸较大，因此冶金生产过程中其铸锭在结晶时所需的凝固时间长，铸锭组织较粗大。由于合金元素含量较高，碳化物形成元素（Nb、V、W、Cr 等）所富集的区域中奥氏体稳定性好，重新加热时粗大的组织难以消除。钢管热挤压过程中不同位置变形量差异较大，同时由于壁厚较大，厚壁钢管内外壁和中心位置温差较大，再结晶后晶粒尺寸不均匀且较粗大。性能热处理时，由于钢管壁厚较大，加热时所需保温时间长，冷却时在管径不同位置存在明显温度梯度，导致晶粒粗大。通过添加 Nb、V 等元素形成碳氮化物，通过钉扎来细化晶粒措施对小型构件较有效，但对于厚壁管成效甚微，且过量添加上述元素易形成 Z 相，对后续服役过程中的组织稳定性不利。

具有粗大原奥氏体晶粒的厚壁钢管重新奥氏体化后，晶粒度维持原有的等级，这种晶粒粗大与不均匀难以消除的现象一般称为组织遗传特性。通常认为，该现象由于非平衡组织在奥氏体化时，形成片状奥氏体组织并与母相呈 K-S 位向关系，从而维持晶粒的粗大形态。

晶粒的组织遗传性原理如图 3-1 所示[1]，其产生过程如下：（1）加热前为非平衡转变组织（马氏体或贝氏体+析出相），且与转变后的组织（奥氏体）有一定取向关系；（2）加热至奥氏体转变温度时，铁素体不发生重结晶，保持原有晶粒取向；（3）加热时在板条间形成片状奥氏体，并逐渐吞并间隔的铁素体，最终恢复为原始的粗大奥氏体晶粒。

对于厚壁管，晶粒细化的目的是消除组织遗传性，使其较细小、均匀。主要方法有：

（1）临界区快速加热，生成球状奥氏体：钢在加热至 $Ac_1 \sim Ac_3$ 间的临界区时，马氏体或贝氏体转变而成的奥氏体可能呈片状或球状。若以片状奥氏体为主，则最终的晶粒将维持原有的粗大形态，表现出组织遗传性特征；若以球状奥氏体为主，则加热完成后的晶粒将随后得以细化。决定奥氏体形态的主要因素为加热时通过临界区的速度，快速通过临界区可以使片状奥氏体来不及生长而使奥氏体以球状的形态为主，从而消除组织遗传性[2]。但是，大型构件受尺寸因素

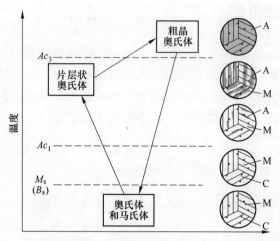

图 3-1　晶粒组织遗传过程[1]

制约，在临界区快速加热不易实现。

（2）奥氏体的形变再结晶：钢在变形时将获得大量形变储能，同时加热时贝氏体与马氏体相变后体积膨胀产生内应力，以此作为驱动能引起钢的回复再结晶过程，新形成的晶粒与原始晶粒无位向关系，因此得以消除组织遗传性。这种方法需在达到临界变形量的同时，控制再结晶温度与时间，以免晶粒长大速度过快。需采用试错法对热处理参数进行多次尝试，对厚壁管来说也较为困难。

（3）铁素体等温转变：高温下发生奥氏体转变，随后冷却至 Ac_1 以下某温度保温，使过冷奥氏体发生等温转变并最终生成扩散型转变产物（铁素体+析出相）。再次加热时，铁素体转变为粒状奥氏体，两者无固定的位向关系，冷却后得到细小均匀的晶粒。等温转变需考虑等温的温度与时间，且等温前的晶粒尺寸对过冷奥氏体的稳定性有较大影响。大型构件工业热处理上常采用等温转变法消除大型锻件的混晶现象[3,4]。

（4）多次正火：根据析出物的固溶-析出温度，采用一次高温正火使合金元素回溶入基体，随后在较低温度下进行二次或多次正火，析出 MX 型等颗粒钉扎晶界，冷却后得到细小的晶粒。这种方法主要应考虑二次正火的温度，温度过高则 MX 相颗粒无法有效析出，温度过低或 MX 相尺寸过大或进入临界区，回火后二次粗化，另外必须考虑到过细的晶粒对马氏体耐热钢的持久性能不利。因此，合适的二次正火温度是获得预期晶粒尺寸的关键。

3.1.2　实验室热处理与工业热处理的尺寸效应问题

实验材料取自 G115 钢厚壁管（578OD×88WT）挤压管，G115 钢厚壁管的成分见表3-1。退火后径向不同位置的金相组织如图3-2所示，从图3-2（a）到

图 3-2 (i) 分别表示由最外侧至最内侧的金相组织。在外径一侧为变形但未发生动态再结晶的粗大晶粒（见图 3-2 (a)），其尺寸大于 300μm；在其稍微向内的位置处可发现在粗大晶粒界面处的细小晶粒（粒径约为 35μm），有显著的再结晶特征（见图 3-2 (b)）；沿径向进一步向内，晶粒均匀化程度有明显增加，平均粒径在 100μm 左右（见图 3-2 (e)）；在更靠近内径的位置发生完全再结晶行为（见图 3-2 (g)），在内径一侧的晶粒尺寸进一步细化（见图 3-2 (h)），达到 30~40μm。挤压厚壁管晶粒尺寸的最大和最小值相差一个数量级，均匀性较差。

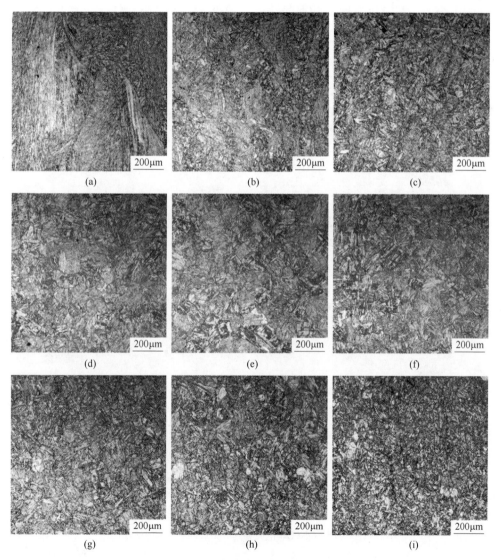

图 3-2　G115 厚壁管的挤压态金相组织

(a)~(i) 分别为从外壁到内壁的组织

对上述厚壁管 1/2 壁厚处横向取样，首先在实验室进行 980~1120℃ 正火处理，随后进行 780℃ 保温 3h 空冷回火处理。工业制造现场采用的热处理工艺为：正火工艺为（1075±10）℃×2.5h，水冷空冷交替，回火工艺为 780℃×4.5h，空冷。热处理完成后，对上述试样磨制抛光和腐蚀，观察金相组织，腐蚀液为 1mL 苦味酸+5mL 盐酸+100mL 酒精溶液。

G115 钢小试样在低温正火+回火后的金相组织如图 3-3 所示，在 980~1040℃ 正火后，试验钢呈现典型的部分再结晶组织，在粗大晶粒的晶界周围可观察到细小的晶粒，具有明显的混晶特征。随正火温度升高，再结晶所占比例增加，晶粒尺寸的不均匀性下降。1040℃ 正火后，再结晶过程基本完成，晶粒较为细小，平均尺寸为 16.3μm，其晶粒度评级约 9 级。

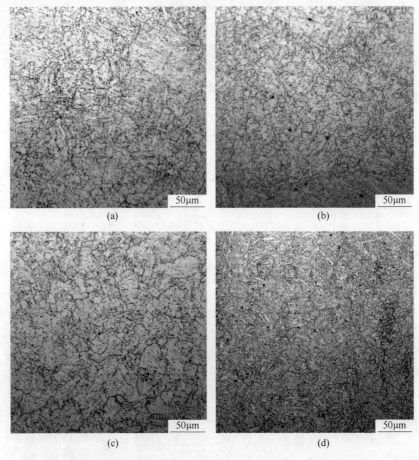

图 3-3　G115 钢小试样正火并于 780℃ 回火后的金相组织
（a）正火温度 980℃；（b）正火温度 1000℃；（c）正火温度 1020℃；（d）正火温度 1040℃

图 3-4 为 G115 钢小试样高温正火+回火后的组织，在 1060~1120℃ 正火后，

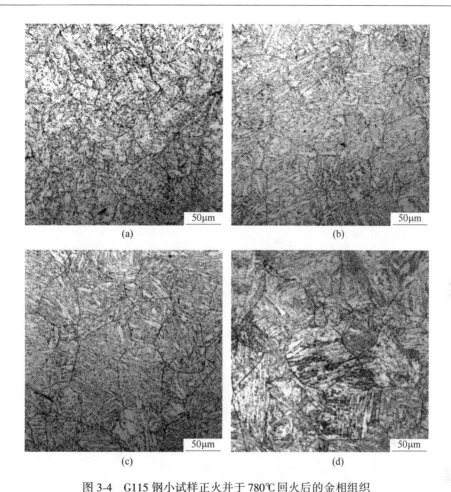

图 3-4 G115 钢小试样正火并于 780℃ 回火后的金相组织

（a）正火温度 1060℃；（b）正火温度 1080℃；（c）正火温度 1100℃；（d）正火温度 1120℃

试验钢晶粒尺寸较为均匀。图 3-5 为不同正火温度处理后晶粒尺寸与晶粒度评级。1060~1100℃正火后，晶粒逐渐长大，其平均尺寸由 36.2μm 升至 53.4μm，晶粒度在 5.5~6.5 级。1120℃正火后，晶粒尺寸显著增加，其平均尺寸达到 75.5μm，晶粒度达到 4.5 级。

由以上试验结果可知，G115 钢的正火温度应高于 1040℃，但当正火温度高于 1100℃时，晶粒长大显著。为达到较好的固溶强化效果，同时避免未溶析出相在回火后二次析出粗化，应在 1040~1100℃温度区间内选择较高的正火温度，因此针对特定尺寸的厚壁管，选择（1075±10）℃为 G115 钢厚壁管的工业正火热处理温度是合适的。

工业热处理的 G115 厚壁管金相组织如图 3-6 所示，工业热处理后钢管的晶粒较粗大，其平均尺寸达到 117.37μm。在管壁不同位置晶粒尺寸相差较大，见

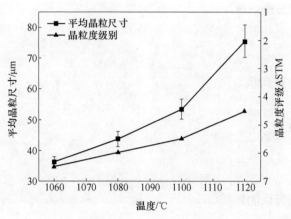

图 3-5　G115 钢小试样不同正火后的平均晶粒尺寸与晶粒度评级

表 3-2。管径中心位置处的晶粒尺寸大于管壁两侧，这是由于热处理之前的原始晶粒尺寸存在差异。挤压后，管壁两侧均为较细小的再结晶晶粒（$d = 30 \sim 40\mu m$），管壁中心则为均匀分布的粗大晶粒（$d = 100\mu m$），如图 3-2 所示。经过高温正火处理，原始晶粒发生了不同程度的长大，在晶粒尺寸分布上出现梯度。

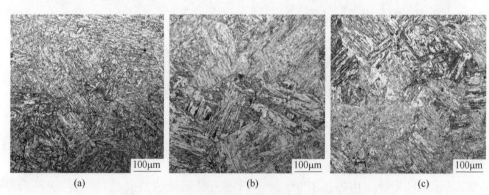

图 3-6　G115 钢厚壁管工业热处理后的金相组织
（a）外 1/4 横向；（b）中心横向；（c）内 1/4 横向

表 3-2　G115 钢厚壁管工业热处理后的平均晶粒尺寸与晶粒度评级

取 样 位 置	外 1/4 横向	中心横向	内 1/4 横向
平均晶粒尺寸/μm	97.95	139.85	108.28
晶粒度评级，ASTM No.	3.5	2.5	3.0

采用相似的正火制度后，G115 钢小试样与工业厚壁管在晶粒尺寸上出现显著差异。小试样在炉内加热速度很快，可以快速通过临界两相区而获得球状奥氏体组织，抑制了钢的组织遗传性，再结晶完成度较高。厚壁管则由于尺寸因素，

工业加热时出现显著的组织遗传特征，晶粒尺寸不同的组织在热处理后依旧存在差异，同时发生了晶粒长大。组织遗传带来的晶粒不均与粗大现象需通过进一步热处理来消除。

3.1.3 等温热处理消除 G115 钢厚壁管组织遗传性

实验材料取自厚壁挤压管，成分见表 3-1。原始组织为回火马氏体，如图 3-2所示。等温热处理工艺如图 3-7 所示。等温前奥氏体化温度选为 1020℃ 和 1100℃，以考察不同等温前奥氏体化温度对等温转变完成度的影响。等温退火温度选择 700℃ 和 750℃，旨在考察温度和等温时间对铁素体转变的影响。等温退火处理完成后进行性能热处理，其制度为 1100℃/3h AC+780℃/3h AC。

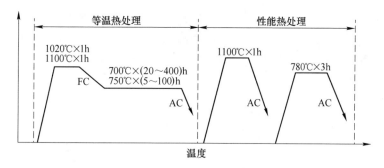

图 3-7 G115 钢等温热处理工艺图

图 3-8 为不同等温退火处理后的金相组织与铁素体转变量。其中，图 3-8（a）~（d）为 1020℃ 奥氏体化进行 700℃ 和 750℃ 等温处理后的组织。可以看出，等温转变未完成的组织由板条马氏体+铁素体+析出相构成，如图 3-8（a）和（c）所示。发生完全等温转变的组织由铁素体+析出相构成，如图 3-8（b）和（d）所示。1100℃ 奥氏体化处理后在 750℃ 下进行 50h 等温热处理，其组织由马氏体与极少量铁素体构成，如图 3-8（e）所示。不同等温退火处理后的铁素体转变量如图 3-8（f）所示。从图 3-8 中可知，铁素体转变量与转变时间呈正比，等温温度越高，转变所需时间越短，700℃ 和 750℃ 下分别需 400h 和 100h 发生完全的等温转变。转变前奥氏体化温度越低，转变量越高。

对 G115 钢在 750℃ 等温 100h 后的试样进行电解萃取，并对其析出相粉末进行 XRD 分析，其谱图如图 3-9 所示，等温退火后的析出相以 $M_{23}C_6$ 和 Laves 相为主，此外还有少量 NbCN 相，析出相含量和结构式见表 3-3。等温后的 SEM 图像如图 3-10 所示，从图 3-10（a）中可知，等温后的析出相有两种分布形态。大量析出相以团簇状分布（见图 3-10（c）），其余析出相则分布于铁素体晶界（见图 3-10（b））。EDS 结果显示铁素体晶界处的析出相以富 W 的 Laves 相为主，而团簇状析出则为富 Cr 的 $M_{23}C_6$ 颗粒，如图 3-10（d）所示。

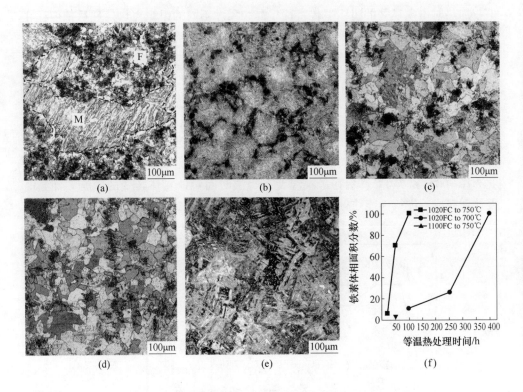

图 3-8　G115 钢不同等温退火处理后的金相组织与铁素体转变量

(1020℃奥氏体化后进行 (a)、(b)、(c)、(d),

1100℃奥氏体化后进行 (e)、(f))

(a) 700℃, 250h; (b) 700℃, 400h; (c) 750℃, 50h, (d) 750℃, 100h;

(e) 750℃, 50h; (f) 铁素体转变量

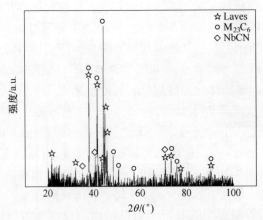

图 3-9　G115 钢 750℃等温退火 100h 后的析出相 XRD 谱图

表 3-3　G115 钢 750℃ 等温 100h 后化学相分析结果

析出相种类	质量分数/%	结　构　式
$M_{23}C_6$	0.860	$(Fe_{0.326}Cr_{0.600}W_{0.056}Co_{0.006}Nb_{痕}V_{0.012})_{23}C_6$
Laves	0.862	$(Fe_{0.663}Cr_{0.314}Co_{0.023})_2W$
MX	0.101	$(Nb_{0.506}V_{0.330}Ti_{0.164})(C_{0.341}N_{0.658})$

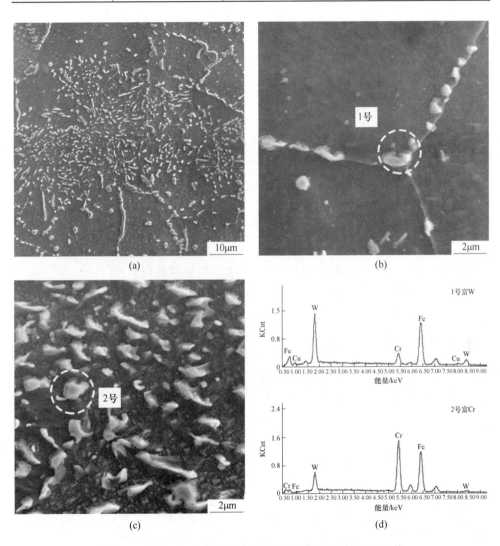

图 3-10　G115 750℃ 等温 100h 后的析出相 SEM 与 EDS 图像

（a）1000X 图像；（b）铁素体界面中的析出相；（c）团簇状析出相；（d）不同析出相的 EDS 结果

G115 钢 750℃ 等温相同时间后，等温前进行 1020℃ 奥氏体化处理后样品中的铁素体转化率显著高于 1100℃ 奥氏体化的样品。这是由于较低的奥氏体化温度能使晶粒细化，提高了奥氏体分解时的形核率，这有利于降低过冷奥氏体的稳定性，进而缩短铁素体转变的孕育期，使转变过程加速进行。在 700~750℃时，随等温时间增加，铁素体转变速度越快，这是因为在该温度区间内，转变主要受原子扩散控制，高温有利于元素扩散和铁素体形核，这在 P92 钢的 TTT 曲线中也得以体现，如图 3-11 所示[5]。

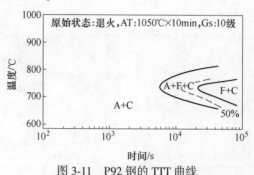

图 3-11　P92 钢的 TTT 曲线

　　G115 钢在 750℃完全等温转变后继续进行性能热处理，其金相组织如图 3-12 所示。可以看出，相比工业热处理（见图 3-6）和一次正火处理（见图 3-4），等温+性能热处理后晶粒更为细小，其晶粒度达到 7.1 级。此外，工业热处理后晶粒度为 2.5~3.5 级，而小试样在实验室 1080~1100℃后晶粒度为 5.5~6.0 级，两种热处理得到的 G115 钢晶粒度均低于等温+性能热处理制度。因为等温处理后得到的铁素体+析出相组织，并未继承母相的位向关系，在重新奥氏体转变时不再有组织遗传特征，从而使奥氏体晶粒细化。

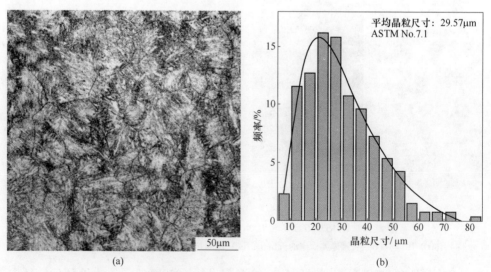

(a)　　　　　　　　　　　　　(b)

图 3-12　G115 钢 750℃完全等温转变+性能热处理后的金相

（a）金相组织；（b）晶粒尺寸分布

等温处理+性能热处理后的金相组织中发现较多的网状析出相。从 SEM 图像和 EDS 结果中可知，其尺寸约在 100~500nm，为富 Cr 的 $M_{23}C_6$ 型析出相，如图 3-13 所示。其产生与热处理过程中的析出相演变有关。750℃完全等温过程中大量 $M_{23}C_6$ 和 Laves 相析出，其中 $M_{23}C_6$ 以团簇状大颗粒为主，而 Laves 相则以相对细小且多分布于铁素体晶界处（见图 3-10）。后续的正火热处理过程中，Laves 相可基本完全溶解；$M_{23}C_6$ 颗粒由于数量较多，仍有部分颗粒未溶解（见图 3-14），易于在回火后进一步粗化，最终以网状分布。

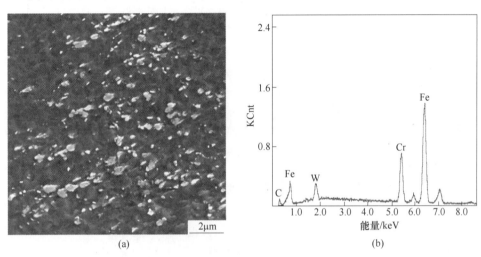

(a)　　　　　　　　　　　　　　(b)

图 3-13　G115 钢 750℃完全等温转变+性能热处理后的析出相

（a）析出相 SEM 图像；（b）析出相 EDS 结果

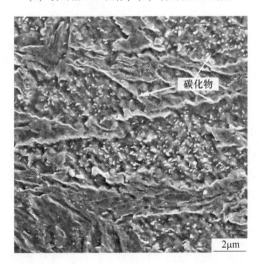

图 3-14　G115 钢 750℃完全等温转变+正火热处理后的析出相

　　等温退火+性能热处理过程中的组织图解如图 3-15 所示。完全等温退火后，在铁素体基体上存在大量由 $M_{23}C_6$ 和 Laves 组成的析出相。析出相的分布可归类为 3 种位置，分别为原奥氏体界面、铁素体界面与铁素体内部，相应的析出相尺寸也由于界面扩散速度的不同而逐渐递减。随后，在性能热处理中的固溶处理过程中，大量的析出相可作为新的球状奥氏体晶粒的形核点；伴随着析出相的溶解，新奥氏体晶粒逐渐长大，同时由于其与原始的粗奥氏体晶粒不存在固定的取向关系，因此长大过程相对"独立"，而与传统热处理过程中片状奥氏体长大、互相融合并保留原有组织的情况不同（见图 3-1），从而消除了组织遗传性并细化了晶粒。

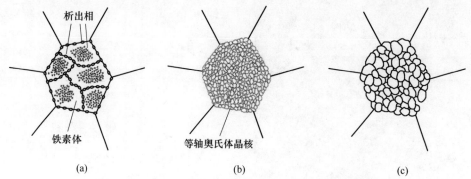

图 3-15　等温热处理+性能热处理过程的组织演变图解
（a）完整的铁素体相变；（b）等轴奥氏体形核；（c）奥氏体长大

　　综上可知，相比传统热处理，等温+性能热处理能获得更细小的晶粒，同时其共存的网状碳化物将一定程度上削弱晶粒细化带来的性能提升。因此应在此基础上探索更优化的消除组织遗传方法，例如缩短等温时间以减少析出相含量或提高正火温度以避免出现未溶析出相，这也是该工艺继续改进的方向。

3.1.4　二次正火+回火热处理消除 G115 钢厚壁管组织遗传性

　　与等温实验相同，二次正火+回火所用试验钢也取自厚壁管，热处理工艺如图 3-16 所示。二次正火热处理包含两步正火：第一步正火为 1080℃；第二步正火温度分别采用 980℃、1030℃、1080℃；两种正火保温时间均为 1h，空冷。两步正火完成后，进行 780℃/3h 的回火处理。

　　不同二次正火+回火热处理后的原奥氏体晶粒组织和晶粒尺寸分布如图 3-17～图 3-19 所示，其晶粒平均尺寸与 ASTM 晶粒度显示于右上角（每种热处理制度所统计的晶粒数量均大于 100 个）。从图 3-17～图 3-19 中可以看出，传统正火+回火后的平均晶粒尺寸达到 38.78μm（6.4 级）；在传统正火处理后进行低温二次正火（980℃ 和 1030℃）并进行回火，平均晶粒尺寸分别下降至 10.40μm 和 6.43μm，原奥氏体晶粒度分别为 10.2 级和 11.6 级；在传统正火处理后进行等温

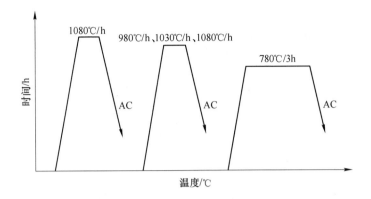

图 3-16 G115 钢二次正火+回火热处理工艺

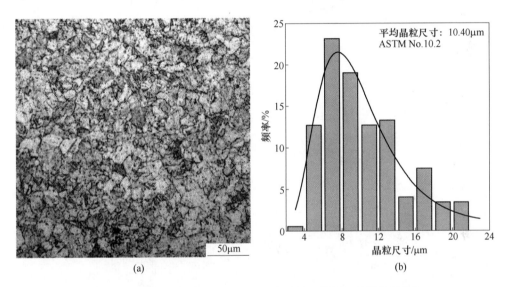

(a) (b)

图 3-17 G115 钢 980℃ 二次正火+回火后的显微组织及晶粒度分布

（a）显微组织；（b）晶粒度分布

二次正火（1080℃）并进行回火后，平均晶粒尺寸略微下降，下降至 33.74μm（6.8 级）。从而，与传统正火+回火后的较粗大晶粒相比，在传统正火热处理后进行二次正火处理并进行回火，可显著地细化晶粒。

使用 JMatPro 软件计算试验钢在二次正火温度区间的平衡相图，如图 3-20 所示。可以看出 G115 钢在 950~1100℃ 下的平衡相由奥氏体基体和 MX 相构成，其中 MX 相为 M（C、N）相。随温度由 980℃ 升至 1080℃，MX 相平衡相含量逐渐由 0.0786% 降至 0.0599%，如图 3-20（b）所示。图 3-20（c）显示了 MX 相在平衡态的主要化学成分，其中 M 为 Nb 和 V，X 为 C 和 N。

试验钢在二次低温正火后的微观组织如图 3-21 所示。从图 3-21（a）和（b）

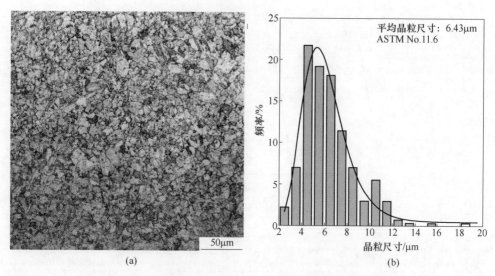

图 3-18　G115 钢 1030℃ 二次正火+回火后的显微组织及晶粒度分布
(a) 显微组织；(b) 晶粒度分布

图 3-19　G115 钢 1080℃ 二次正火+回火后的显微组织及晶粒度分布
(a) 显微组织；(b) 晶粒度分布

中可以看出，在 980℃ 和 1030℃ 二次正火后，在晶界处分布有颗粒状碳化物，如图中箭头所示，经 EDS 分析可知其主要构成元素为 Nb、V、C（见图 3-21 (c)）；同时 TEM 观察结果和衍射斑点标定（SAED）进一步验证了其为 FCC 结构的 MX相（见图 3-21 (d)）。这与图 3-18 的热力学计算中，高温下的主要析出相为 MX的结果吻合。

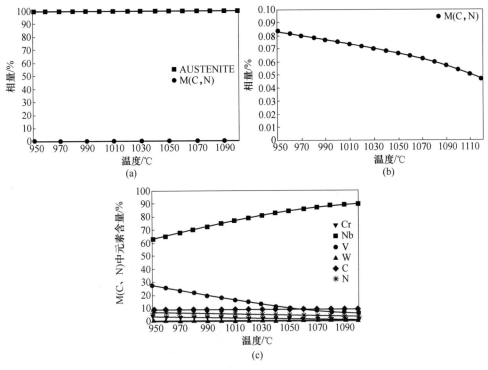

图 3-20 G115 钢的热力学计算结果

(a) 相组成；(b) MX 相含量；(c) MX 相成分

经 1080℃ 一次正火后，大部分合金元素均固溶于基体中。980℃ 和 1030℃ 二次正火过程中，富 Nb、V 的 MX 相二次析出，对晶界有强烈的钉扎作用，阻碍晶界迁移，抑制晶粒长大。其中 1030℃ 下二次正火后的碳化物尺寸比 980℃ 下的碳化物尺寸更加细小，而细小弥散的碳化物对晶粒细化的影响更为显著，从而使得 1030℃ 二次正火后的晶粒尺寸比 980℃ 的晶粒尺寸更小。1080℃ 二次正火后，析出的 MX 相颗粒数量较少，阻碍晶界迁移的作用较弱，最终的晶粒尺寸略小于一次正火。

G115 钢二次正火+回火后的 SEM 图像如图 3-22 所示。从图 3-22 中可以看出，3 种二次正火后再进行回火，析出相尺寸相近，约为 (190±18) nm，但其分布形态具有显著差异。二次低温正火+回火后，析出相多分布于晶界处，而二次等温正火+回火后，析出相在晶界和晶内亚结构界面（板条块界、板条束界）均有分布，且在晶粒内部分布的析出相尺寸更为细小。从数量统计结果来看，二次低温正火+回火后的析出相分布较为稀疏，而二次等温正火+回火后析出相分布更为弥散，如图 3-22 (d) 所示。在长时服役条件下，除了晶界处的析出相外，耐热钢中弥散分布于亚结构界面处的细小析出相所起的钉扎强化作用也是不可或

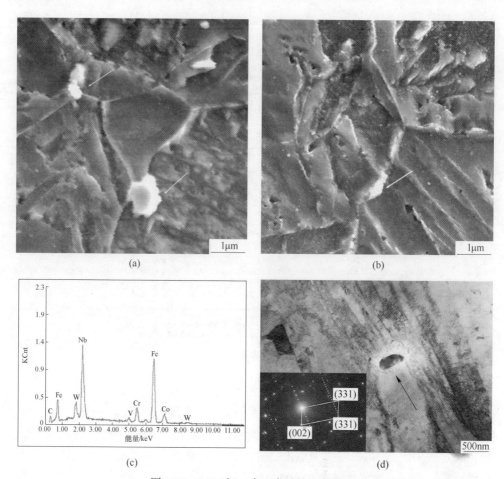

图 3-21　G115 钢二次正火后的显微组织

（a）980℃二次正火，SEM 图；（b）1030℃二次正火，SEM 图；（c）图（a）中析出相的 EDS 结果；
（d）1030℃二次正火，TEM 图与晶界析出相的衍射斑点标定

缺的。因此，G115 在二次等温正火的碳化物分布形态更有利于在长时服役条件下维持较高的组织稳定性。

　　从以上分析可知，通过二次低温正火可以获得非常细小的晶粒。然而在高温服役条件下，由于应力的作用易使晶界发生迁移，而过于细小的晶粒使得晶界数量增加，从而对持久性能不利。因此，为获得较高的持久蠕变性能，不应过分追求细小的晶粒。二次等温处理后，晶粒度达到 6.8 级，接近小试样在 1060 ～ 1100℃正火后获得的晶粒尺寸；同时高温下的等温正火有益于后续回火和时效过程中的弥散析出。因此，可选择（1080±10）℃二次正火+回火作为消除组织遗传性的优选热处理制度。

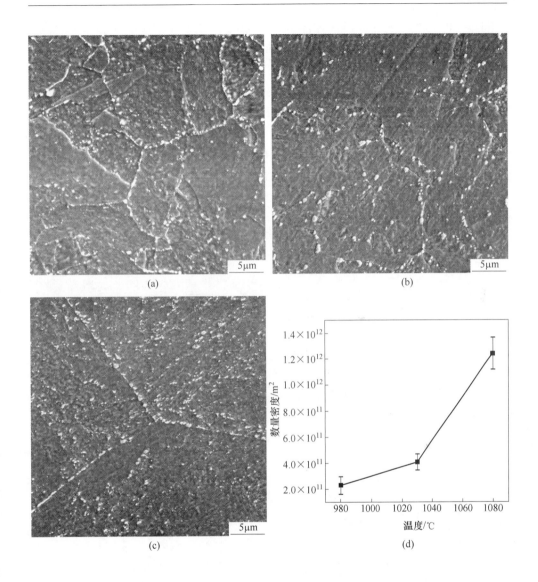

图 3-22 G115 钢二次正火+回火后的 SEM 图像及数量密度统计结果
(a) 980℃;(b) 1030℃;(c) 1080℃;(d) 数量密度统计

3.1.5 消除 G115 钢厚壁管组织遗传性热处理制度小结

通过 1080℃ 二次等温热处理和 750℃ 等温 100h 后进行性能热处理,均可将原奥氏体晶粒细化至 7 级左右。与工业热处理后得到的粗大晶粒相比,两种热处理后的晶粒尺寸均较小,并接近实验室小试样 1080℃ 正火后的晶粒尺寸,从而可消除粗大奥氏体晶粒的组织遗传特征,因此将两种热处理制度设定为优选制度。

不同热处理后的性能和原奥氏体晶粒尺寸如图 3-23 所示。从图 3-23（a）中可知，G115 钢经两种优选热处理后，其 650℃ 高温下抗拉强度与屈服强度分别达到 360~365MPa 和 305~312MPa，相比原来工业热处理其强度得到较大提升，并高于实验室小试样的结果。同时，两种热处理后的高温塑性略低于其他两种热处理，但断面收缩率和断后伸长率仍分别高于 85% 和 23%，如图 3-23（b）所示。相比于工业热处理，两种优选热处理后 G115 的冲击功更高，达到 70~85J，并接近于实验室小试样的冲击功，如图 3-23（c）所示。同时，参照不同热处理后的晶粒度评级（见图 3-23(d)），可以看到冲击功与晶粒尺寸的大小相关。通过这两种热处理，都能细化晶粒以消除 G115 钢的组织遗传性，并实现冲击韧性与强度提升。

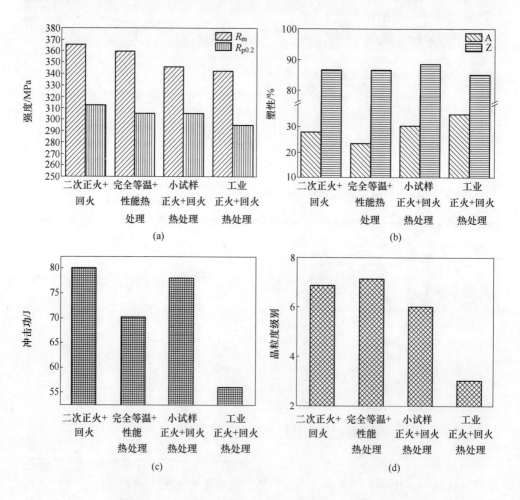

图 3-23　G115 钢不同热处理后的性能和原奥氏体晶粒尺寸

（a）650℃高温强度；（b）650℃高温塑性；（c）室温冲击功；（d）原奥氏体晶粒度评级

3.2　G115钢时效热处理过程组织与性能演变

G115钢时效热处理所用试验钢为75号，其成分见表3-1。时效前对试验钢先进行1100℃保温1h空冷处理，然后进行780℃保温3h回火处理。时效前试验钢金相组织如图3-24所示，原奥氏体晶粒度评级约为6级。时效前试验钢微观组织的SEM和TEM图像如图3-25所示。可见，试验钢时效前组织由回火马氏体+$M_{23}C_6$相构成，能谱（EDS）和选区电子衍射（SAED）结果表明$M_{23}C_6$为富Cr的面心立方（FCC）结构的析出相。回火后G115钢在650℃进行了长时时效试验，时效时间分别为100h、300h、1000h、3000h和10000h。

采用Thermo-Calc计算G115试验钢的热力学平衡相图，如图3-26所示，G115试验钢主要析出相由$M_{23}C_6$、MX和Laves相构成。$M_{23}C_6$和MX是奥氏体温度区间开始的析出相，而Laves相则主要在铁素体温度区间析出。

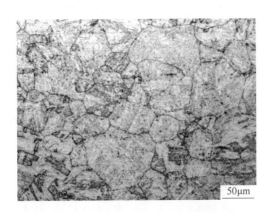

图3-24　G115-75试验钢时效前金相组织

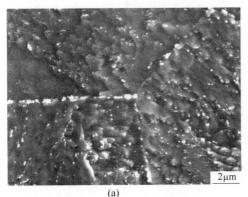

(a)　　　　　　　　　　　　　　　　　(b)

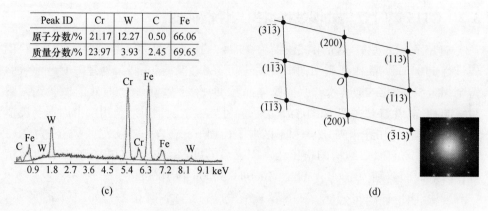

Peak ID	Cr	W	C	Fe
原子分数/%	21.17	12.27	0.50	66.06
质量分数/%	23.97	3.93	2.45	69.65

(c)

(d)

图 3-25   G115-75 钢回火后的组织

（a）SEM 图像；（b）TEM 图像；（c）$M_{23}C_6$ 相的 EDS 结果；（d）$M_{23}C_6$ 的 SAED 结果

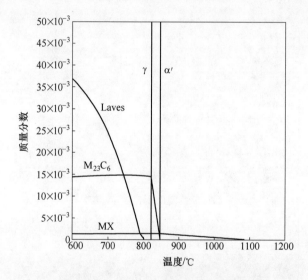

图 3-26   G115-75 钢的热力学平衡相图

该试验钢中 3 种主要析出相的平衡固溶温度及其 650℃下的平衡析出量见表 3-4。MX 相的平衡固溶温度为 1102℃，$M_{23}C_6$ 相的平衡固溶温度为 846℃，在 800℃下其平衡析出量达到最高值，并在更低的温度下保持稳定。Laves 相的平衡

表 3-4   G115-75 号钢主要析出相在 650℃下的平衡析出量及平衡固溶温度

主要析出相	650℃平衡固溶量/%	平衡固溶温度/℃
$M_{23}C_6$	1.483	846
Laves	3.193	800
MX	0.141	1102

固溶温度为 800℃，其平衡析出量随温度降低显著增加。G115 试验钢采用的标准热处理制度与热力学计算结果具有良好的匹配度。1100℃正火可保证 $M_{23}C_6$ 相和 MX 碳氮化物析出相接近完全固溶，780℃回火可使 $M_{23}C_6$ 析出量达到最高值，并对界面产生足够的钉扎作用，同时也可尽量避免易于粗化的 Laves 相析出。

通过电解法萃取一定量的析出相，然后通过 X 射线衍射（XRD，X-ray diffraction）法获得其谱图，并参照析出相的标准 PDF 卡片进而确定析出相的种类，是目前常见的析出相定性分析方法。采用 3.6% $ZnCl_2$ + 5% HCl + 1% $C_6H_8O_7$ + 90.4% CH_3OH 混合溶液，在-5℃ ~ 0℃环境下对回火及时效后的试样进行电解，电流密度为 0.05A/cm²。电解获得的粉末包含 MX、$M_{23}C_6$ 与 Laves 相，使用 XRD 衍射后的图谱如图 3-27 所示。由于 MX 相的主要构成元素 Nb 和 V 在钢中的添加量较少，XRD 获得的谱图中常被 $M_{23}C_6$ 与 Laves 覆盖。为对 MX 相进行定性分析，需将其单独分离出来。首先将电解获得的粉末溶于 6% H_2SO_4 + 20% H_2O_2 + 2% $C_6H_8O_7$ + 72% H_2O 溶液中并煮沸，从而获得 $M_{23}C_6$ 与 MX 的混合粉末，然后使用 HCl 进一步除去 $M_{23}C_6$，将最终获取的 MX 相粉末使用 XRD 衍射分析其构成，如图 3-28 所示。

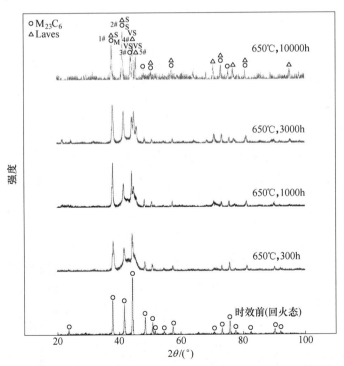

图 3-27 G115-75 号 650℃下不同时间时效处理的 XRD 谱图

从图 3-27 中可看出，时效前 XRD 图谱中只标定出 $M_{23}C_6$ 相。时效 10000h

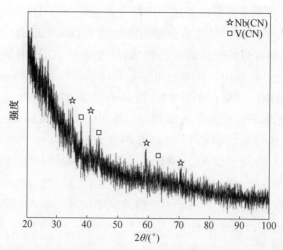

图 3-28　G115-75 钢 650℃下 10000h 时效后 MX 相 XRD 谱图

后，Laves 相的特征峰逐渐显现出来，峰高逐渐增加。将时效 10000h 后的 XRD 图谱使用 Jade 软件和 X 射线鉴定手册进一步分析并标定出两相的 5 条主要特征峰，并根据特征峰的相对高度分别标记为超强特征峰（VS，very strong）、强特征峰（S，strong）与中强峰（M，moderate）。时效前，并没有发现 Laves 相的 VS 峰，随时效时间的延长，Laves 相出现了两条 VS 峰（4 号和 5 号），强度逐渐增加并在时效 10000h 后达到强度最高值；3 号为 $M_{23}C_6$ 相的 VS 峰，随时效时间增加，峰强逐渐降低；1 号和 2 号分别为 $M_{23}C_6$ 的 M 峰+Laves 相的 S 峰和 $M_{23}C_6$+Laves 相的 S 峰，由于两者为两相的强峰叠加，其强度比两相单独的 VS 峰（3 号和 4 号）更高。为进一步确定 MX 相的种类，对时效 10000h 后的 MX 相单独进行了 XRD 分析，如图 3-28 所示。可以看出，MX 相主要由 Nb 和 V 的碳氮化物构成，同时 Nb（CN）峰的强度比 V（CN）更高。从而可知，时效前的析出相主要为 $M_{23}C_6$ 相；Laves 相在时效过程中大量析出；MX 相主要由 (Nb,V)(CN) 构成。

由此可见，XRD 只能对含量较高的析出相进行定性分析，含量较低的相可能会出现被漏检的现象，因此对时效前后的析出相除了 XRD 分析外，还需使用 SEM 和 TEM 针对析出相的形貌进行进一步识别与分析，从而确定析出相的种类、晶体结构与成分特征。

G115 试验钢中析出相包括 $M_{23}C_6$、Laves 和 MX 相，其中 MX 尺寸相对较细小（小于 100nm）且在时效过程中不易长大粗化，在二次电子（SE，Secondary electron）图像与其余两种相区分开。9%~12% Cr 马氏体耐热钢中的 $M_{23}C_6$ 和 Laves 相通常采用扫描电子显微镜的背散射电子（BSE，Back-scattered electron）分析[6,7]。高能电子束打在样品上时，不同元素可产生强弱不同的背散射电子，而重元素相比轻元素背散射电子强度更高，被 SEM 探测并显示于图像上时，具有更高的亮度。$M_{23}C_6$ 相与 Laves 相的主要组成元素分别为 Cr 和 W，两种元素的原子序数分别 24 和 74，具有显著的差异，因此可通过背散射图像明晰地显示和区分。图 3-29 为 G115-75 钢 650℃ 下时效 500h 的 SEM 图像。图 3-29（a）为 $M_{23}C_6$ 和 Laves 相的 BSE 图像，其中亮度较高的 1 号和较暗的 2 号分别为富 W 的 Laves 相和富 Cr 的 $M_{23}C_6$ 相，如图 3-29（c）所示；图 3-29（b）为 MX 相的 SE 图像，其为富 Nb 的碳化物，如图 3-29（d）所示。由此可见，通过背散射图像的亮度差别可以明显区分两种析出相（$M_{23}C_6$ 和 Laves），而 MX 相颗粒可以根据其尺寸区分。

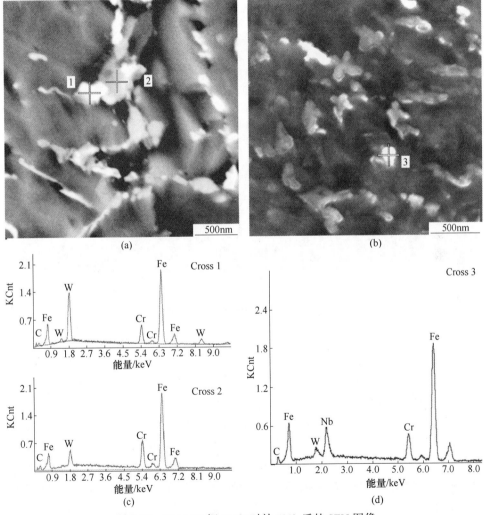

图 3-29   G115-75 钢 650℃时效 500h 后的 SEM 图像

（a）$M_{23}C_6$ 和 Laves 相形貌；（b）MX 相的形貌；（c）$M_{23}C_6$ 和 Laves 相的能谱分析；（d）MX 相的能谱分析

G115 试验钢在 650℃不同保持时间时效处理后组织 SEM 图像如图 3-30 所示。从图 3-30 中可以看出，$M_{23}C_6$ 和 Laves 相均主要分布于界面处，时效过程中 Laves 相粗化长大比 $M_{23}C_6$ 粗化更为明显，而 Laves 相的快速长大和粗化对 9%~12%Cr 马氏体耐热钢时效后的冲击性能和持久强度具有显著影响。

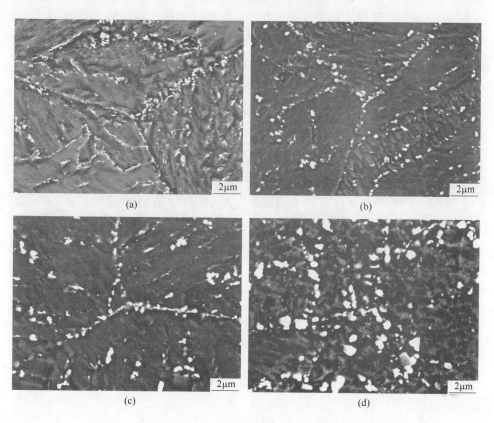

图 3-30　G115-75 钢 650℃下不同时间时效处理后的 SEM 图像

(a) 100h；(b) 1000h；(c) 3000h；(d) 10000h

从图 3-30 中可以看出，100h 时效后 Laves 相弥散地分布于界面中，时效 1000h 后 Laves 相尺寸略微增加，但整体仍较细小，时效 3000h 和 10000h 后 Laves 相出现了显著的长大和粗化，其最大尺寸接近 500nm。

对时效过程中 Laves 相的形貌演变进行进一步的定量分析，使用 Image-Pro Plus 软件对 Laves 相的平均粒径（大于 200 个颗粒）和面积比进行了测量，结果如图 3-31 所示。从图 3-31 中可知，Laves 相的平均粒径随时效时间的延长显著增加，由时效初期的 148nm 增至 368nm。同时 Laves 相所占面积比也由时效最初 500h 内的 0.10%增至 0.68%，Laves 相所占面积比在之后的时效过程中增幅明显，在 10000h 时已达到 5.04%。

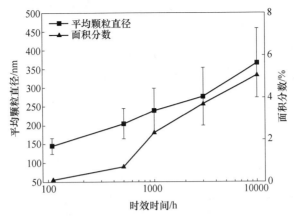

图 3-31　G115-75 钢 650℃不同时间时效处理后的 Laves 相平均粒径与面积比

图 3-32 显示了 650℃时效后 G115 试验钢中的 Laves 相颗粒粒径在不同区间的分布。从图 3-32 中可以看出，随时效时间的延长，Laves 相的峰值高度逐渐降低，峰值对应的粒径逐渐右移。同时曲线也逐渐以单峰型向多峰型演变。可知，Laves 相的峰值粒径逐渐增大，其分布特性也由单一尺寸区间为主转变为多尺寸区间均匀分布。

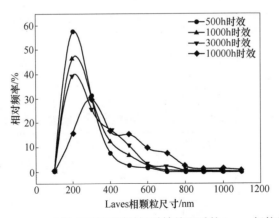

图 3-32　G115-75 钢 650℃不同时间时效处理后的 Laves 相粒径分布

采用化学相分析的方法，对 G115 试验钢回火态和时效之后的析出相（MX、$M_{23}C_6$ 和 Laves）进行了定量分析。从表 3-5 可以看出，构成 MX 相的主要合金元素为 Nb、V、C 和 N，时效至 3000h 后，MX 相含量比回火态略增，当时效时间继续增加至 10000h 后，MX 相含量略降，最终与回火态持平。从表 3-6 和表 3-7 可以看出，时效至 3000h 过程中 MX 相各元素相比回火态没有显著差异，10000h 时效后出现 Nb 取代 V 和 N 取代 C 的现象，这与 Nb 扩散有关。Nb 比 V 具有更大的原子序数，时效初期 Nb 元素扩散路径有限，以固溶态的形式存在于基体中，长时时效使元素扩散更为充分，最终 95.83% Nb 在 10000h 时效后分配于 MX 相中，并取代部分 V，以 $(Nb_{0.405}V_{0.594})(C_{0.123}N_{0.877})$ 的形式存在。

表 3-5　650℃不同时间时效处理后 MX 相中各元素占 G115-75 钢的质量分数

（%）

时效时间/h	W	Nb	V	N	C[①]	Σ
回火态	痕	0.038	0.046	0.013	0.0046	0.102
300	痕	0.037	0.048	0.014	0.0041	0.103
500	痕	0.036	0.049	0.014	0.0042	0.103
1000	痕	0.037	0.052	0.015	0.0042	0.108
3000	痕	0.039	0.054	0.015	0.0049	0.113
10000	痕	0.046	0.037	0.015	0.0018	0.100

①计算值。

表 3-6　650℃不同时间时效处理后 MX 相中各元素占 MX 相的原子分数　（%）

时效时间/h	W	Nb	V	N	C[①]	Σ
回火态	痕	15.59	34.41	35.36	14.63	99.99
300	痕	14.85	35.15	37.28	12.72	100.00
500	痕	14.34	35.66	37.03	12.97	100.00
1000	痕	14.02	35.98	37.74	12.26	100.00
3000	痕	14.19	35.81	36.18	13.82	100.00
10000	痕	20.27	29.73	43.86	6.14	100.00

①计算值。

表 3-7　650℃不同时间时效处理后 MX 相的结构组成式

时效时间/h	相结构组成式
回火态	$(Nb_{0.312}V_{0.688})(C_{0.293}N_{0.707})$
300	$(Nb_{0.297}V_{0.703})(C_{0.254}N_{0.746})$
500	$(Nb_{0.287}V_{0.713})(C_{0.259}N_{0.740})$
1000	$(Nb_{0.280}V_{0.720})(C_{0.245}N_{0.755})$
3000	$(Nb_{0.284}V_{0.716})(C_{0.276}N_{0.724})$
10000	$(Nb_{0.405}V_{0.594})(C_{0.123}N_{0.877})$

从表 3-8 可以看出，$M_{23}C_6$ 相的主要构成元素为 Fe、Cr、W 和 C，随时效时间增加，$M_{23}C_6$ 含量逐渐增加，表明越来越多上述合金元素从基体中析出。从表 3-9 和表 3-10 可以看出，$M_{23}C_6$ 各构成元素在 3000h 时效过程中无显著变化，而在 10000h 后出现 Cr 和 W 取代部分 Fe，同时极少量的 Co 元素进入 $M_{23}C_6$ 中。时

效过程中 Cr 元素在 $M_{23}C_6$ 中含量一直呈增加趋势。与分布于 MX 中的 Nb 在 10000h 后的含量增加相似，分布于 $M_{23}C_6$ 中的 W 元素在 10000h 后也出现了较大增幅，两者的作用机理也类似，均与元素扩散有关。

表 3-8　650℃不同时间时效处理后 $M_{23}C_6$ 相中各元素占 G115-75 钢的质量分数

（%）

时效时间/h	Fe	Cr	W	Co	Nb	V	C[①]	Σ
回火态	0.350	0.581	0.142	痕	痕	痕	0.057	1.130
300	0.341	0.611	0.165	痕	痕	痕	0.059	1.176
500	0.398	0.667	0.186	痕	痕	痕	0.066	1.317
1000	0.390	0.663	0.185	痕	痕	痕	0.065	1.303
3000	0.386	0.656	0.181	痕	痕	痕	0.064	1.287
10000	0.261	0.877	0.270	0.0076	痕	痕	0.073	1.489

①计算值。

表 3-9　650℃不同时间时效处理后 $M_{23}C_6$ 相中各元素占 $M_{23}C_6$ 相的原子分数

（%）

时效时间/h	Fe	Cr	W	Co	Nb	V	C[①]	Σ
回火态	27.29	48.66	3.36	痕	痕	痕	20.69	100.00
300	25.82	49.69	3.79	痕	痕	痕	20.69	99.99
500	26.96	48.52	3.83	痕	痕	痕	20.69	100.00
1000	26.7	48.76	3.85	痕	痕	痕	20.69	100.00
3000	26.72	48.78	3.80	痕	痕	痕	20.69	99.99
10000	15.86	57.23	4.98	0.52	痕	痕	20.69	100.00

①计算值。

表 3-10　650℃不同时间时效处理后 $M_{23}C_6$ 相的结构组成式

时效时间/h	相结构组成式
回火态	$(Fe_{0.344}Cr_{0.614}W_{0.042}Co_{痕}Nb_{痕}V_{痕})_{23}C_6$
300	$(Fe_{0.326}Cr_{0.626}W_{0.048}Co_{痕}Nb_{痕}V_{痕})_{23}C_6$
500	$(Fe_{0.340}Cr_{0.612}W_{0.048}Co_{痕}Nb_{痕}V_{痕})_{23}C_6$
1000	$(Fe_{0.337}Cr_{0.615}W_{0.048}Co_{痕}Nb_{痕}V_{痕})_{23}C_6$
3000	$(Fe_{0.337}Cr_{0.615}W_{0.048}Co_{痕}Nb_{痕}V_{痕})_{23}C_6$
10000	$(Fe_{0.200}Cr_{0.722}W_{0.063}Co_{0.006}Nb_{痕}V_{痕})_{23}C_6$

从表 3-11 中可以看出，Laves 相的主要构成元素为 Fe、Cr、W 和 Co，其中 Co 只在时效 10000h 后的试样中存在。G115 试验钢在回火后并没有发现 Laves

相，时效 300h 后其含量为 1.720%，随时效时间的延长而显著增加，在 10000h
时效后达到 3.546%。这与文献 [8,9] 中 Laves 相的析出主要发生于服役过程中
的结论一致。从表 3-12 和表 3-13 中可知，Laves 相内部各元素的含量在时效至
3000h 过程中没有明显变化。时效 10000h 后少量的 Co 替代部分 W 进入 Laves
相，最终 Laves 相以（$Fe_{0.741}Cr_{0.232}Co_{0.027}$）$_2$W 的形式存在。

表 3-11　650℃不同时间时效处理后 Laves 相中各元素占 G115-75 钢的质量分数

（%）

时效时间/h	Fe	Cr	Co	W	Nb	V	Σ
300	0.525	0.132	痕	1.063	痕	痕	1.720
500	0.597	0.196	痕	1.298	痕	痕	2.091
1000	0.703	0.201	痕	1.547	痕	痕	2.451
3000	0.908	0.223	痕	1.963	痕	痕	3.094
10000	1.075	0.313	0.041	2.117	痕	痕	3.546

表 3-12　650℃不同时间时效处理后 Laves 相中各元素占 Laves 相的原子分数

（%）

时效时间/h	Fe	Cr	Co	W	Nb	V	Σ
300	53.04	14.33	痕	32.63	痕	痕	100.00
500	49.68	17.51	痕	32.81	痕	痕	100.00
1000	50.62	15.55	痕	33.83	痕	痕	100.00
3000	52.07	13.74	痕	34.19	痕	痕	100.00
10000	51.36	16.06	1.86	30.72	痕	痕	100.00

表 3-13　650℃不同时间时效处理后 Laves 相的结构组成式

时效时间/h	相结构组成式
300	（$Fe_{0.787}Cr_{0.213}Co_{痕}$）$_2$W
500	（$Fe_{0.739}Cr_{0.261}Co_{痕}$）$_2$W
1000	（$Fe_{0.765}Cr_{0.235}Co_{痕}$）$_2$W
3000	（$Fe_{0.791}Cr_{0.209}Co_{痕}$）$_2$W
10000	（$Fe_{0.741}Cr_{0.232}Co_{0.027}$）$_2$W

图 3-33 分别为 G115-75 钢在 650℃下不同时间时效处理后的 TEM 图像。从
图 3-33 中可以看出，G115 试验钢在 650℃时效过程中马氏体板条发生了一定的
宽化，但在 10000h 后基体组织仍能良好地维持板条形态。$M_{23}C_6$ 和 Laves 相多分
布于板条间，MX 相多在板条内部分布，两者分别通过钉扎板条界面和阻碍位错

迁移对基体产生强化作用。图 3-34 为不同时间时效后 G115 试验钢亚结构尺寸演变。可以看出，时效最初的 1000h 内 G115 试验钢板条尺寸只有略微增加，从 415nm 增至 440nm，时效 3000h 后 G115 试验钢板条宽度增加明显，时效 3000h 和 10000h 后 G115 试验钢板条宽度分别达到 473nm 和 535nm。

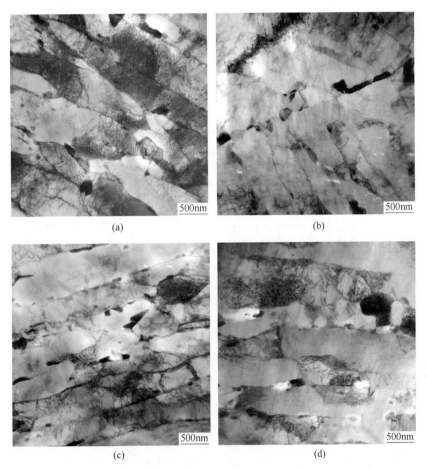

图 3-33　G115-75 钢 650℃长时时效过程中的 TEM 图像

(a) 500h；(b) 1000h；(c) 3000h；(d) 10000h

G115 试验钢回火马氏体亚结构板条宽度的增加意味着板条回复程度加剧。Kipelova 等人[10]指出回火中 $M_{23}C_6$ 与马氏体基体存在 5 种取向关系（K-S、N-W、Pitsch、$(110)_{\alpha} \parallel (111)_{M_{23}C_6}$ $[011]_{\alpha} \parallel [4\,\overline{3}\,\overline{1}]_{M_{23}C_6}$ 和 $(110)_{\alpha} \parallel (111)_{M_{23}C_6}$ $[1\,\overline{1}\,\overline{1}]_{\alpha} \parallel [4\,\overline{3}\,\overline{1}]_{M_{23}C_6}$），时效过程中位向关系被破坏，界面迁移更加容易，导致回火马氏体板条严重宽化并最终形成亚晶。图 3-35 为回火后 G115 试验钢 TEM 明场像与暗场像。可以看出，大量析出相分布于回火马氏体板条界面处，同时其

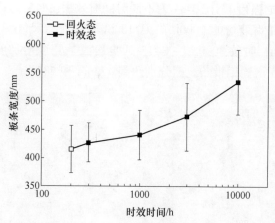

图 3-34   G115-75 钢 650℃长时时效过程中的马氏体板条宽度演变

颗粒尺寸也较为细小，约为 30~100nm。暗场像进一步验证了这些细小弥散的析出相为 $M_{23}C_6$ 相，其对板条界面具有良好的钉扎作用。时效过程中细小 $M_{23}C_6$ 相开始长大，虽然由于 B 元素添加其粗化能被较好地控制，然而由于易粗化长大的 Laves 相在时效过程中形成，板条宽化难以避免，但也观察到在 10000h 时效后亚结构仍能维持规则的板条形貌，表明 G115 试验钢在 650℃长时时效过程中马氏体基体有着非常高的组织稳定性。

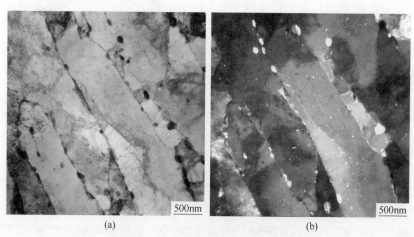

图 3-35   G115-75 钢回火后 TEM 图像
（a）明场像；（b）暗场像

图 3-36 为 G115-75 试验钢在 650℃时效过程中 650℃高温强度变化，从图 3-36 中可以看出，在时效初期的 1000h 内抗拉强度虽存在一定起伏，但整体强度较高，时效 1000h 后与回火态持平，均为 315MPa，屈服强度较为平稳，相比回火后的 262MPa，时效 1000h 后略微降低，降至 260MPa。时效时间延长至 10000h

后，试验钢的抗拉强度和屈服强度均呈现较明显的下降趋势，抗拉强度降至 300MPa，屈服强度降至 252MPa。

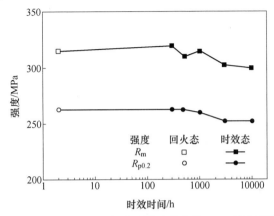

图 3-36　G115-75 钢 650℃长时时效过程中的 650℃高温强度演变

图 3-37 为 G115-75 钢在 650℃时效过程中 650℃高温塑性演变。从图 3-37 中可以看出，试验钢的断面收缩率在时效过程中一直保持稳定，均在 87%以上。材料断后延伸率在时效 300h 后相比回火态有明显提升，由 30.75%升至 34.75%，此后一直到时效 3000h 过程中，材料断后延伸率一直维持在 34.5%～34.75%之间，没有发生显著变化，继续时效至 10000h 试验钢断后延伸率又出现明显增幅，达到 37%。断后伸长率通常用于表征材料塑性，同时塑性与材料硬度相关性较高。通过断后伸长率的结果可知，材料的软化在时效初期就已发生，并在 3000h 时效区间保持稳定，在 10000h 时效后材料软化进一步加深，这可能是固溶元素析出与板条回复共同作用的结果。

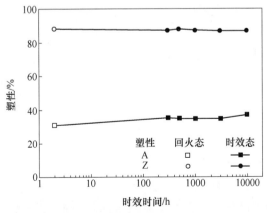

图 3-37　G115-75 钢 650℃长时时效过程中后的高温塑性演变

图 3-38 为 G115-75 试验钢在 650℃时效过程中室温冲击性能演变。从图 3-38

中可以看出，试验钢在时效之前冲击韧性很好，达到 182J。短期时效过程中冲击性能急剧下降，时效 300h 后试验钢冲击吸收能量仅为 25J，继续时效至 3000h 材料冲击性能保持平稳，维持在 25~27J，继续时效至 10000h 冲击韧性再度降低，只有 17J。Guo 等人[11]指出 $Fe_2(Mo,W)$ 型 Laves 相粗化是 P92 钢时效脆化的主要原因，G115 试验钢韧性骤降发生于 100h 时效后，在短时时效中并未观察到 Laves 相的显著粗化。

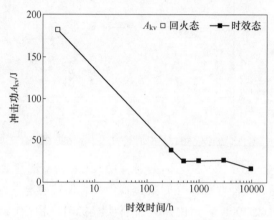

图 3-38　G115-75 钢 650℃长时时效过程中的室温冲击性能演变

　　W 元素由于其原子半径和自扩散系数均较大，其自扩散系数在 bcc-Fe 和 fcc-Fe 中分别为 $1.5×10^{-2}$ 和 $5.1×10^{-5}$ m^2/s，可有效地提高再结晶温度和增加晶格畸变程度，通过固溶强化提升材料的热强性。W 元素也是 Fe_2W 型 Laves 相的主要组成元素，蠕变初期形成的细小弥散的 Laves 相可显著降低短时蠕变速率[12]；也有文献指出有一定数量的 W 进入到 $M_{23}C_6$ 中，由于其重元素的扩散特性可使 $M_{23}C_6$ 在服役过程中趋于稳定[13]。

　　图 3-39 为 G115-75 试验钢 650℃时效过程中 W 元素在各相中的分布，其计算方法见式（3-1），其中 c_i 为 W 在不同相中的分配系数，w_i 为 W 在 i 相中所占的质量，其数值来自于表 3-5、表 3-8 和表 3-11，w_0 为 W 在试验钢中的质量分数。

$$c_i = \frac{w_i}{w_0} \tag{3-1}$$

　　从图 3-39 中可知，正火后所有的 W 元素均分布于基体中，此时 W 元素以置换原子形式固溶于马氏体基体中。780℃回火后，W 元素仍主要分布于基体中，但已有 4.7% 的 W 析出到 $M_{23}C_6$ 中，此时 Laves 相尚未形成，同时 MX 相中 W 元素以痕量元素的形式存在，含量可以忽略不计。300h 时效后，可发现 W 元素开始以 Fe_2W 型 Laves 相的形式从基体中析出，其在 Laves 相中的分配系数随时效时间的延长逐渐增大，并在 1000h 后接近并超过在基体中的分布系数，长期时效

（大于 3000h）后 Laves 相成为 W 元素的主要存在形式。同时 W 元素在 $M_{23}C_6$ 中的分配系数也随着时效时间的延长而增大，这是由于 W 元素作为重元素，其扩散主要受动力学控制。因此 W 元素在 G115 试验钢长时时效过程中所起的作用是一个固溶强化逐渐衰减，进入析出物含量逐渐增加的过程。

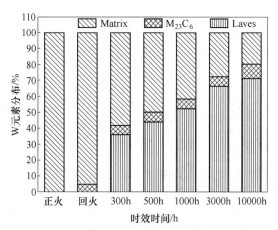

图 3-39　G115-75 钢 650℃长时时效过程中 W 在各相中的分布

9%～12%Cr 马氏体耐热钢中的 Laves 相是一种硬脆相，且形状不规则，易粗化。图 3-40 为 G115 试验钢 650℃时效过程中 Laves 相的 TEM 图像。从图 3-40（a）和（b）可以看出，时效 500h 后 HCP 结构的 Laves 相易于在界面处形核，板条界面两侧均有 Laves 相存在，同时颗粒内部可观察到大量层错。图 3-40（c）为 10000h 后的析出相 SEM 图，从图像左侧的二次电子图和右侧的背散射电子图对比可知，Laves 相和 $M_{23}C_6$ 相均出现了粗化现象，并且两种析出相在晶界处毗邻存在，同时也在 TEM 图中得以验证，如图 3-40（d）所示。

对于 9%～12%Cr 马氏体耐热钢中 Laves 相与 $M_{23}C_6$ 中的共存现象，已有多篇文献报道。Dimmler[14] 指出 Laves 相易依附于 $M_{23}C_6$ 形核。Tsuchida 等人[15] 指出 Laves 相在时效过程中的长大是通过消耗周围的 $M_{23}C_6$ 中的金属元素（Cr、Mo、W 等）完成的。Xu[16] 报道 Laves 相分解并吞噬周围的 $M_{23}C_6$ 相后将有一个富 C 区遗留于两相界面处。图 3-41 为 G115-75 试验钢时效 10000h 后 EDS 面扫描结果，从图 3-41 中可以看到 W 元素在 $M_{23}C_6$ 和 Laves 中均有富集。C 与 Cr 元素的富集区基本重合，该区域为 $M_{23}C_6$ 相（图 3-41 中白线包围的区域）。但两相界面处并未发现有其他富 C 区。这是由于 Cr 元素在基体中始终为过饱和态，其在 α-Fe 中扩散很快，因此即便有 Laves 依靠消耗分解 $M_{23}C_6$ 而长大粗化，仍有富余的 Cr 源源不断地从基体中迁移，并与分解剩余的 C 结合为新的 $M_{23}C_6$。同时相分析结果表明（见图 3-42）Cr 元素在两种析出相中的含量随时效时间延长均有所增加，不存在"此消彼长"的趋势，这也一定程度上验证了上述分析。

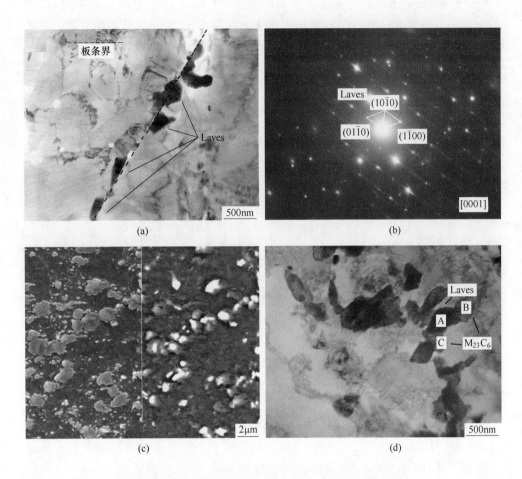

图 3-40   G115-75 钢不同时效后的 Laves 相

（a）500h 时效后的 Laves 相 TEM 形貌；（b）Laves 相的典型衍射斑点；

（c）10000h 时效后的析出相 SEM 形貌；（d）10000h 时效后的析出相 TEM 形貌

时效过程中 $M_{23}C_6$ 与 Laves 相持续析出，析出初期有一定析出强化效果。同时时效也是固溶合金元素不断从基体中析出过程，析出强化的增强与固溶强化的减弱同时发生。图 3-43 对比了不同析出相含量对 G115 试验钢硬度的影响，可以看出 500～10000h 时效过程中 G115 试验钢的硬度（HB）从 271 降至 257。$M_{23}C_6$ 的含量从 1.31% 略微增加至 1.49%，而 Laves 相含量则由 2.09% 显著增加至 3.51%，增幅达 68%。Laves 相析出量的增加与基体的硬度降低成正比，从而 Laves 相析出过程中不断"吸收"固溶于基体中的 W 元素是基体软化的主要原因。

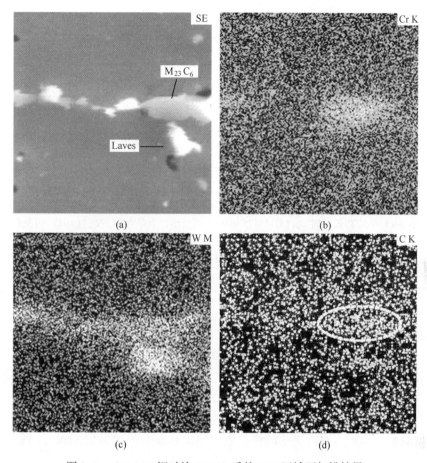

图 3-41 G115-75 钢时效 10000h 后的 EDS 区域面扫描结果

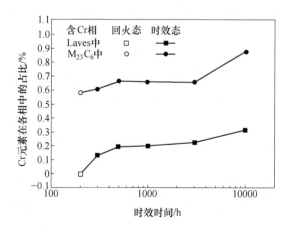

图 3-42 G115-75 钢 650℃ 长时时效过程中 Cr 在 $M_{23}C_6$ 和 Laves 中所占钢的质量分数

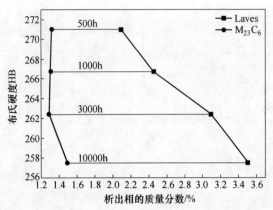

图 3-43　650℃长时时效后 G115-75 钢的不同析出相含量与其硬度（HB）的关系

3.3　G115 钢时效过程中韧性降低及其改进方法

选 G115-77 钢（W 含量为 2.94%）作为基础试验钢，经 1100℃保温 1h 空冷正火处理+780℃保温 3h 回火处理后，进行 650℃长时时效处理。时效时间分别为 10h、30h、100h、300h、1000h、3000h、8000h。时效后，将试样加工成标准夏比 V 型冲击试样，试样尺寸为 10mm×10mm×55mm，进行室温冲击实验。基于化学成分优化考虑，另冶炼 3 炉试验钢，其成分差异主要在于 W 含量不同，W 元素含量分别为 3.11%、2.63% 和 2.32%，这三炉 G115 试验钢编号为 C 号、LW1 号和 LW2 号。G115 所有试验钢的成分见表 3-1。采用上述制度进行热处理，进行室温冲击实验。对冲击实验样品微观组织和断口形貌采用 SEM 和 TEM 进行分析表征。

图 3-44 为 G115 基础试验钢回火态及长时时效过程中的冲击韧性演变。从图 3-44 中可知，试验钢在回火后表现出较高冲击韧性（A_{kv}，122J），然而在 100h 短期时效后冲击韧性迅速降低，并在随后时效过程中继续缓慢下降，至 10000h 时效后，冲击吸收功仅为 16J。100h 时效后，G115 钢冲击吸收功相当于时效前冲击值的 13%，时效过程中 G115 钢冲击韧性显著降低主要发生于时效初期。

时效过程中冲击韧性下降现象在 9%~12%Cr 马氏体耐热钢中普遍存在。据文献报道材料冲击韧性主要与钢的原奥氏体晶粒尺寸[17]、钢中 δ-Fe 含量[18] 及析出相演变[19,20]有关。对于 G115 钢，650℃时效温度远低于奥氏体开始转变温度（Ac_1=800℃），时效过程中的晶粒尺寸变化可以忽略不计。此外，由于多种奥氏体区扩大元素的加入（Co 和 Cu 等），正火+回火后 G115 钢中并未发现 δ-Fe。采用 JMat Pro 7.0 热力学软件计算也可以看出（见图 3-45），G115 钢平衡态下 δ-Fe 开始生成温度在 1250℃左右，远高于 G115 常规正火温度 1100℃。排除上述两种因素后，认为导致 G115 钢时效后韧性降低的主要因素是时效后析出相

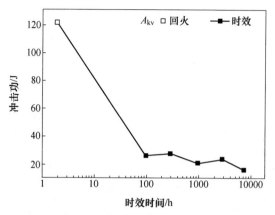

图 3-44　G11-77 钢 650℃长时时效过程中的室温冲击韧性演变

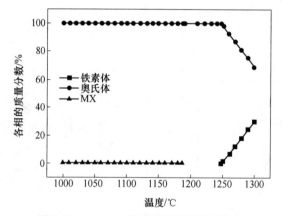

图 3-45　G115-77 钢高温下平衡态相含量

演变。

　　G115 钢主要析出相包含 MX、$M_{23}C_6$ 和 Laves 等。其中，MX 尺寸较为细小，约为 50~100nm，同时其含量较低且稳定性好，对材料性能的影响主要体现在持久强度上[21]。因此另外两种析出相 $M_{23}C_6$ 和 Laves 在时效过程中的变化是影响材料韧性演变的主要因素。

　　为研究 G115 钢短时时效过程中析出相演变，对回火后 G115 基础试验钢分别进行 10h 和 30h 的时效处理，并进行夏比 V 型缺口冲击实验。将短时时效处理后的试样与回火态和 100h 时效态试样进行微观组织对比（见图 3-46），图中灰白色的颗粒和亮白色的颗粒经 EDS 分析可知，分别为富 Cr 的 $M_{23}C_6$ 和富 W 的 Laves 相，如图 3-46（e）和（f）所示。试验钢在回火和 650℃时效 10h 后，只观察到沿晶界不连续分布的 $M_{23}C_6$ 相。当时效时间延长至 30h 和 100h，Laves 相开始沿晶界和板条束界面析出，且 Laves 相所占面积也随时效时间的延长而显著

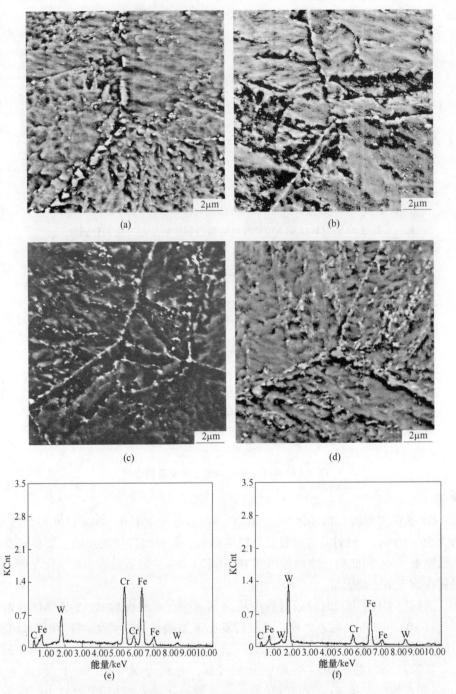

图 3-46　G115-77 钢不同状态的 SEM-BSE 图像

（a）回火态；（b）650℃时效 10h 后；（c）650℃时效 30h 后；

（d）650℃时效 100h 后；（e）$M_{23}C_6$ 相的能谱图；（f）Laves 相的能谱图

增大，而 $M_{23}C_6$ 的尺寸和分布均没有明显变化。冲击实验结果显示，试验钢在 30h 时效后其冲击韧性也由回火后的 122J 降为 94J，从而判定试验钢时效后韧性降低与 Laves 相的形成密切相关。

析出相定量相分析结果见表 3-14，随时效时间延长，$M_{23}C_6$ 只有少许增幅，其质量分数由 1.130% 增至 1.141%，MX 相含量基本维持不变，Laves 相则是一个由无到有的过程，时效 30h 后开始在钢中出现，这与 SEM 表征结果相符。100h 时效后，Laves 相含量达到 1.210%，高于同样状态下 $M_{23}C_6$ 量。简而言之，短期时效过程中，两种碳（氮）化物析出相含量与形貌保持稳定，Laves 相的形成是最为显著的析出相演变现象。

表 3-14　G115-77 钢在 650℃短期时效后的相分析结果

时效时间/h	相含量(质量分数)/%		
	$M_{23}C_6$	Laves	MX
0	1.130	0	0.102
10	1.132	0	0.104
30	1.135	0.570	0.101
100	1.141	1.210	0.100

为进一步确定 Laves 相是影响 G115 钢冲击韧性的决定性因素，参考 Zhong[22] 的实验方法，将时效 100h 后的试样重新进行 780℃/3h 空冷的热处理，使绝大部分 Laves 相颗粒回溶，然后再进行冲击实验测试。这样热处理后再进行室温冲击实验的结果显示，重新回火处理后试样的冲击功达到 110J，韧性恢复至回火态的 90%。由于 Laves 相回溶受动力学影响较大，重新加热温度略低于其溶解温度（平衡计算值为 800℃），重新回火处理后钢中析出相以 $M_{23}C_6$ 为主，仍存在极少量 Laves 相。如果继续提高回火温度，虽可使 Laves 相回溶更为完全，但过于接近试验钢 Ac_1 点可能进入两相区，为实验结果引入其他影响因素。由上述实验结果可知，富 W 的 Laves 相是 G115 基础试验钢时效初期韧性降低的主要因素，Laves 相在 G115 钢时效过程中的形成难以避免，应考虑如何通过成分设计和优化降低其对韧性的不利影响。

通过 Thermo-Calc 软件研究 W 元素含量对 G115 钢 650℃下平衡态析出相含量的影响，如图 3-47（a）所示。从图 3-47（a）中可知，随 W 含量由 2.0% 增加至 3.5%，Laves 相含量由 1.7% 显著增加至 4.1%，MX 和 $M_{23}C_6$ 相的含量则分别维持在 1.48% 和 0.14% 左右，没有显著变化。图 3-47（b）为 W 元素含量变化对其在钢中不同相中配比的影响。随 W 元素含量由 2.0% 增加至 3.5%，分配于基体中的 W 元素含量由 37% 逐渐降低至 21%，固溶强化作用减弱。更多的 W 元素

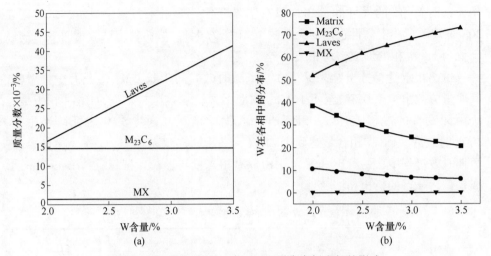

图 3-47　W 含量对 G115 钢 650℃平衡态析出相的影响

(a) 不同析出相的含量；(b) 在不同析出相中的配比

进入 Laves 相中，其分配系数由 51%增至 73%。从热力学计算结果来看，W 元素所带来的固溶强化与析出强化作用是一种此消彼长的关系，且在平衡态下，在 W 元素含量高的钢中将以 Laves 相的形式存在为主。另一方面，Laves 相在 9%~12%Cr 马氏体耐热钢中粗化较快，短期内可能有析出强化作用的增强，但长期时效后（接近平衡态），聚集粗化的 Laves 相会使其强化作用衰减。为避免固溶强化和析出强化同时出现严重弱化，应合理选择和控制 G115 钢中的 W 元素含量。

基于热力学计算结果，以控制 Laves 相含量并改善冲击韧性为目标，冶炼和锻造了 3 炉不同 W 元素含量的 G115 试验钢，见表 3-1。采用相同正火和回火处理后，进行不同时间时效后测试其冲击性能，并与前述基础试验钢作对比，实验结果如图 3-48 所示。从图 3-48 中可以看出，时效前不同 W 含量的 G115 钢均表现出较高的韧性，其冲击功均在 120J 以上。100h 短期时效之后，W 含量最低的试验钢（LW2 钢）的冲击吸收功为 85J，比其他试验钢高出 33~61J。随时效时间的延长，各炉钢的冲击功均有所下降，冲击功也逐渐接近，但 W 含量为 2.32%的 LW2 钢冲击功仍比其他试验钢高出 6~20J。W 元素含量的降低对 G115 钢时效后的冲击功有较为显著的提升。

含有析出相的铁素体耐热钢，在冲击载荷下发生准解理断裂时，其过程可分为两个阶段，分别为微型孔洞的形核和解理裂纹的扩展，而这个过程本质上由基体-析出相的界面发生解离或析出相的破裂造成的[23]。形核时微型孔洞与析出相颗粒的尺寸相当，此后穿过析出相-基体界面并在基体中扩展。裂纹穿过析出相-基体界面所需的临界断裂应力可用公式（3-2）描述[24]：

$$\sigma_f = \left[\frac{\pi E \gamma_{\mathrm{pm}}}{2(1-\nu^2) d_{\mathrm{p}}} \right]^{\frac{1}{2}} \tag{3-2}$$

式中，E 为杨氏模量；γ_{pm} 为析出相-基体间的界面能；ν 为泊松比；d_p 为析出相颗粒粒径。在其他参数不变时，临界断裂应力与析出相粒径的平方根成反比，析出相尺寸越大，解理裂纹萌生与扩展就越容易进行。因此，通过降低析出相的含量与尺寸，对提升冲击性能是有利的。

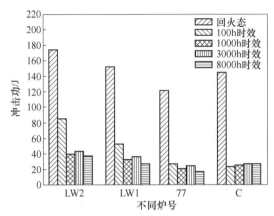

图 3-48　不同 W 含量的 G115 钢 650℃时效后的冲击功

与大角衍射（$2\theta = 5° \sim 165°$）不同，X 射线小角散射（SAXS，small angle X-rayscattering）是发生于原光束附近 0°至 5°~7°范围内的相干散射现象，物质内部尺度在 1nm 至数百纳米范围内的电子密度起伏是产生这种散射效应的根本原因。利用 SAXS 技术可以表征物质的长周期、准周期结构和测定纳米粉末粒度分布。

MX、$M_{23}C_6$ 和 Laves 是 G115 钢中的主要析出相。其中，MX 相时效过程中稳定性较好，文献［25］指出 $M_{23}C_6$ 和 Laves 是冲击过程中微孔洞生长与合并的主要诱因。对比两组含 W 量差异较大的 G115 试验钢（C 和 LW2）在时效过程中的析出相，基于其含量与尺寸不同来研究析出相与 G115 冲击韧性的相关性。其中，LW2 钢含 W 量为 2.32%，C 钢含 W 量为 3.11%。对上述两炉钢时效态试样中 $M_{23}C_6$ 及 Laves 析出相使用电化学法萃取后，采用 X 射线小角散射粒度分析技术，对其尺寸进行分析研究，并结合相分析实验结果，可以获得两种相的平均粒径与含量。图 3-49 为两炉 G115 钢 650℃时效后 $M_{23}C_6$ 相含量与粒度分析结果。从图 3-49（a）可以看出，随时效时间延长，两炉钢的 $M_{23}C_6$ 析出量均呈现增加的趋势。对比两炉钢在不同时效时间的 $M_{23}C_6$ 含量差异，300h 时效时间内，LW2 钢的 $M_{23}C_6$ 析出量比 C 钢更高，而更长时间时效后则呈现相反的结果。这是因为短期时效过程中，合金元素扩散路径较短，两炉钢的 $M_{23}C_6$ 析出量均较有限。时效 1000h 后，已有 98%的 C 分配至 $M_{23}C_6$ 相，而 $M_{23}C_6$ 钢 C 与 M（金属元素）的物质的量配比是固定的，因此相同时效时间后，C 含量高的 LW2 钢析出的 $M_{23}C_6$ 量更多。

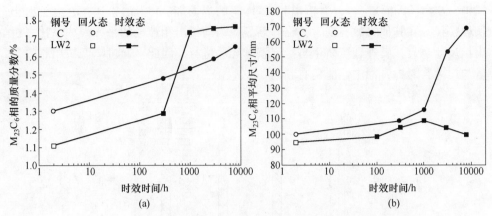

图 3-49　两炉 G115 钢 650℃时效后 $M_{23}C_6$ 相含量与粒度分析结果

（a）析出量变化；（b）析出相平均粒径

两炉钢时效过程中的 $M_{23}C_6$ 平均粒径如图 3-49（b）所示。可以看出，C 钢中 $M_{23}C_6$ 发生了明显的长大粗化，其平均粒径由 100nm 升至 169nm。LW2 钢中 $M_{23}C_6$ 的平均尺寸在时效初期的 1000h 内由 95nm 增至 109nm，其后又逐渐回落，8000h 后为 100nm，但整体变化不大。相同时间时效后，LW2 钢相比 C 钢，其 $M_{23}C_6$ 中平均尺寸更小。这是由于两者的 B 含量不同。相关文献报道，B 元素进入 $M_{23}C_6$ 后可以显著降低其与基体之间的界面能。根据 LSW 理论，界面能的降低可延缓析出相的粗化行为[26]。此外，当 9%Cr 马氏体耐热钢中 B/N 含量接近 90ppm/130ppm（$9×10^{-5}$/$1.3×10^{-4}$）时，能在避免 BN 夹杂产生的同时，更有效地抑制时效过程 $M_{23}C_6$ 的粗化，如图 3-50 所示[27]。LW2 钢相比于 C 钢，更接近于最佳的 B/N 含量比，因此其 $M_{23}C_6$ 的粗化过程也更为缓慢。

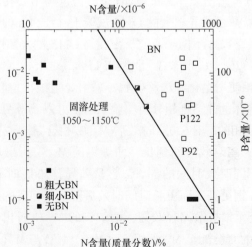

图 3-50　1050~1150℃下 9%~12%Cr 耐热钢的 B/N 成分图[27]

图 3-51 为两炉 G115 钢 650℃时效后 Laves 相含量与粒度分析结果。从图 3-51 （a）可以看出，随时效时间的延长，两炉钢的 Laves 相含量显著增加，说明该过程中 Laves 相均持续析出，在 8000h 后达到 2.686%和 3.359%。相同时效时间下，W 含量较低的 LW2 钢中 Laves 相析出量一直低于 C 钢，从而 W 含量和时效过程中的 Laves 相含量是正相关的。

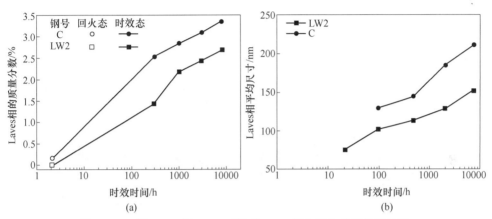

图 3-51 两炉 G115 钢 650℃时效后 Laves 相含量与粒度分析结果：
（a）析出量变化；（b）析出相的平均粒径

两炉钢时效过程中的 Laves 相平均粒径变化如图 3-51 （b） 所示。可以看出，Laves 相在 C 钢中发生了明显的长大粗化，其平均粒径由 129nm 升至 221nm。LW2 钢中的 Laves 相的长大则更为缓慢，时效过程中，其平均粒径由 77nm 升至 152nm。因此，时效时间相同时，W 含量与 Laves 相的平均粒径成正比。

关于 W 元素含量影响 Fe_2W 型 Laves 相熟化机理，马氏体耐热钢中基体与 Laves 相间的位向关系可用式 （3-3） 描述[28]：

$$[\bar{1}13]_M \parallel [11\bar{2}1]_{Laves}$$

$$(110)_M \parallel (0\bar{1}13)_{Laves} \qquad (3-3)$$

马氏体基体为体心正方 （BCT） 结构，为方便计算，可近似地将其简化为体心立方 （BCC） 结构。基体的晶格常数 a_0 为 0.287nm，从相分析结果中可以获得两炉 G115 试验钢中 Laves 相的晶格常数 a 和 c，见表 3-15。

表 3-15 两炉 G115 钢的 Laves 相晶格常数

钢 编 号	晶格常数/nm	
	a	c
LW2	0.472	0.764
C	0.472	0.774

将晶格常数代入式（3-4）和式（3-5），可分别计算两炉 G115 钢中 Laves 相与基体的晶面间距：

$$d_M = \frac{a_0}{\sqrt{h^2 + k^2 + l^2}} \tag{3-4}$$

$$d_{Laves} = \frac{1}{\sqrt{\frac{4}{3}\frac{h^2 + hk + k^2}{a^2} + \left(\frac{l}{c}\right)^2}} \tag{3-5}$$

然后，根据公式（3-6），可计算两炉钢中的 Laves 相与基体的错配度 δ，计算结果见表 3-16。

$$\delta = \frac{|d_{Laves} - d_0|}{d_0} \tag{3-6}$$

表 3-16   G115 钢的马氏体基体与 Laves 相的对应晶面及其面间距和两相界面错配度

参　数	基体	Laves 相
晶面	(110)	$(0\,\bar{1}13)$
晶面间距/nm	0.203	0.216[①]
		0.218[②]
与基体的错配度/%	—	6.50[①]
		7.51[②]

①为 LW2 钢；
②为 C 钢。

从表 3-16 中可以看出，相比 C 钢，LW2 钢中的 Laves 相与基体的错配度更低。错配度的降低，可带来界面能的下降。根据式（3-7）和式（3-8）中 LSW 模型的 Ostwald 熟化理论，界面能降低，Ostwald 熟化系数降低，从而 Laves 相的粗化速率降低。

$$r^m - r_0^m = k_d t \tag{3-7}$$

$$k_d = \frac{8}{9}\frac{C_e \Omega^2 \gamma_{pm} D}{RT} \tag{3-8}$$

式中，r 和 r_0 分别为析出相的粒径和初始粒径；m 为与扩散机理相关的常数；t 为时效时间；k_d 为熟化系数；C_e 为平衡态下组元在基体内的固溶量；Ω 为析出相的摩尔分数；γ_{pm} 为析出相与基体的界面能；D 为扩散系数；R 为气体常数；T 为绝对温度。

从以上分析可知，界面错配度是影响不同 W 含量的 G115 钢中 Laves 相尺寸差异的重要因素。下面定量对比分析时效过程中，Laves 相在两炉钢中的熟化速

率。文献[29]指出 $Fe_2(Mo,W)$ 型 Laves 相在 9%~12%Cr 马氏体耐热钢中的析出
过程由两部分构成，分别为由晶格扩散控制的形核与长大过程和由晶界扩散控制
的粗化过程，对应的 m 值分别为 3 和 4。650℃下 Laves 相在两炉 G115 钢的平衡
析出量分别为 2.83% 和 3.51%，在 8000h 时效后均未达到其热力学平衡析出量，
同时析出相的粗化通常指达到饱和析出后的析出相颗粒的聚合，因此可认为两炉
钢的 Laves 相在 8000h 时效过程主要仍为形核与长大过程，故取 m 值为 4。拟合
结果如图 3-52 和表 3-17 所示。可以看出 LW2 钢中 Laves 相的 Ostwald 熟化系数只有
C 钢中相应数值的 1/4，因此，降低 W 含量能显著地减缓 Laves 相的熟化过程。

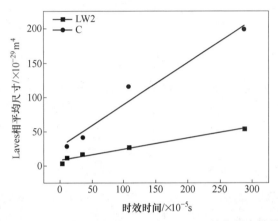

图 3-52　两炉 G115 钢的 Laves 相 Ostwald 熟化拟合结果

表 3-17　两炉钢中 Laves 相的 Ostwald 熟化系数

炉　号	$k_d/m^4 \cdot s^{-1}$
LW2	1.56×10^{-35}
C	6.14×10^{-35}

图 3-53 显示了 LW2 钢 650℃不同时间时效处理后的冲击断口形貌。从图 3-53
中可以看出，所有试样的断裂机制均为准解理断裂。回火后，断口表面由河流花
样和大量撕裂棱构成。随时效时间的延长，冲击断口表面起伏程度逐渐减弱，变
得更为平整，同时断口撕裂棱的数量降低，从而导致冲击功的降低。

图 3-54 为时效 8000h 后的 G115 冲击试样断口 SEM-BSE 图像。从低倍照片中
可以看出，时效后大量 Laves 相（亮白色颗粒）分布于断口表面。同时高倍图像
显示，Laves 相多沿河流花样分布。体心立方晶体的解理断裂多源于晶界上的孔
洞，并沿着一定的解理面 {110} 扩展，而准解理断裂则不同，裂纹源于晶粒内
部的孔洞、夹杂与析出相，且其裂纹扩展路径主要受析出相颗粒影响[30]。时效
后，G115 中的 Laves 相在晶界和晶粒内部均有分布，这种分布特性决定了其冲击
断口的断裂形式为准解理断裂。

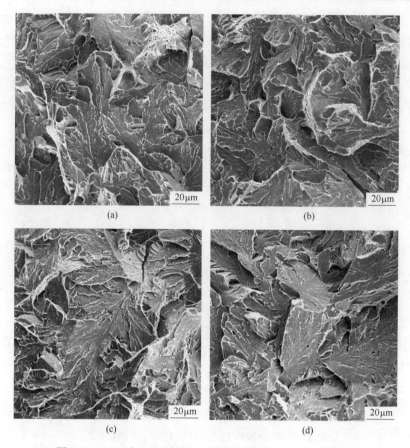

图 3-53　G115 钢（LW2 钢）不同状态的断口 SEM-SE 图像

（a）回火态；（b）650℃，100h 时效；（c）650℃，1000h 时效；（d）650℃，8000h 时效

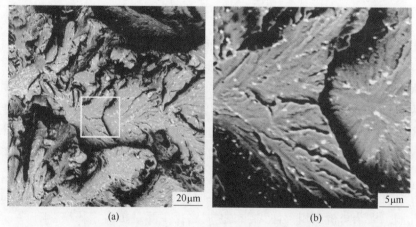

图 3-54　G115（LW2 钢）钢 650℃时效 8000h 后的冲击断口 SEM-BSE 图像

（a）低倍断口形貌；（b）图（a）中白框中区域的放大图像

从上述分析可知，G115 钢中的 Laves 相与时效后的冲击试样断裂机制密切相关，从式（3-2）可知，临界解理应力的大小与析出相尺寸成反比。因此 Laves 相的尺寸与解理断裂韧性应存在一定关系。降低 W 元素含量进而减缓 Laves 相在时效过程中的粗化速度，可以显著抑制 G115 钢在时效过程中的韧性降低倾向。

图 3-55 为 W 元素含量对 G115 钢时效后高温性能的影响。W 含量不同的所有 G115 试验钢的高温强度均随时效时间的延长而逐渐下降。从图 3-55 中可以看出 W 含量变化对试验钢力学性能的影响。短期时效后，四炉钢的抗拉强度接近，屈服强度有较大差别。随时效时间延长，四炉钢的强度差异逐渐缩小。整体趋势是 C 号钢的强度高于其他钢，LW2 号钢的强度最低。8000h 时效后的强度如图 3-55（c）所示，W 含量为 3.11% 的钢强度最高，其他钢的强度随 W 含量的变化没有显著差异。时效后不同 W 含量的 G115 钢的高温塑性变化如图 3-55（d）所示，时效后，G115 的断面收缩率和延伸率分别维持在 80% 和 25% 以上，表现出优良的塑性。同时也可以看出不同 W 含量钢的断面收缩率和延伸率随时效时间的延长，无明显变化。

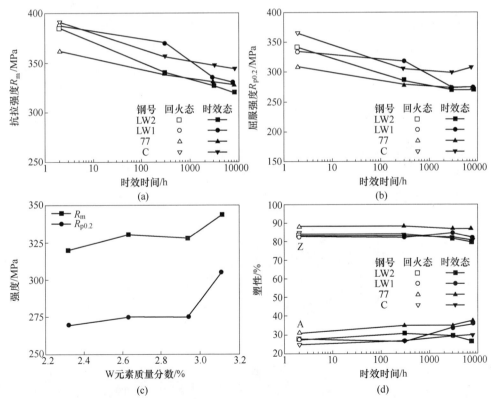

图 3-55　长期时效后 W 含量对 G115 钢 650℃高温力学性能的影响
（a）抗拉强度；（b）屈服强度；（c）8000h 时效后的强度对比；（d）塑性

从以上分析可知，W 元素含量的降低在一定程度上导致材料时效后高温强度的降低。这是由于随时效过程的进行，钢中的 W 元素逐渐由固溶态转为析出强化相。通常合金元素的固溶强化作用可用式（3-9）描述：

$$\Delta\tau \propto c_i^{1/2} \tag{3-9}$$

可见，固溶强度增量 $\Delta\tau$ 与合金元素的固溶量 c_i 成正比。相同时间时效后，高 W 含量的钢相比低 W 钢，可保留较多的 W 元素于基体中，从而对材料起到更高的固溶强化作用。然而，虽然时效后高 W 钢的短时高温拉伸强度较高，但由于其中 Laves 相的粗化速率较快，有利于蠕变孔洞的产生，对其持久性能反而不利[31]。因此基于维持时效后冲击韧性和同时获得较高持久强度，应合理选择 G115 的 W 元素含量。

3.4　G115 钢持久过程中的组织演变

锅炉钢管服役环境同时承受高温和较大应力载荷，持久蠕变实验同时具有高温和应力环境。选择 3 炉 G115 试验钢（分别为 N、LW2 和 LW1）研究持久试验过程中组织演变，试验钢化学成分见表 3-1。持久试验前，对 G115 所有试验钢进行 1100℃保温 1h 空冷正火处理，将绝大部分合金元素溶入基体中，随后进行 780℃保温 3h 空冷的回火处理，获得回火马氏体+碳化物（$M_{23}C_6$+MX）组织。3 炉实验钢回火后均进行 650℃持久实验，持久应力分别为 200MPa、180MPa、160MPa、140MPa、120MPa。此外 G115-N 钢还进行了相同温度下 100MPa 持久实验。将持久断裂后的试样纵向抛开，并分解为 I 夹持区域（Grip）和 II 断口区域（Gauge），如图 3-56 所示。其中，夹持区域应力作用较小，主要受高温影响，可用于研究高温下的组织演变。断口区域则受高温与应力的共同作用，可研究两种因素对微观组织的综合影响。对比相同试样的两个区域，可研究应力对高温下组织演变的作用。

图 3-56　G115 钢持久拉伸断裂试样

图 3-57 为 G115 钢持久试样断口 SEM 图像，可以看出，应力对断口形貌没有明显影响，在不同应力下持久试样均呈现微孔聚集型断裂机制。持久实验在高温下进行，断口均发生一定程度氧化，但仍可看出韧窝的产生是由于颗粒形成的孔洞扩展而引起，具有明显的塑性断裂特征。持久断口韧窝的萌发多是由于第二

相与位错环之间积累的弹性应变能高于其与基体间的结合力造成的，在韧窝的底部观察到第二相粒子，如图 3-57（b）中白色箭头所示。

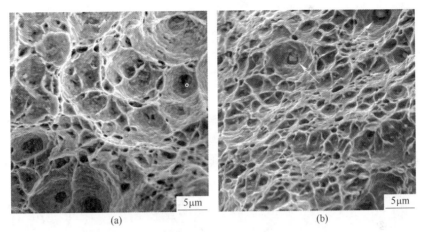

图 3-57 G115-N 钢不同应力下的典型持久断口形貌

(a) 200MPa；(b) 120MPa

微孔聚集型断裂过程分为 3 个阶段：孔洞形核、长大与合并。对蠕变增强的孔洞生长过程来说，高应力导致孔洞长大与合并速度增加，在断口形貌上表现为孔洞数量密度降低和更大韧窝尺寸。对 G115 试验钢持久试样来说，200MPa 下的持久断口韧窝尺寸较大，而 120MPa 下的持久断口则呈现韧窝尺寸小而浅。此外，韧窝的大小和深度与材料的持久断裂塑性密切相关。G115 钢的持久断裂塑性如图 3-58 所示。随应力由 200MPa 降至 120MPa，断面收缩率由 84% 降至 62%。持久断裂塑性随应力变化与材料位错回复现象有关。高应力区，持久塑性较高是因为高于宏观弹性极限的外加应力使材料易于发生塑性变形。低应力下，长时过

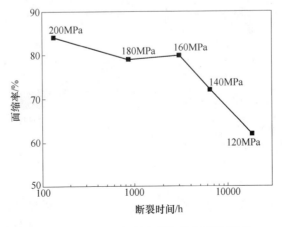

图 3-58 G115-N 钢持久断口的断面收缩率

程中晶界附近产生微小回复区，而晶粒内部依旧为较高密度位错结构的板条马氏体，回复程度不均匀造成持久塑性的下降[32]。

为进一步研究持久断裂原因，将 G115 试验钢不同应力下断裂持久试样进行断裂源分析，如图 3-59 所示。可以看出，在裂纹附近发现 4 类不同成分颗粒，分别为 Al_2O_3、MnS、富 W 和富 Cr 相，其成分见表 3-18。其中，Al_2O_3 和 MnS 为钢中常见非金属夹杂物，富 W 和富 Cr 相则分别为 $M_{23}C_6$ 和 Laves，是 G115 钢在回火后及长时服役后的强化相。对 G115 试验钢所有裂纹源进行了定量统计，样本数量大于 50，其结果如图 3-60 所示，Al_2O_3 和 Laves 相为 G115 持久试样主要断裂源。在 SEM 图像中可看出 Al_2O_3 颗粒较为尖锐，在高应力下易引起应力集中并萌发裂纹（见图 3-59（a）），Laves 相在长时服役过程中比 $M_{23}C_6$ 粗化速率更高，

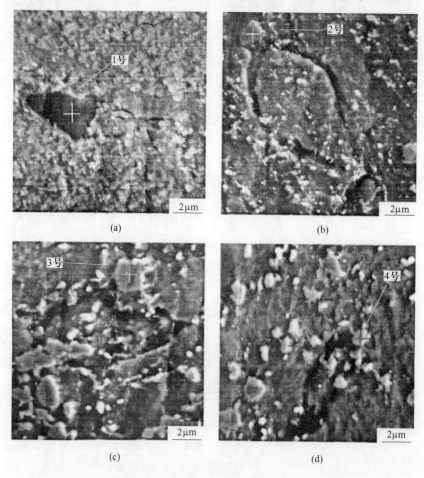

图 3-59　G115-N 钢的典型持久断裂源

（a），（b）200MPa，t_r＝134h；（c），（d）120MPa，t_r＝18551h

更易在低应力长时条件下成为裂纹源（见图 3-59（d））。为保证 G115 钢在不同应力状态下均维持较高持久强度，应在提高材料洁净度同时，降低 Laves 相粗化速率。

表 3-18　G115 钢中典型断裂源的化学成分构成

颗粒编号	元素质量分数/%							
	Al	O	Fe	Cr	W	Mn	S	Cu
1	60. 27	21. 56	18. 17	—	—	—	—	—
2	—	—	37. 73	10. 37	—	33. 26	13. 91	4. 13
3	—	—	51. 85	32. 75	15. 40	—	—	—
4	—	—	47. 78	7. 76	44. 46	—	—	—

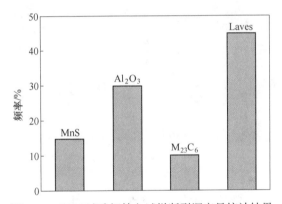

图 3-60　G115 试验钢持久试样断裂源定量统计结果

3 炉 G115 实验钢成分差异较小，主要为 W 含量的不同。W 元素在 G115 钢中主要起固溶强化及形成 Fe_2W 型 Laves 相后带来的析出强化作用。大量文献指出 Laves 相的长大粗化和基体回复与软化是导致持久断裂的主要因素，以 G115-N 钢为研究对象，来研究持久过程中其组织演变，建立 Laves 相及马氏体基体的演变与持久断裂之间的关系。选择该试验钢不同应力下持久试样，分别对试样夹持部分和断口附近区域进行 SEM-BSE 观察，如图 3-61 和图 3-62 所示。

夹持部分受应力作用较少，持久实验过程中的析出相演变主要受高温影响，近似于时效处理。从图 3-61 可以看出，当应力为 200MPa 时，G115 试验钢持久断裂时间为 134h，析出相主要由 $M_{23}C_6$ 构成，Laves 相颗粒较少。持久时间为 837h 时，晶界和亚结构（block 和 packet）界面处可看到细小的 Laves 相，至 3037h 后析出相长大，但其尺寸仍维持在 300nm 左右。持久时间达到 6037h，Laves 相出现显著粗化，至 18551h 时其平均粒径达到 1μm 左右。此时，粗大的 Laves 相颗粒均匀地分布于马氏体基体中，对材料的强化作用较有限。

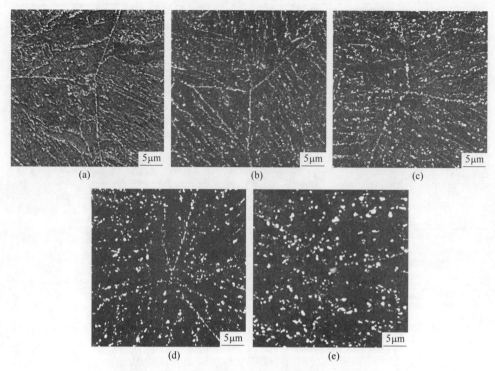

图 3-61　G115 钢 650 持久试样的夹持部分 SEM 图像

（a）200MPa，t_r = 134h；（b）180MPa，t_r = 837h；（c）160MPa，t_r = 3037h；

（d）140MPa，t_r = 6667h；（e）120MPa，t_r = 18551h

　　断口附近区域除受高温影响外，还受应力的作用。从图 3-62 可以看出，析出相在断口附近的分布状态与其在夹持部分的分布有显著差异。高应力短时条件下，细小的 Laves 相沿拉伸方向呈平行的带状分布，且相比夹持部分更为弥散，如图 3-62（a）和（b）所示。与夹持部分的析出相演变相似，伴随着应力的降低和持久断裂时间的延长，Laves 相在断口附近也出现长大和粗化现象，同时其分布的条带间距也逐渐加宽，最终演变为均匀分布的粗大颗粒。

　　为进一步对试验过程中不同位置 Laves 相演变进行定量分析，使用 Image ProPlus 软件对 Laves 相平均粒径与所占面积比进行了统计，如图 3-63 所示，从图中可以看出，随久断裂时间延长，Laves 相平均粒径和所占面积均显著增加。断裂时间 6667h 内，持久试样两个位置 Laves 相平均粒径接近，而断口附近析出相的面积相比夹持部分更高。随持久时间延长，持久试样两个位置 Laves 相所占面积逐渐接近，同时断口附近的析出相粒径相比夹持部分更大。

　　试验过程中，高应力加载于试样，在断口附近产生大量位错，从而加速重元素（W）的扩散，有利于 Laves 相形核和长大，如图 3-64 所示，从图中可见，断口附近的析出相与位错线的末端连接，大量位错提高了 Laves 相的形核质点数

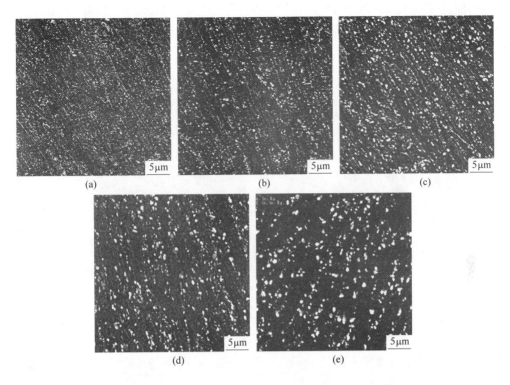

图 3-62　G115 钢 650℃持久试样的断口附近 SEM 图像

（a）200MPa，t_r = 134h；（b）180MPa，t_r = 837h；（c）160MPa，t_r = 3037h；

（d）140MPa，t_r = 6667h；（e）120MPa，t_r = 18551h

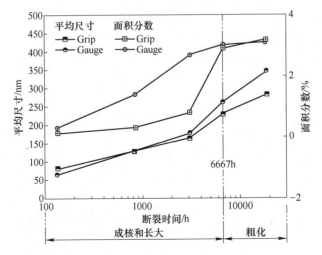

图 3-63　G115 试验钢不同持久试样的 Laves 相平均粒径与面积比

量，使其形成弥散分布状态，而试样夹持部分则与时效处理类似，易于在板条界面处形核并长大。因此应力状态是造成短时高应力下 Laves 相分布形态差异的主要原因。

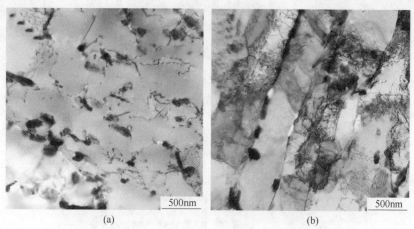

图 3-64   G115 试验钢 200MPa 持久试样的 TEM 图像
(a) 断口附近；(b) 夹持部分

低应力下 G115 试验钢持久断裂时间较长，140MPa 和 120MPa 下 t_r 分别为 6667h 和 18551h。从图 3-63 可以看出，两种载荷下 Laves 相的面积比没有明显增长，可认为 Laves 相在该阶段已进入了粗化过程。高温长时条件下由于位错运动与异号位错对消，位错密度大幅降低。Laves 相在断口区域与夹持部分均出现不同程度的粗化现象。相比夹持部分，断口附近的大量应变提供更多的形变能，有益于元素的扩散，加速了析出相的粗化动力学过程，因此 Laves 相颗粒更为粗大，如图 3-65 所示。

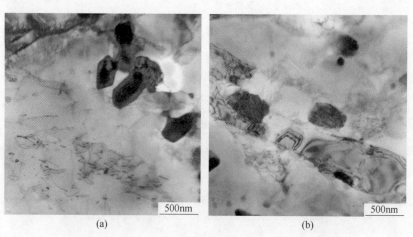

图 3-65   G115 试验钢 120MPa 持久试样的 TEM 图像
(a) 断口附近；(b) 夹持部分

使用 Ostwald 熟化公式对 G115 试验钢持久试样中 Laves 相粗化行为进行线性拟合，可知断口附近 Laves 相粗化速率为夹持部分的 2 倍左右，见表 3-19。虽然短时高应力载荷有益于 Laves 相的形核长大和弥散分布，但其长时较快的粗化速率对材料持久性能不利，尤其是大颗粒析出相可作为诱发蠕变微型孔洞的来源（见图 3-59（d）），导致试样最终断裂。因此应考虑采取措施减缓 Laves 相的粗化行为，进一步提高 G115 钢的持久性能。

表 3-19 Laves 相在持久试样不同位置的粗化系数

取样位置	粗化系数/$m^3 \cdot s^{-1}$
夹持部分	3.28×10^{-28}
断口附近	6.25×10^{-28}

9%~12%Cr 马氏体耐热钢服役前的原始组织为板条形态回火马氏体，无论在长期时效与持久过程中，都将逐步回复并转变为亚晶。图 3-66 为 G115 试验钢

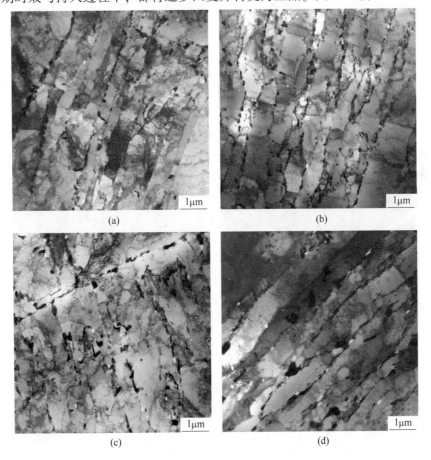

(a)　　　　　　　　　　　　　(b)

(c)　　　　　　　　　　　　　(d)

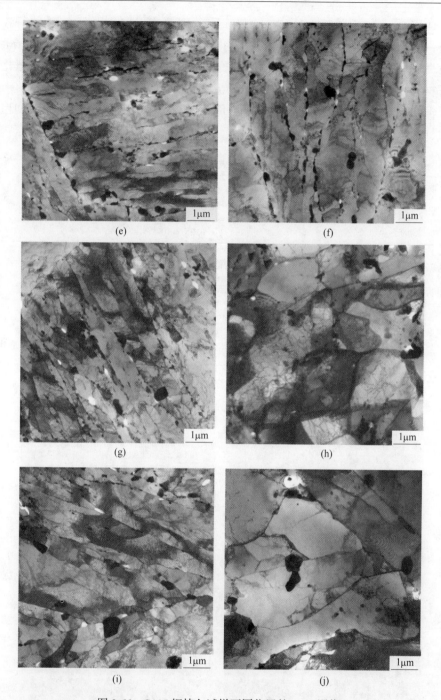

图 3-66　G115 钢持久试样不同位置的 TEM 图像

（a）200MPa，t_r = 134h，夹持部分；（b）200MPa，t_r = 134h，断口附近；（c）180MPa，t_r = 837h，夹持部分；
（d）180MPa，t_r = 837h，断口附近；（e）160MPa，t_r = 3037h，夹持部分；（f）160MPa，t_r = 3037h，断口附近；
（g）140MPa，t_r = 6667h，夹持部分；（h）140MPa，t_r = 6667h，断口附近；
（i）120MPa，t_r = 18551h，夹持部分；（j）120MPa，t_r = 18551h，断口附近

持久试样夹持部分与断口附近的 TEM 图像。对比可知，随持久时间的延长，试样夹持部分的马氏体板条组织虽发生了宽化，但在 18551h 后依旧可以维持板条形态，而断口附近板条组织在 6667h 时已转变为亚晶粒，其尺寸在 18551h 后继续增加。

图 3-67 为对 G115 试验钢不同持久试样进行板条宽度测量结果。随持久时间延长，夹持部分的马氏体板条宽度由 370nm 缓慢增加至 621nm，而断口附近的板条宽度则由 554nm 迅速增至 1320nm。可见，持久过程中断口附近的板条回复现象相比夹持部分更为显著，且长时持久后已失去板条特征，尺寸达到微米级别。

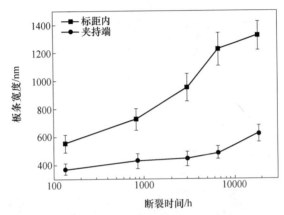

图 3-67　G115 钢 650℃ 持久过程中的板条宽度演变

G115 钢持久过程中亚结构演变是由位错回复与析出相粗化共同作用的结果。首先，回火后马氏体板条内部已存在部分位错，同时长时持久过程中在断口附近也可产生大量的可移动位错，高温下位错运动与交互作用更为显著，除了一部分以自由位错形态存在外，还有部分堆叠为位错墙并形成亚晶界面，如图 3-68 所示。在马氏体组织中，板条界面与亚晶界面均为小角度界面（2°~10°），为基体组织的最小构成单元。对持久前试样和持久断裂试样分别进行了 EBSD 分析，以在更大视场中比较持久前后试样两个位置的界面演变，结果如图 3-69 所示。从图 3-69 中可见，持久实验前，组织为典型的马氏体结构。高温持久 18551h 后，夹持部分仍维持典型的马氏体特征，而断口附近则以亚晶结构特征为主。统计图 3-69 中的 EBSD 取向差分布，如图 3-70 所示，可见夹持部分的大小角度界面分布与持久前基本相同，而断口附近的小角度界面数量更多，其相对含量达到其余两个试样的两倍以上。

其次，作用于断口附近的应力加速了析出相长大与粗化行为，对板条界面的钉扎作用也逐渐减弱，界面迁移速度加快。析出相对界面的钉扎作用可用 Zener 力（P_B）定量描述。Fedoseeva 和 Dudova 等人[33]对与 G115 钢成分相似的 9.5Cr-3.2Co-3.1W-0.45Mo 钢 650℃蠕变过程中断口附近 3 种析出相（MX、$M_{23}C_6$

图 3-68   G115 钢 650℃长时持久（$t_r = 18551\mathrm{h}$）后断口
附近的自由位错与位错回复而成的亚晶界面

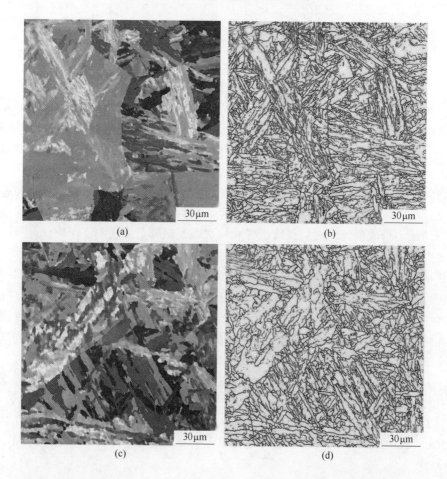

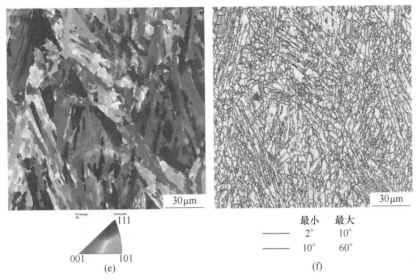

图 3-69 G115 钢 650℃持久 18551h 后的 EBSD 图像

（a）持久前试样 IPF 图；（b）持久前试样界面图；（c）夹持部分 IPF 图；
（d）夹持部分界面图；（e）断口附近 IPF 图；（f）断口附近界面图

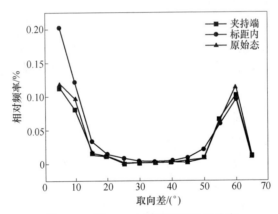

图 3-70 图 3-69 中的组织取向差分布

和 Laves 相）对 P_B 的贡献进行了评价，如图 3-71 所示，MX 相的 P_B 值整体上较低，$M_{23}C_6$ 的 P_B 值居中且在 10000h 后保持稳定，而 Laves 相对 P_B 的贡献在蠕变的初始阶段最高，但在长时蠕变后突然下降。可见易粗化的 Laves 相是长时蠕变后，断口附近的界面钉扎作用弱化的主要原因。

使用 Thermo-Calc 模拟 10^4h 等温过程中 G115 钢中 $M_{23}C_6$ 和 Laves 相的析出行为，如图 3-72 所示。可以看出，在等温的初始阶段（小于 600h）$M_{23}C_6$ 的尺寸较大，而在长时等温过程中 Laves 相的尺寸远高于 $M_{23}C_6$ 相。在长时持久实验中，

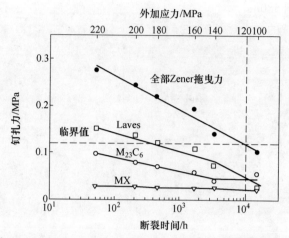

图 3-71　9.5Cr-3.2Co-3.1W-0.45Mo 钢 650℃持久过程中断口

附近 $M_{23}C_6$、Laves 和 MX 对界面钉扎作用的演变[33]

粗化的 Laves 相比 $M_{23}C_6$ 更易作为裂纹源。Painit 和 Lee 对 P91 和 T92 的持久断裂研究[29,34]中也发现此现象。因此控制 Laves 相粗化行为有利于进一步提高 G115 钢的持久强度。

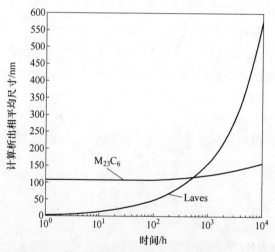

图 3-72　使用 Thermo-Calc 模拟 650℃下 G115 钢中两种相的析出动力学

　　G115 钢中的 Laves 相以 Fe_2W 的形式存在。相分析结果也表明 G115 钢中有少量 W 进入 $M_{23}C_6$ 相中。改变 W 元素含量可以改变两种相的热力学平衡析出量。采用 Thermo-Calc 软件，研究了不同 W 含量 G115 钢在 650℃下的析出动力学，如图 3-73 所示，随 W 含量增加，短期等温后所有钢中 Laves 相的尺寸无明显区别。在 $10^3 \sim 10^4$ h 后，W 含量为 2.96% 的钢中 Laves 相的长大速率相比其他两炉钢更快，10^5h 后已达到 580nm，对亚结构界面所起钉扎作用很弱。同时 $M_{23}C_6$ 相的粗化行为也随 W 含量的增大显著加快。因此，适当降低 W 含量对减缓两种析出相的长大粗化均有效果，对维持长时持久后的组织稳定性是有利的。

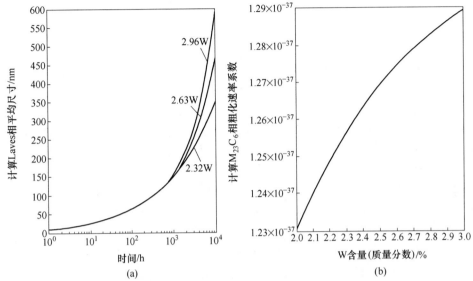

图 3-73　使用 Thermo-Calc 计算不同 W 含量对 650℃ 下的
Laves 相析出动力学和 $M_{23}C_6$ 粗化速率的影响

（a）Laves 相析出动力学；（b）$M_{23}C_6$ 粗化速率的影响

为验证上述计算结果，在 650℃ 下对两炉低 W 元素含量 G115 钢进行了持久实验，实验结果显示 W 含量为 2.96%、2.63% 和 2.32% 的 G115 钢 10^5h 外推持久强度分别为 97MPa、116MPa 和 114MPa。适当降低 W 含量可能导致短时高应力下持久强度下降，但对长时低应力下持久强度的提升是有效的。

参 考 文 献

[1] Yugai S S, Kleiner L M, Shatsov A A, et al. Structural heredity in low-carbon martensitic steels [J]. Metal science and heat treatment, 2004, 46 (11)：539-544.

[2] 邢春林，王曰东. 300MW、600MW 汽轮机材料科研总结及汽轮机材料的研究方向 [J]. 汽轮机技术，1997, 39 (3)：179-184.

[3] 韩利战. X12CrMoWVNbN1011 钢超超临界转子热处理工艺的研究 [D]. 上海：上海交通大学，2012.

[4] 王晓芳. 620℃ 汽轮机转子锻件用钢晶粒细化热处理工艺研究 [J]. 大型铸锻件，2016 (2)：6-9.

［5］ 段宝玉，刘宗昌，王海燕，等 . P92 钢的过冷奥氏体等温转变 ［J］. 金属热处理，2015，40 (11)：29-32.

［6］ Cui J，Kim I S，Kang C Y，et al. Creep stress effect on the precipitation behavior of Laves phase in Fe-10%Cr-6%W alloys ［J］. ISIJ international，2001，41 (4)：368-371.

［7］ Kipelova A，Belyakov A，Kaibyshev R. Laves phase evolution in a modified P911 heat resistant steel during creep at 923K ［J］. Materials Science and Engineering：A，2012，532：71-77.

［8］ Wang X，Xu Q，Yu S，et al. Laves-phase evolution during aging in 9Cr-1.8W-0.5Mo-VNb steel for USC power plants ［J］. Materials Chemistry and Physics，2015，163：219-228.

［9］ Hu P，Yan W，Sha W，et al. Study on Laves phase in an advanced heat-resistant steel ［J］. Frontiers of Materials Science in China，2009，3 (4)：434-441.

［10］ Kipelova A，Belyakov A，Kaibyshev R. The crystallography of $M_{23}C_6$ carbides in a martensitic 9% Cr steel after tempering，aging and creep ［J］. Philosophical Magazine，2013，93 (18)：2259-2268.

［11］ Guo X，Jiang Y，Gong J，et al. The influence of long-term thermal exposure on microstructural stabilization and mechanical properties in 9Cr-0.5Mo-1.8W-VNb heat-resistant steel ［J］. Materials Science and Engineering：A，2016，672：194-202.

［12］ Abe F. Creep rates and strengthening mechanisms in tungsten-strengthened 9Cr steels ［J］. Materials Science and Engineering：A，2001，319：770-773.

［13］ Hong S G，Lee W B，Park C G. The effects of tungsten addition on the microstructural stability of 9Cr-Mo Steels ［J］. Journal of nuclear materials，2001，288 (2)：202-207.

［14］ Dimmler G，Weinert P，Kozeschnik E，et al. Quantification of the Laves phase in advanced 9%~12% Cr steels using a standard SEM ［J］. Materials characterization，2003，51 (5)：341-352.

［15］ Tsuchida Y，Okamoto K，Tokunaga Y. Improvement of creep rupture strength of high Cr ferritic steel by addition of W ［J］. ISIJ international，1995，35 (3)：317-323.

［16］ Xu Y，Wang M，Wang Y，et al. Study on the nucleation and growth of Laves phase in a 10% Cr martensite ferritic steel after long-term aging ［J］. Journal of Alloys and Compounds，2015，621：93-98.

［17］ Karthikeyan T，Paul V T，Saroja S，et al. Grain refinement to improve impact toughness in 9Cr-1Mo steel through a double austenitization treatment ［J］. Journal of Nuclear Materials，2011，419 (1)：256-262.

［18］ 石如星 . 超临界火电机组用 P92 钢组织性能优化研究 ［D］. 北京：钢铁研究总院，2011.

［19］ Hosoi Y，Wade N，Kunimitsu S，et al. Precipitation behavior of laves phase and its effect on toughness of 9Cr-2Mo Ferritic-martensitic steel ［J］. Journal of Nuclear Materials，1986，141：461-467.

［20］ Yan P，Liu Z. Toughness evolution of 9Cr-3W-3Co martensitic heat resistant steel during long time aging ［J］. Materials Science and Engineering：A，2016，650：290-294.

[21] Armaki H G, Chen R, Maruyama K, et al. Creep behavior and degradation of subgrain structures pinned by nanoscale precipitates in strength-enhanced 5 to 12 pct Cr ferritic steels [J]. Metallurgical and Materials Transactions A, 2011, 42 (10): 3084-3094.

[22] Zhong W, Wang W, Yang X, et al. Relationship between Laves phase and the impact brittleness of P92 steel reevaluated [J]. Materials Science and Engineering: A, 2015, 639: 252-258.

[23] Chatterjee A, Chakrabarti D, Moitra A, et al. Effect of normalization temperatures on ductile-brittle transition temperature of a modified 9Cr-1Mo steel [J]. Materials Science and Engineering: A, 2014, 618: 219-231.

[24] Knott J F. Fundamentals of fracture mechanics. Gruppo Italiano Frattura, 1973.

[25] Blach J, Falat L, Ševc P. Fracture characteristics of thermally exposed 9Cr-1Mo steel after tensile and impact testing at room temperature [J]. Engineering Failure Analysis, 2009, 16 (5): 1397-1403.

[26] Baldan A. Review progress in Ostwald ripening theories and their applications to nickel-base superalloys Part I: Ostwald ripening theories [J]. Journal of materials science, 2002, 37 (11): 2171-2202.

[27] Abe F, Tabuchi M, Tsukamoto S M. The Minerals, S. Materials, Alloy Design of Martensitic 9Cr-Boron Steel for A-USC Boiler at 650°C - Beyond Grades 91, 92 and 122. in: Energy Materials 2014 [C]. John Wiley & Sons, 2014: 129-136

[28] Li Q. Precipitation of Fe2W Laves phase and modeling of its direct influence on the strength of a 12Cr-2W steel [J]. Metallurgical and Materials Transactions A, 2006, 37 (1): 89-97.

[29] Lee J S, Armaki H G, Maruyama K, et al. Causes of breakdown of creep strength in 9Cr-1.8 W-0.5Mo-VNb steel [J]. Materials Science and Engineering: A, 2006, 428 (1): 270-275.

[30] 钟群鹏, 赵子华. 断口学 [M]. 北京: 高等教育出版社, 2006.

[31] Sakthivel T, Panneer Selvi S, Parameswaran P, et al. Creep deformation and rupture behaviour of thermal aged P92 steel [J]. Materials at High Temperatures, 2016, 33 (1): 33-43.

[32] Kimura K, Sawada K, Kushima H. Creep rupture ductility of creep strength enhanced ferritic steels [J]. Journal of Pressure Vessel Technology, 2012, 134 (3): 031403.

[33] Fedoseeva A, Dudova N, Kaibyshev R. Creep strength breakdown and microstructure evolution in a 3%Co modified P92 steel [J]. Materials Science and Engineering: A, 2016, 654: 1-12.

[34] Panait C G, Bendick W, Fuchsmann A, et al. Study of the microstructure of the Grade 91 steel after more than 100000h of creep exposure at 600°C [J]. International journal of pressure vessels and piping, 2010, 87 (6): 326-335.

4 G115钢中W和B元素对组织性能的影响

4.1 W对G115钢组织性能的影响

选用G115试验钢成分见表4-1，3炉试验钢代号分别为A1、A2、A3。在时效和持久试验前，试验钢热处理工艺为1100℃正火1h空冷至室温，然后780℃回火3h空冷至室温。用于时效的试验钢在650℃等温炉中时效，时效时间分别为100h、500h、1000h、3000h、5000h和10000h。时效前的试验钢金相组织如图4-1所示，3种试验钢金相组织没有明显差别。

表4-1 试验钢的成分（质量分数）　　　　　　　　　（%）

代号	C	Si	Mn	Cr	W	Co	V	Nb	N	B	Cu
A1	0.081	0.34	0.54	8.98	2.31	3.05	0.21	0.052	0.0088	0.014	0.91
A2	0.082	0.34	0.53	8.96	2.62	3.00	0.20	0.050	0.0090	0.014	0.94
A3	0.080	0.36	0.58	9.03	2.96	3.02	0.20	0.058	0.0087	0.014	0.90

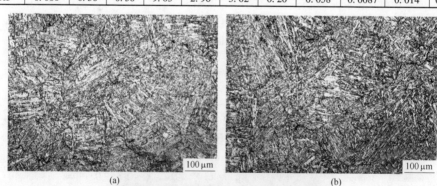

图4-1 三种G115试验钢回火态的金相组织
（a）A1；（b）A2；（c）A3

图 4-2 为 3 种钢回火态的奥氏体晶粒观察，通过 Image-pro-plus 6.0 软件进行统计，每个试样至少统计 200 个奥氏体晶粒。A1、A2 和 A3 试验钢平均晶粒尺寸分别是 45.0μm、47.1μm 和 48.3μm，3 种钢原奥氏体晶粒尺寸略有差别。A1 钢时效 300h 后透射观察微观结构形貌如图 4-3 所示。在时效过程中另准备一批试样，在 650℃下等温时效，每隔一定时间（1~3h）将样品取出，抛光侵蚀后在扫描电镜下观察，直到出现 Laves 相颗粒为止。经测定 A1、A2 和 A3 钢中 Laves 相开始析出时间分别是 33h、31h 和 27h。随 W 含量增加，Laves 相开始析出时间逐渐缩短。

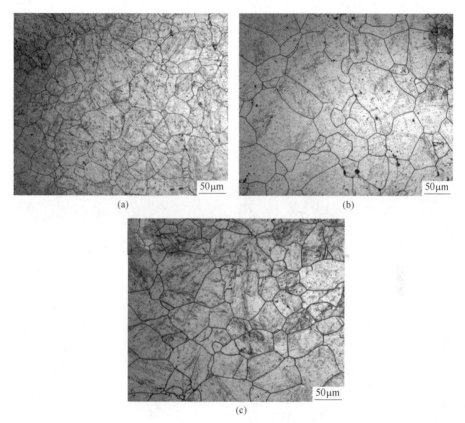

图 4-2　3 种钢回火态下的原始奥氏体晶粒
（a）A1；（b）A2；（c）A3

3 种试验钢时效过程中组织演变 TEM 照片如图 4-4 所示。在时效前期，3 种钢微观结构均为马氏体板条结构，随时效时间增加，马氏体板条结构逐渐粗化。当时效时间到达 3000h 时，发现 A3 钢中部分束状马氏体板条结构转变为多边形的亚晶结构（见图 4-4（f））。当时效时间至 10000h 时，3 种钢中大约 20%~30% 板条结构转变为多边形亚晶结构。

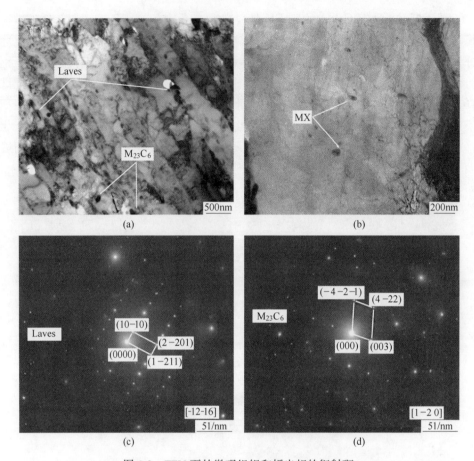

图 4-3　TEM 下的微观组织和析出相的衍射斑

（a），（b）A1 钢在 650℃、300h 后 TEM 图像；（c）Laves 相的 SAED；（d）$M_{23}C_6$ 的 SAED

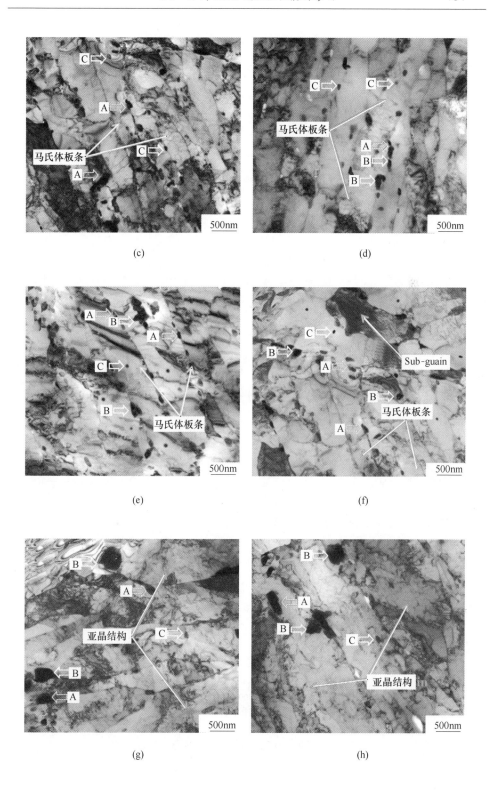

(c)

(d)

(e)

(f)

(g)

(h)

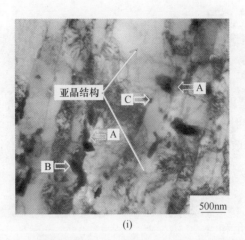

图 4-4　3 种钢在 650℃ 下时效前后马氏体板条的演化

(a) A1, 0h；(b) A2, 0h；(c) A3, 0h；(d) A1, 3000h；(e) A2, 3000h；

(f) A3, 3000h；(g) A1, 10000h；(h) A2, 10000h；(i) A3, 10000h

A—M$_{23}$C$_6$ 碳化物；B—Laves 相颗粒；C—MX 颗粒

　　统计回火马氏体板条宽度时，为保证数据可靠性，在试样不同部位取样进行透射观察，每个试样统计 200～300 个板条束以获得平均板条宽度。回火马氏体板条宽度随时效时间演变情况如图 4-5 所示，A1、A2 和 A3 钢初始板条宽度分别为（297±3）nm、（295±3）nm 和（296±3）nm。在时效过程中，板条宽度随时效时间的延长而增加，且增长速率随着 W 含量的增加而变大，板条的粗化可以分为两个阶段：（1）第一阶段是从 0h 到 1000h 的快速粗化阶段，3 种钢中板条的平均粗化速率分别为 4.3×10^{-2} nm/h、6.1×10^{-2} nm/h 和 7.0×10^{-2} nm/h。时效至

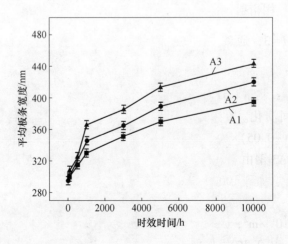

图 4-5　3 种钢在 650℃ 下时效过程中的板条宽度演化

1000h 时，A1、A2 和 A3 钢板条宽度粗化至 (330±5)nm、(345±5)nm 和 (363±5) nm。在此过程中基体中的 W 析出到 Laves 相颗粒中；(2) 第二阶段是时效时间从 1000h 到 10000h，这个过程板条粗化速率相对变缓，平均粗化速率分别为7.0× 10^{-3}nm/h、8.2×10^{-3}nm/h 和 8.7×10^{-3}nm/h，最终到达 10000h 时，A1、A2 和 A3 钢中板条的平均宽度分别为 (394±5)nm、(419±5)nm 和 (442±5)nm。

通过测量样品衍射图像的衍射角和半峰宽并且通过一系列方程，可以计算样品的位错密度。根据改进 Williamson-Hall 方程[1]：

$$K = \frac{2\sin\theta}{\lambda} \tag{4-1}$$

$$\Delta K = \alpha + \beta K C^{1/2} \tag{4-2}$$

式中，θ 和 λ 为衍射角和 X 射线波长；ΔK 为衍射波峰宽度；C 为位错常数因子，可作为方程 (4-2) 中的常数；α 为和晶格尺寸相关的因子。对于每一个测量样品，衍射角从 0° 到 120°，可以获得 4 组衍射峰。所以有 4 组对应的 ΔK 和 K，通过 ΔK 对 K 的线性拟合可以在 ΔK 轴得到 α 的数值。通过选择合适的 α 和衍射参数 (hkl)，由式 (4-3)~式 (4-5) 获得位错密度 ρ[7,8]：

$$\frac{(\Delta K - \alpha)^2}{K^2} = \beta^2 0.285(1 - qH^2) \tag{4-3}$$

$$H^2 = \frac{h^2k^2 + k^2l^2 + l^2h^2}{(h^2 + k^2 + l^2)^2} \tag{4-4}$$

$$\rho = \frac{2\beta^2}{\pi b^2 M^2} \tag{4-5}$$

式中，ΔK、α 和 K 与式 (4-1) 和式 (4-2) 一样；q 为需要试验确定的常数；H^2 可以通过式 (4-4) 用衍射参数 (hkl) 计算；b 为柏氏矢量，这里取 0.25nm；M 为泰勒级数，取 $M=3$，通过 $\frac{(\Delta K - \alpha)^2}{K^2}$ 对 H^2 线性拟合可以在 $\frac{(\Delta K - \alpha)^2}{K^2}$ 轴的截距得到 $0.285\beta^2$，因而就可以通过式 (4-5) 得出位错密度 ρ。

根据上述原理，测量和计算获得的图 4-6 为不同 W 含量 3 种 G115 试验钢位错密度随时效时间演化。在 0h 到 1000h 内，A1 钢位错密度由 (2.6±0.05)× 10^{14}/m^2 降至 (2.1±0.05)×10^{14}/m^2，A2 钢由 (2.7±0.05)×10^{14}/m^2 降至 (2.0± 0.05)×10^{14}/m^2，A3 钢由 (2.8±0.05)×10^{14}/m^2 降至 (2.0±0.05)×10^{14}/m^2。在时效时间由 1000h 增加到 10000h 时，尽管 3 种钢位错密度的降低速率依然不同，但都变缓慢，最终 A1 钢位错密度变为 (1.7±0.05)×10^{14}/m^2，A2 钢位错密度变为 (1.6±0.05)×10^{14}/m^2，A3 钢位错密度变为 (1.4±0.05)×10^{14}/m^2。随着 W 含量 (质量分数) 从 2.3% 增加到 3.0%，位错密度降低速率增加。在时效 1000h 到 10000h 时这种差别更明显。位错回复速率随 W 含量增加而显著提升，这只是

一种测量计算后的现象。

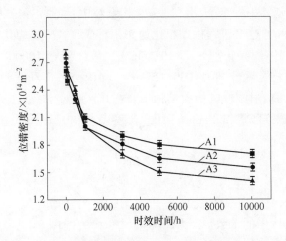

图 4-6　3 种试验钢位错密度在 650℃下随时效时间的演化

　　图 4-7 为时效过程中 3 种试验钢典型微观结构演变 EBSD 图，A1、A2 和 A3 钢在时效前马氏体板条块宽度分别为（0.90±0.05）μm、（0.89±0.05）μm 和（0.88±0.05）μm，而时效 10000h 后 3 种钢马氏体板条块宽度分别为（1.41±0.05）μm、（1.58±0.05）μm 和（1.43±0.05）μm，马氏体板条块的宽度大约是马氏体板条宽度的 2~4 倍。根据 EBSD 图像可统计出大角晶界（HAB，High Angle

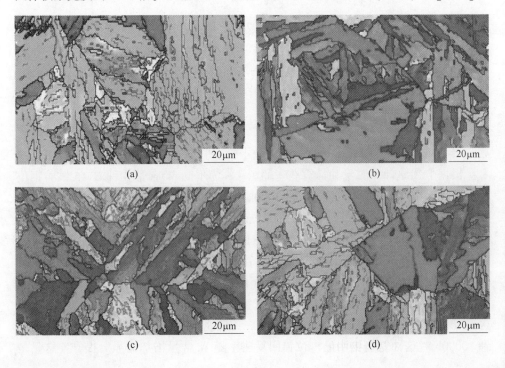

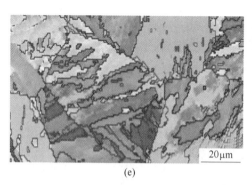
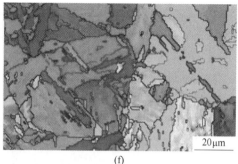

(e)   (f)

图 4-7 3 种钢在时效前后典型微观结构演化 EBSD 图像

（a）A1，0h；（b）A2，0h；（c）A3，0h；（d）A1，10000h；（e）A2，10000h；（f）A3，10000h

Boundary）所占的比例，时效前 A1、A2 和 A3 钢的 HAB 平均占比分别为（26.5±0.1)%、（26.7±0.1)% 和（26.4±0.1)%，时效 10000h 后，3 种钢中 HAB 的占比均略有增加，分别为（28.0±0.1)%、（28.4±0.1)% 和（29.2±0.1)%。这表明在长期时效过程中微观结构的晶体学取向略有变化，说明 G115 钢马氏体板条结构比较稳定。

$M_{23}C_6$ 碳化物和 MX 颗粒可以通过标定衍射斑的方法在 TEM 图片上区分并统计其粒径，Laves 相颗粒由于 W 含量较大，在 SEM 背散射模式下较 $M_{23}C_6$ 碳化物更加明亮，可以通过扫描背散射照片拍摄 Laves 相形貌并统计其尺寸。图 4-8 为时效 100h 和 10000h 后 3 种钢中 Laves 相颗粒的形貌，可以看出 Laves 相颗粒在时效初期形貌不规则，在时效 10000h 后主要呈等轴状。不同样品析出相颗粒平均尺寸随时效的演化过程如图 4-9 所示。

基于 TEM 和 SEM 观察的析出相，采用 Image-pro-plus 6.0 软件进行统计，每种析出相颗粒至少统计 200 个以获得其尺寸平均值。约 70%~80% Laves 相颗粒和 $M_{23}C_6$ 碳化物沿着 HAB 分布，其余大部分沿小角界面板条边界分布，仅 5% 左右析出相颗粒分布于板条内。如图 4-9 所示，A1、A2 和 A3 试验钢中 $M_{23}C_6$ 碳化物在时效前颗粒平均尺寸分别为（87±2)nm、（92±2)nm 和（88±2)nm，而 Laves 相在时效前基本不存在。650℃ 下时效 100h 后，A1、A2 和 A3 试验钢中 Laves 相平均尺寸分别是（121±3)nm、（119±3)nm 和（124±3)nm。在 650℃ 下时效 1000h 之后，A1、A2 和 A3 试验钢中 $M_{23}C_6$ 碳化物尺寸达到（140±3)nm、（137±3)nm 和（145±3)nm，Laves 相颗粒尺寸增至（183±3)nm、（198±3)nm 和（227±3)nm。随着 W 含量从 2.3% 增加到 3.0%，Laves 相颗粒平均尺寸逐渐增加。$M_{23}C_6$ 碳化物尺寸增长趋势随 W 含量变化没有明显区别。在时效时间从 1000h 增加到 10000h 过程中，两种析出相颗粒粗化速率均降低。Laves 相颗粒在高 W 含量的钢中粗化速率大于在低 W 含量钢中的粗化速率，10000h 后 3 种钢中 Laves 相颗粒的最终平

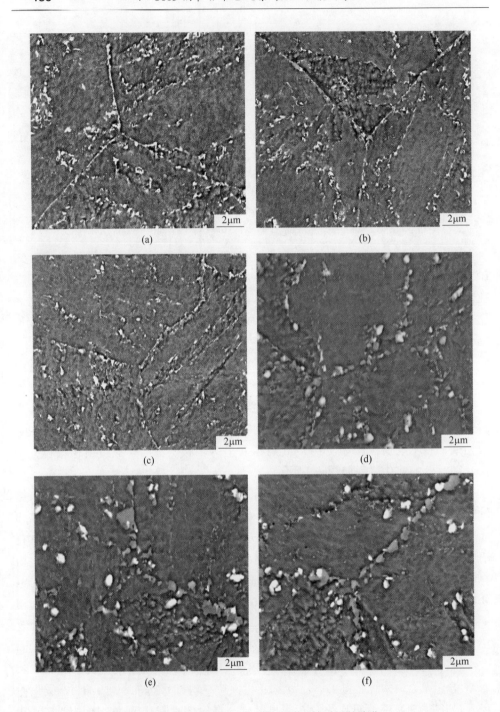

图 4-8　G115 试验钢中 Laves 相随时效时间的演化

（a）A1，100h；（b）A2，100h；（c）A3，100h；（d）A1，10000h；（e）A2，10000h；（f）A3，10000h

均尺寸分别是（253±3）nm、（280±3）nm 和（311±3）nm。时效 10000h 后 $M_{23}C_6$ 碳化物最终平均尺寸分别是（185±3）nm、（189±3）nm 和（192±3）nm。可见 W 含量对 $M_{23}C_6$ 碳化物粗化并无明显影响。影响马氏体板条结构的主要析出相是 $M_{23}C_6$ 和 Laves 相颗粒，这些颗粒主要沿大角晶界分布。在服役过程中这些颗粒粗化显著消耗基体固溶强化元素，析出物颗粒粗化影响其对位错的钉扎，导致位错回复更加容易。位错密度降低使位错钉扎效果减弱，基体板条更容易粗化，且板条粗化速率与析出相的粗化速率密切相关。

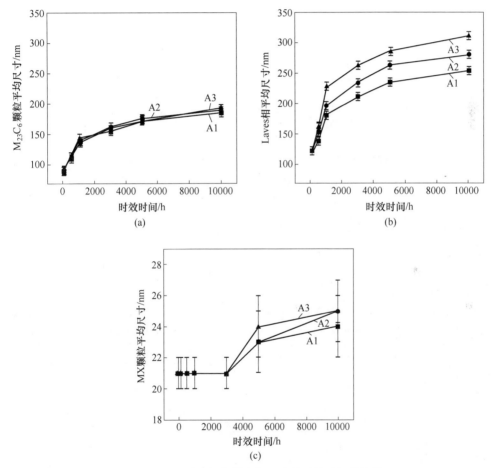

图 4-9 G115 试验钢中析出相尺寸随时效时间的演化

（a）$M_{23}C_6$；（b）Laves 相；（c）MX 颗粒

图 4-9（c）为 3 种钢中 MX 颗粒平均尺寸随时效过程的演化，MX 颗粒尺寸较小，只能通过透射照片统计其平均尺寸。在短期（小于 3000h）时效过程中，MX 颗粒尺寸几乎无变化，为（21±1）nm，当时效时间达到 5000h 之后，MX 颗粒平均尺寸略有增加，为（23±2）nm，时效时间达到 10000h 时，MX 颗粒的平均

尺寸为 (25±2)nm。在 3 种钢中 MX 颗粒尺寸几乎无差别，不受钢中 W 含量的影响。

用 Ostwald 粗化方程来表示 Laves 相颗粒在时效过程中的粗化：

$$r^m - r_0^m = K_d t \tag{4-6}$$

式中，r 和 r_0 为粗化过程和初始时刻颗粒平均半径；K_d 为颗粒粗化系数。据文献[4]报道，9%~12%Cr 马氏体耐热钢沉淀相析出过程主要分为两个阶段：第一阶段是颗粒形核和生长阶段，第二阶段是沉淀相粗化阶段，由晶界扩散控制，相应的系数 m 分别为 3 和 4。3 种钢中 Laves 相粗化系数 K_d 见表 4-2，Laves 相粗化系数随 W 含量增加而增加，降低钢中 W 含量能降低 Laves 相粗化系数。

表 4-2　Laves 相在 3 种钢中的粗化系数

Laves 相颗粒	A1	A2	A3
粗化系数 K_d（时效时间<1000h）	1.6×10^{-28}	2.4×10^{-28}	3.9×10^{-28}
粗化系数 K_d（1000h<时效时间<10000h）	8.1×10^{-36}	1.7×10^{-35}	3.1×10^{-35}

图 4-10 为 3 种试验钢中单位面积内析出相数量密度随时效时间演化。时效前初始阶段，A1、A2 和 A3 钢中 $M_{23}C_6$ 碳化物的数量密度分别是 $(2.5 \pm 0.03) \times 10^{12}/m^2$、$(2.5 \pm 0.03) \times 10^{12}/m^2$ 和 $(2.6 \pm 0.03) \times 10^{12}/m^2$。时效 10000h 后，3 种钢中 $M_{23}C_6$ 碳化物的数量密度变为 $(1.5 \pm 0.03) \times 10^{12}/m^2$、$(1.55 \pm 0.03) \times 10^{12}/m^2$ 和 $(1.5 \pm 0.03) \times 10^{12}/m^2$。时效 100h 后 A1、A2 和 A3 钢中 Laves 相的数量密度分别是 $(1.8 \pm 0.03) \times 10^{12}/m^2$、$(1.8 \pm 0.03) \times 10^{12}/m^2$ 和 $(1.9 \pm 0.03) \times 10^{12}/m^2$。时效 10000h 后 A1、A2 和 A3 钢中 Laves 相的数量密度分别为 $(1.5 \pm 0.03) \times 10^{12}/m^2$、$(1.4 \pm 0.03) \times 10^{12}/m^2$ 和 $(1.3 \pm 0.03) \times 10^{12}/m^2$。时效前，A1、A2 和 A3 钢中 MX 颗粒的平均数量密度几乎相同，分别为 $(5.4 \pm 0.03) \times 10^{12}/m^2$、$(5.5 \pm 0.03) \times$

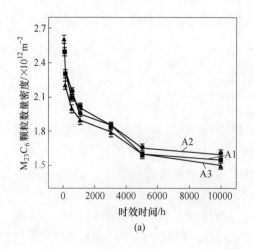

(a)

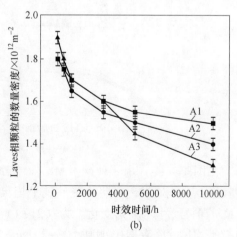

(b)

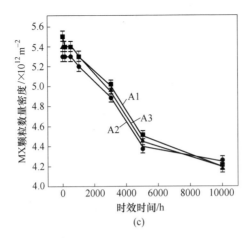

(c)

图 4-10　时效过程中 3 种钢中析出相颗粒数量密度演化

（a）$M_{23}C_6$ 碳化物数量密度；（b）Laves 相颗粒数量密度；（c）MX 颗粒数量密度

$10^{12}/m^2$ 和（5.4 ± 0.03）$\times10^{12}/m^2$。时效 10000h 后，3 种钢中 MX 颗粒的平均数量密度变为（4.2 ± 0.03）$\times10^{12}/m^2$、（4.3 ± 0.03）$\times10^{12}/m^2$ 和（4.25 ± 0.03）$\times 10^{12}/m^2$。

　　3 种试验钢中析出物的体积分数演化如图 4-11 所示。随时效时间增加，$M_{23}C_6$ 体积分数在前 1000h 内由 1.13% 迅速增加到 1.31%，在时效 1000h 到 10000h 过程中体积分数由 1.31% 缓慢增加到 1.44%。回火态钢中 Laves 相的含量只有 0.03% 左右。在时效 100h 后，A1、A2 和 A3 钢中 Laves 相体积分数急剧增加到 1.49%、1.51% 和 1.54%。随时效时间增加，3 种钢中 Laves 相均呈现增加趋势，增幅趋缓。时效 10000h 后，3 种钢中 Laves 相体积分数分别是 1.62%、1.66% 和 1.72%。3 种钢中 MX 颗粒在时效前体积分数大约是 0.18%，在随后的时效过程中缓慢增加，在时效时间 10000h 后，3 种钢中 MX 相的体积分数增加到 0.22%。

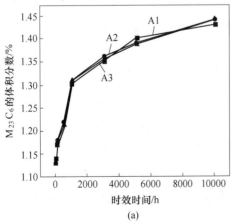

(a)

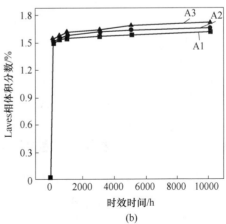

(b)

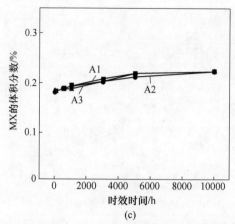

(c)

图 4-11　时效过程中 3 种钢中析出相体积分数演化

（a）$M_{23}C_6$ 体积分数；（b）Laves 相体积分数；（c）MX 体积分数

　　图 4-12 为 3 种钢在 650℃ 下长期时效过程中的韧性变化，A1、A2 和 A3 钢初始阶段冲击功分别是（104±2）J、（107±2）J 和（103±2）J。时效 10000h 后 3 种钢的冲击功分别是（24±1）J、（22±1）J 和（18±1）J。图 4-13 为 3 种钢在不同时效时间后室温拉伸强度变化。在时效 10000h 内，A1 钢的拉伸强度由初始的（798±3）MPa 降至（738±1）MPa，A2 钢的拉伸强度由（804±4）MPa 降至（733±1）MPa，A3 钢的拉伸强度由（805±3）MPa 降至（727±1）MPa。

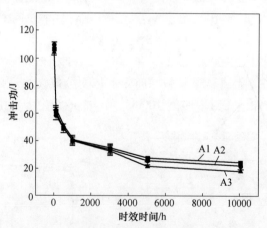

图 4-12　3 种钢在 650℃ 时效过程中的韧性变化

4.2　B 对 G115 钢组织性能的影响

　　关于在 9%~12%Cr 马氏体耐热钢中加入 B 元素可以抑制 $M_{23}C_6$ 粗化问题，已有较多研究，普遍认为 B 元素在正火过程中易在晶界附近富集，在回火过程中

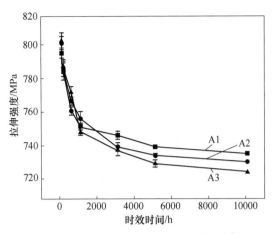

图 4-13 三种钢在时效过程中的强度变化

可进入 $M_{23}C_6$ 中延缓其粗化[5~10]，这个过程示意如图 4-14 所示。为深入研究 B 元素在 G115 钢中的作用，选用 3 种不同 B 元素含量的 G115 试验钢，编号分别为 6 号 (0×10^{-6}B)、7 号 (6×10^{-5}B) 和 8 号 (1.4×10^{-4}B) 钢，试验钢的化学成分见表 4-3。

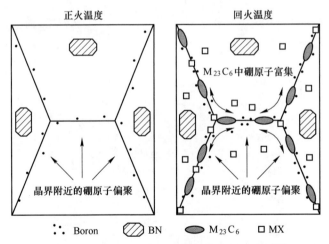

图 4-14 B 在正火和回火过程中分布的示意图[5]

表 4-3 G115 试验钢化学成分 (质量分数) (%)

代号	C	Si	Mn	Cr	W	Co	V	Nb	N	B	Cu
6 号	0.071	0.32	0.53	8.96	2.73	3.01	0.19	0.067	0.0074	0	0.79
7 号	0.069	0.32	0.53	9.02	2.74	3.02	0.20	0.066	0.0075	0.006	0.78
8 号	0.069	0.31	0.52	8.98	2.79	3.03	0.18	0.064	0.0077	0.014	0.78

4.2.1　B在时效过程中对微观结构的影响

对3种试验钢试样进行1100℃正火1h空冷+780℃回火3h空冷热处理，然后在650℃加热炉中等温时效处理，时效时间分别为100h、500h、1000h、3000h和5000h，等温后空冷，对上述试样进行微观结构分析。

图4-15为6号、7号和8号试验钢时效前金相组织照片，这3种试验钢时效前的初始金相组织无明显区别。图4-16是试验钢时效过程中析出相演化SEM-BSE照片，每个图片中的上半部分为二次电子图像、下半部分为背散射图像。在背散射图像中，亮色颗粒为Laves相颗粒，而在二次电子图像中，所有亮色颗粒为$M_{23}C_6$和Laves相的混合颗粒。

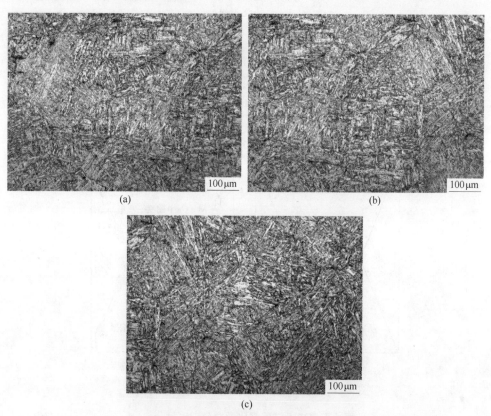

图4-15　试验钢时效前金相组织照片

(a) 6号；(b) 7号；(c) 8号

通过在同一视场下拍摄两种图像，叠加后除去重复亮颗粒即可得到$M_{23}C_6$碳化物，进而统计出两种析出相的尺寸和数量（见图4-17）。图4-17（a）为试验钢$M_{23}C_6$碳化物平均尺寸随时效时间长大规律，随着时效时间的增加，3种钢

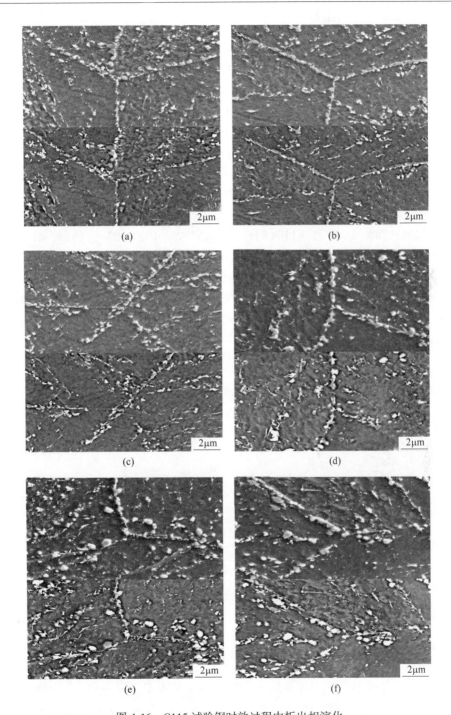

图 4-16　G115 试验钢时效过程中析出相演化

(a) 6 号,100h；(b) 7 号,100h；(c) 8 号,100h；(d) 6 号,5000h；(e) 7 号,5000h；(f) 8 号, 5000h

$M_{23}C_6$ 碳化物粗化速率明显不同。6 号钢中 $M_{23}C_6$ 碳化物粗化最快，7 号钢次之，8 号钢中 $M_{23}C_6$ 碳化物粗化速率最小，并且在时效 1000h 后出现拐点，即 3 种钢在前 1000h 时效过程中 $M_{23}C_6$ 碳化物粗化速率大于随后 4000h 时效过程的粗化速率。6 号钢中 $M_{23}C_6$ 碳化物平均尺寸由回火态的（97±3）nm，增加到 1000h 时效后的（168±3）nm，再到 5000h 时效后的（226±5）nm。7 号钢中 $M_{23}C_6$ 碳化物平均尺寸由回火态的（98±3）nm，增加到 1000h 时效后的（155±3）nm，再到 5000h 时效后的（203±5）nm。8 号钢中 $M_{23}C_6$ 碳化物平均尺寸由回火态的（96±3）nm，增加到 1000h 时效后的（143±3）nm，再到 5000h 时效后的（182±5）nm。由图 4-17（b）可以看出，随时效时间增加，3 种钢中 Laves 相颗粒平均尺寸在前 1000h 时效过程中迅速增加，在后 4000h 时效过程缓慢增加。6 号钢中 Laves 相颗粒平均尺寸由时效 100h 的（110±3）nm 增加到时效 1000h 的（216±3）nm，再到时效 5000h 的（273±5）nm。7 号钢中 Laves 相颗粒平均尺寸由时效 100h 的（113±3）nm 增加到时效 1000h 的（208±3）nm，再到时效 5000h 的（267±5）nm。8 号钢中 Laves 相颗粒平均尺寸由时效 100h 的（112±3）nm 增加到时效 1000h 的（220±3）nm，再到时效 5000h 的（259±5）nm。3 种钢中 Laves 相的粗化规律无明显区别，表明 Laves 相的时效粗化过程基本与 B 含量无关。

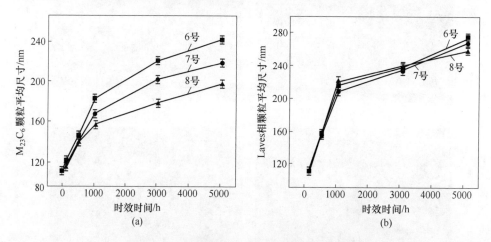

图 4-17　3 种钢在时效过程中析出相尺寸的演化
（a）$M_{23}C_6$ 碳化物；（b）Laves 相颗粒

通过 Ostwald 粗化方程（见方程式（4-6））计算 $M_{23}C_6$ 碳化物在时效过程中的粗化系数。m 是关于析出相长大的系数，受晶格系数控制，这里取 $m=3$。3 种钢中 $M_{23}C_6$ 碳化物的平均粗化系数 K_d 见表 4-4。从表中可以看出，3 种钢在时效过程中 $M_{23}C_6$ 碳化物的平均粗化系数分别为 9.2×10^{-29}、6.5×10^{-29} 和 4.5×10^{-29}，可见随着 B 含量的增加 $M_{23}C_6$ 碳化物的平均粗化系数降低。

表 4-4 $M_{23}C_6$ 碳化物在 3 种钢中的粗化系数 K_d

$M_{23}C_6$ 颗粒	6 号	7 号	8 号
粗化系数 K_d	9.2×10^{-29}	6.5×10^{-29}	4.5×10^{-29}

图 4-18 为 3 种试验钢时效过程中马氏体板条的 TEM 图，随着时效时间增加，3 种钢中马氏体板条逐渐粗化。图 4-19（a）为马氏体板条粗化的平均尺寸，从图中可以看出，3 种钢中马氏体板条在时效前 1000h 的粗化速率略大于后 4000h 的粗化速率，并且随着 B 含量的增加，马氏体板条的粗化速率逐渐降低，6 号钢的粗化速率最大，8 号钢的粗化速率最小。6 号钢的平均马氏体板条宽度由初始的（288±3）nm，增加到时效 1000h 后的（340±5）nm，时效 5000h 后，增加到（381±5）nm。7 号钢的平均马氏体板条宽度由初始的（292±3）nm，增加到时效 1000h 后的（332±5）nm，时效 5000h 后，增加到（363±5）nm。8 号钢的平均马氏体板条宽度由初始的（284±3）nm，增加到时效 1000h 后的（324±5）nm，时效 5000h 后，增加到（348±5）nm。马氏体板条的粗化规律和 $M_{23}C_6$ 碳化物的粗化规律相似。

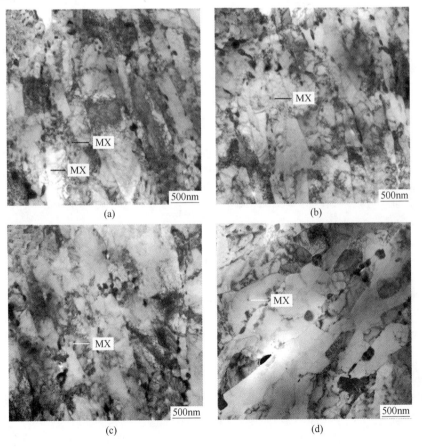

(a)　　　　　　　　　　(b)

(c)　　　　　　　　　　(d)

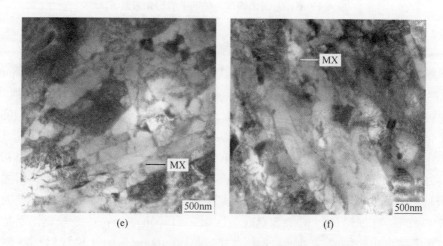

图 4-18　3 种钢在时效过程中马氏体板条的演化

（a）6 号,0h；（b）7 号,0h；（c）8 号,0h；（d）6 号,5000h；（e）7 号,5000h；（f）8 号,5000h

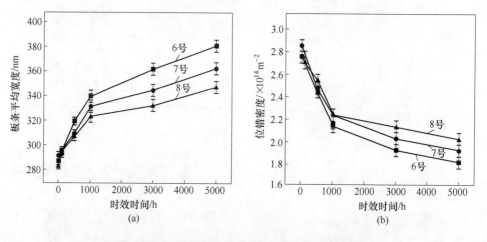

图 4-19　马氏体板条和位错在时效过程中的演化

（a）板条宽度演化；（b）位错密度演化

　　图 4-19（b）为不同 B 含量的 3 种 G115 钢的位错密度随着时效时间的演化。前 1000h 内的降低速率大于后 4000h 的降低速率，6 号钢位错密度的降低速率在 3 种钢中最大，8 号钢的降低速率最小。6 号钢的位错密度由初始时刻的 $(2.7\pm0.05)\times10^{14}/m^2$，快速降低到时效 1000h 后的 $(2.1\pm0.05)\times10^{14}/m^2$，而后缓慢降低到时效 5000h 后 $(1.8\pm0.05)\times10^{14}/m^2$。7 号钢的位错密度由初始时刻的 $(2.8\pm0.05)\times10^{14}/m^2$，快速降低到时效 1000h 后的 $(2.2\pm0.05)\times10^{14}/m^2$，

而后缓慢降低到时效 5000h 后 $(1.9\pm0.05)\times10^{14}/m^2$。8 号钢的位错密度由初始时刻的 $(2.7\pm0.05)\times10^{14}/m^2$，快速降低到时效 1000h 后的 $(2.2\pm0.05)\times10^{14}/m^2$，而后缓慢降低到时效 5000h 后 $(2.0\pm0.05)\times10^{14}/m^2$。另外如图 4-18 所示，在 TEM 图中可以统计 MX 颗粒的平均尺寸，在短期时效范围内，随着时效时间增加，3 种钢中 MX 的平均尺寸均约为 (22 ± 2) nm，未发现明显粗化，说明 B 含量对 MX 颗粒的粗化几乎不产生影响。至于长期时效过程中，B 含量的不同是否会对 MX 颗粒粗化产生影响尚待研究。

图 4-20 为 3 种钢时效前后的 EBSD 图。时效前 3 种钢中的马氏体板条块宽度分别为 $(0.82\pm0.05)\mu m$、$(0.85\pm0.05)\mu m$ 和 $(0.88\pm0.05)\mu m$。在 650℃时效 5000h 后，3 种钢的马氏体板条块的宽度分别为 $(1.24\pm0.05)\mu m$、$(1.18\pm0.05)\mu m$ 和 $(1.06\pm0.05)\mu m$。可见随着 B 含量增加，时效过程中马氏体板条块的粗化速率会有所减小。

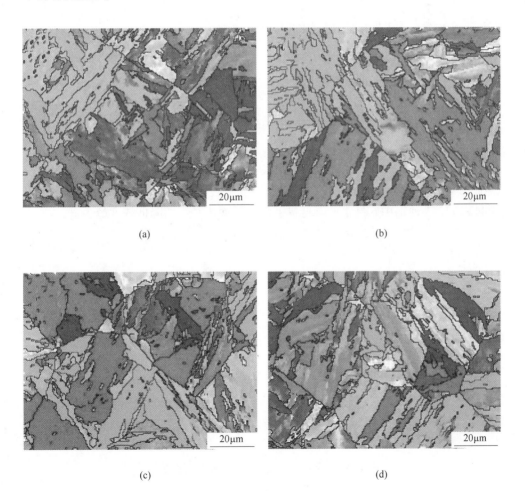

(a)　　　　　　　　　　　　　　　　(b)

(c)　　　　　　　　　　　　　　　　(d)

图 4-20　3 种钢时效前后的 EBSD 图

(a) 6 号,0h；(b) 7 号,0h；(c) 8 号,0h；(d) 6 号,5000h；(e) 7 号,5000h；(f) 8 号,5000h

4.2.2　B 对性能及抑制碳化物粗化机制影响

图 4-21 中为 3 种钢在时效过程中冲击韧性和室温拉伸强度变化，在时效前 1000h 内，3 种钢的冲击功迅速下降，由初始的（104±2）J 降低为（33±2）J，在随后 4000h 时效过程中缓慢下降，到时效 5000h 时，冲击功为（19±2）J。在时效前 1000h 内，3 种钢的拉伸强度降低速率较大，在后 4000h 时效过程中降低速率较小。初始时 6 号、7 号和 8 号试验钢的拉伸强度分别为（802±3）J、（795±3）J 和（799±3）J，时效 1000h 后 3 种钢的拉伸强度分别为（760±2）J、（761±2）J 和（765±2）J，到时效 5000h 后，3 种钢的拉伸强度变为（735±2）J、（739±2）J 和（744±2）J。3 种钢中 6 号钢的降低幅度最大，而 8 号钢的降低幅度最小。

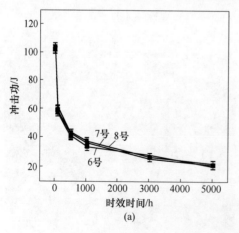

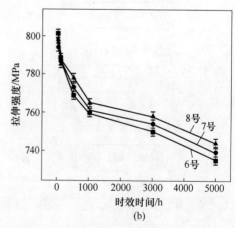

图 4-21　3 种钢在时效过程中韧性及强度变化

（a）冲击韧性；（b）拉伸强度

对 3 种钢时效试样进行萃取，获得纯 $M_{23}C_6$ 粉末，其化学成分分析结果列于表 4-5~表 4-7。从表 4-6 和表 4-7 中可见，7 号钢和 8 号钢中的 $M_{23}C_6$ 碳化物部分 C 原子已被 B 原子取代。

表 4-5　6 号 G115 钢在 650℃不同时效时间下 $M_{23}C_6$ 的相组成结构式

时效时间/h	$M_{23}C_6$ 的相组成结构式
回火态	$(Fe_{0.242}Cr_{0.653}W_{0.049}Co_{0.009}Nb_{痕}V_{痕})_{23}(C_{0.999}B_{痕})_6$
100	$(Fe_{0.239}Cr_{0.657}W_{0.058}Co_{0.009}Nb_{痕}V_{痕})_{23}(C_{0.998}B_{痕})_6$
500	$(Fe_{0.238}Cr_{0.664}W_{0.062}Co_{0.009}Nb_{痕}V_{痕})_{23}(C_{0.999}B_{痕})_6$
1000	$(Fe_{0.232}Cr_{0.669}W_{0.065}Co_{0.008}Nb_{痕}V_{痕})_{23}(C_{0.997}B_{痕})_6$
3000	$(Fe_{0.227}Cr_{0.677}W_{0.067}Co_{0.008}Nb_{痕}V_{痕})_{23}(C_{0.998}B_{痕})_6$
5000	$(Fe_{0.229}Cr_{0.678}W_{0.066}Co_{0.008}Nb_{痕}V_{痕})_{23}(C_{0.997}B_{痕})_6$

表 4-6　7 号 G115 钢在 650℃不同时效时间下 $M_{23}C_6$ 的相组成结构式

时效时间/h	$M_{23}C_6$ 的相组成结构式
回火态	$(Fe_{0.245}Cr_{0.644}W_{0.048}Co_{0.008}Nb_{痕}V_{痕})_{23}(C_{0.926}B_{0.074})_6$
100	$(Fe_{0.245}Cr_{0.647}W_{0.049}Co_{0.009}Nb_{痕}V_{痕})_{23}(C_{0.913}B_{0.087})_6$
500	$(Fe_{0.238}Cr_{0.662}W_{0.053}Co_{0.009}Nb_{痕}V_{痕})_{23}(C_{0.914}B_{0.086})_6$
1000	$(Fe_{0.231}Cr_{0.668}W_{0.065}Co_{0.008}Nb_{痕}V_{痕})_{23}(C_{0.915}B_{0.085})_6$
3000	$(Fe_{0.224}Cr_{0.675}W_{0.066}Co_{0.008}Nb_{痕}V_{痕})_{23}(C_{0.923}B_{0.077})_6$
5000	$(Fe_{0.223}Cr_{0.677}W_{0.067}Co_{0.008}Nb_{痕}V_{痕})_{23}(C_{0.922}B_{0.078})_6$

表 4-7　8 号 G115 钢在 650℃不同时效时间下 $M_{23}C_6$ 的相组成结构式

时效时间/h	$M_{23}C_6$ 的相组成结构式
回火态	$(Fe_{0.244}Cr_{0.647}W_{0.048}Co_{0.009}Nb_{痕}V_{痕})_{23}(C_{0.844}B_{0.156})_6$
100	$(Fe_{0.238}Cr_{0.652}W_{0.058}Co_{0.008}Nb_{痕}V_{痕})_{23}(C_{0.850}B_{0.150})_6$
500	$(Fe_{0.236}Cr_{0.665}W_{0.065}Co_{0.008}Nb_{痕}V_{痕})_{23}(C_{0.837}B_{0.163})_6$
1000	$(Fe_{0.233}Cr_{0.671}W_{0.068}Co_{0.009}Nb_{痕}V_{痕})_{23}(C_{0.848}B_{0.152})_6$
3000	$(Fe_{0.227}Cr_{0.679}W_{0.072}Co_{0.008}Nb_{痕}V_{痕})_{23}(C_{0.828}B_{0.172})_6$
5000	$(Fe_{0.235}Cr_{0.674}W_{0.071}Co_{0.008}Nb_{痕}V_{痕})_{23}(C_{0.826}B_{0.174})_6$

　　由相分析结果可知，因6号钢中没有添加B元素，其$M_{23}C_6$不含B，基体中也无B元素。7号钢$M_{23}C_6$中含有大约0.22%B，是钢中加入B含量（$6×10^{-5}$）的36倍。8号钢$M_{23}C_6$中含有大约0.56%B，是钢中加入B含量（$1.4×10^{-4}$）的40倍。对电解掉的基体溶液也进行了B含量测定，测定结果为（$1～2$）$×10^{-5}$。由于7号和8号钢中分别加入$6×10^{-5}$和$1.4×10^{-4}$的B，这些B大量富集在$M_{23}C_6$碳化物中，使得7号和8号钢中$M_{23}C_6$碳化物中的B含量分别达到了$2.2×10^{-3}$和$5.6×10^{-3}$。而基体中残留的B含量只有（$1～2$）$×10^{-5}$。可见G115钢中的B元素是大量富集在$M_{23}C_6$中。根据表4-6中的相组成结构式，7号钢$M_{23}C_6$中部分C被B取代，大约每12个C原子有1个C原子被B原子所取代，取代后的相组成结构式为$M_{23}C_{5.5}B_{0.5}$。根据表4-7中的相组成结构式，8号钢$M_{23}C_6$中有更多的C原子被B原子所取代，大约每6个C原子中有1个C原子被B原子所取代，取代后的相组成结构式为$M_{23}C_5B_1$。$M_{23}C_6$的主要成分为$Cr_{23}C_6$，为简化研究，一律把$M_{23}C_6$简化为$Cr_{23}C_6$。$Cr_{23}C_6$的晶胞结构如图4-22所示。

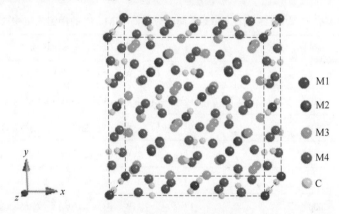

图4-22　$Cr_{23}C_6$的晶体结构[7]

　　在马氏体耐热钢中$Cr_{23}C_6$与马氏体基体的位向关系为：$(111)Cr_{23}C_6$//(011)马氏体基体，$[10\bar{1}]Cr_{23}C_6$//$[11\bar{1}]$马氏体基体[11]。$Cr_{23}C_6$的晶格常数为1.06214nm[12]；马氏体基体为体心正方结构，可近似的看成是体心立方结构，晶格常数为0.28665nm[13]。当材料中加入B时，B原子会进入到$Cr_{23}C_6$中替代部分的C原子，这在上述相分析结果中已得到证实。由于B原子尺寸大于C原子，以B代C会导致$Cr_{23}C_6$晶格畸变，$Cr_{23}C_6$的晶格常数增加，在马氏体基体界面处的面间距增加，不利于$Cr_{23}C_6$颗粒从基体中吸收原子继续粗化长大，从而$Cr_{23}C_6$的粗化受到抑制。本实验中6号、7号和8号钢在650℃下时效过程中$M_{23}C_6$碳化物的粗化系数分别是$9.2×10^{-29}$、$6.5×10^{-29}$和$4.5×10^{-29}$，这也恰恰说明随着B含量的增加，钢中$M_{23}C_6$碳化物的粗化受到抑制。

4.2.3 B 对 G115 钢高温热塑性影响

实际生产中 G115 钢小口径管材在 1150~1200℃下高速热穿孔时，热塑性差，即在高温和大变形速率下 G115 钢热塑性较低。文献［9］、［14］、［15］指出含 B 耐热钢在 1000~1200℃正火过程中 B 原子会在原奥氏体晶界偏聚，在接下来的 750~800℃回火过程中，B 会富集在晶界析出的 $M_{23}C_6$ 碳化物上。徐庭栋[15]的研究认为高温下 B 元素沿晶界非平衡偏聚会造成材料脆性断裂。由于 G115 马氏体耐热钢含 B 量相对较高，达到 1.4×10^{-4} 左右，较高 B 含量是否是造成其高温塑性差的原因，本节对其研究过程进行介绍。设计实验如图 4-23 所示，热模拟试样取自锻态 G115 钢。

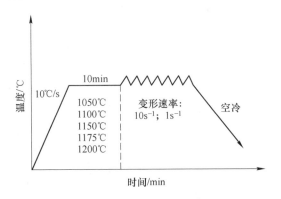

图 4-23 G115 试验钢热模拟试验工艺

3 种试验钢原始金相组织如图 4-24 所示，3 种试验钢原始金相组织未见明显差别。3 种试验钢热模拟实验不同应变速率下的试样宏观断口形貌照片分别如图 4-25 和图 4-26 所示。

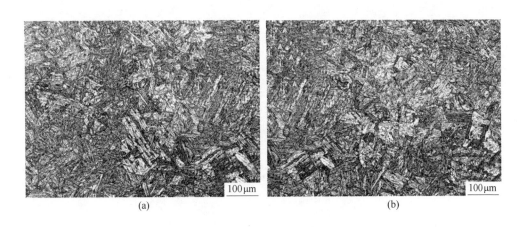

(a)   (b)

(c)

图 4-24　G115 3 种钢原始金相组织
（a）6 号钢；（b）7 号钢；（c）8 号钢

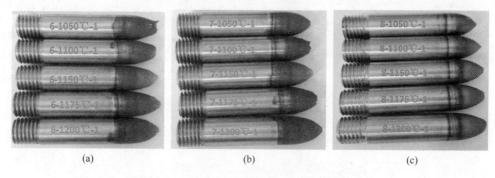

(a)　　　　　　　　　　　(b)　　　　　　　　　　　(c)

图 4-25　3 种钢在应变速率为 1s^{-1} 拉伸后试样
（a）6 号钢；（b）7 号钢；（c）8 号钢

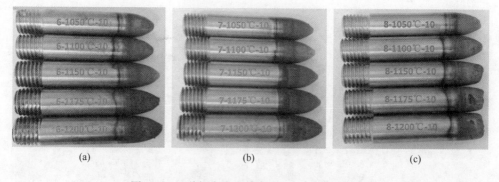

(a)　　　　　　　　　　　(b)　　　　　　　　　　　(c)

图 4-26　3 种钢在应变速率为 10s^{-1} 拉伸后试样
（a）6 号钢；（b）7 号钢；（c）8 号钢

　　从图 4-25 和图 4-26 中可以看出，6 号、7 号和 8 号钢以 1s⁻¹变形速率在不同温度拉伸时，断口均呈现颈缩现象。而以 10s⁻¹变形速率在不同温度拉伸时，6 号和 7 号钢断口呈现颈缩现象，8 号钢在 1050℃和 1100℃下断口呈现颈缩现象，而在 1150℃、1175℃和 1200℃下拉伸时，断口处几乎未发生颈缩，表明在此温度区间及变形速率下，材料的热塑性较差。

　　3 种钢在不同应变速率下的应力-应变曲线如图 4-27 和图 4-28 所示，可以看出，同一材料，在同一应变速率下，温度越高，材料在拉伸过程中的峰值应力越小。图 4-29 为 3 种钢在两种不同应变速率下断面收缩率和伸长率曲线。当应变

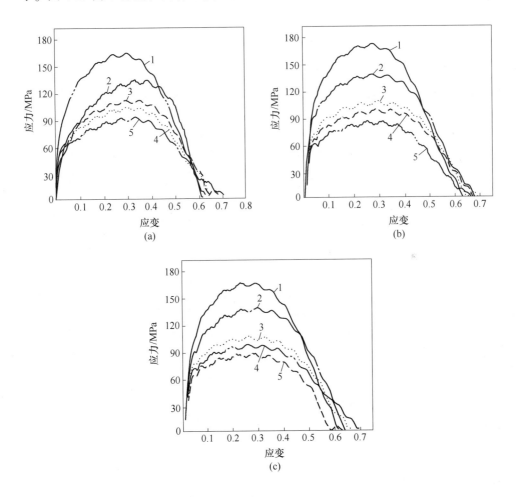

图 4-27　3 种钢在应变速率为 1s⁻¹时的应力-应变曲线

(a) 6 号钢；(b) 7 号钢；(c) 8 号钢

1—1050℃；2—1100℃；3—1150℃；4—1175℃；5—1200℃

速率为 1s⁻¹ 时，3 种钢各温度下断面收缩率均在 70%~90% 之间。当应变速率为 10s⁻¹ 时，1050℃ 和 1100℃ 拉伸时 3 种钢断面收缩率和伸长率相当，1150℃、1175℃ 和 1200℃ 拉伸时，6 号钢和 7 号钢的断面收缩率为 70%~85%，8 号钢的断面收缩率明显降低，为 20%~45%。同样地，当应变速率为 1s⁻¹ 时，3 种钢不同温度下的伸长率无明显差别，伸长率在 7.5%~11%。当应变速率为 10s⁻¹ 时，在 1050℃ 和 1100℃ 下 3 种钢的伸长率无明显差别，在 1150℃、1175℃ 和 1200℃ 下 6 号钢和 7 号钢的伸长率为 7%~10%，8 号钢的伸长率明显降低，为 3%~5%。3 种试验钢试样的断口形貌扫描图像如图 4-30~图 4-32 所示。

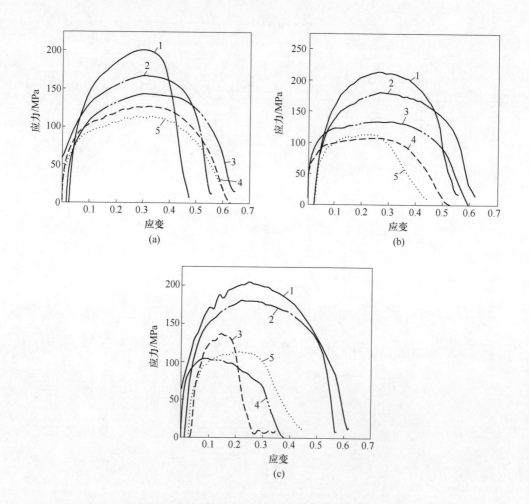

图 4-28　3 种钢在应变速率为 10s⁻¹ 时的应力应变曲线

(a) 6 号钢；(b) 7 号钢；(c) 8 号钢

1—1050℃；2—1100℃；3—1150℃；4—1175℃；5—1200℃

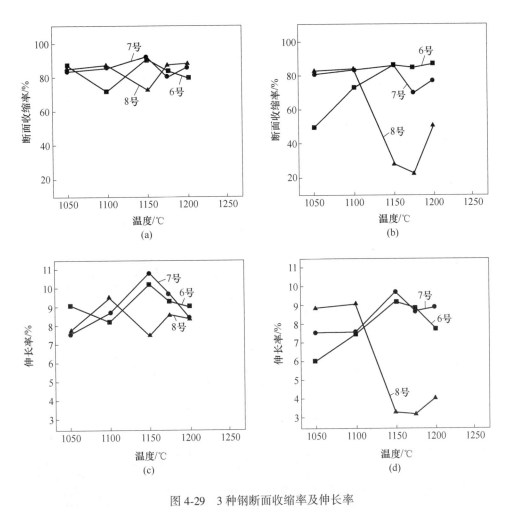

图 4-29 3 种钢断面收缩率及伸长率

(a) 断面收缩率，1s⁻¹；(b) 断面收缩率，10s⁻¹；(c) 伸长率，1s⁻¹；(d) 伸长率，10s⁻¹

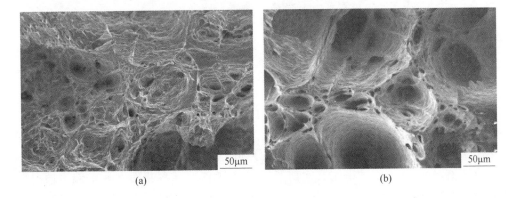

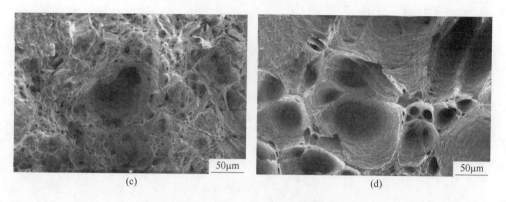

图 4-30　6 号钢的断口形貌

(a) 1100℃, 1s^{-1}; (b) 1175℃, 1s^{-1}; (c) 1100℃, 10s^{-1}; (d) 1175℃, 10s^{-1}

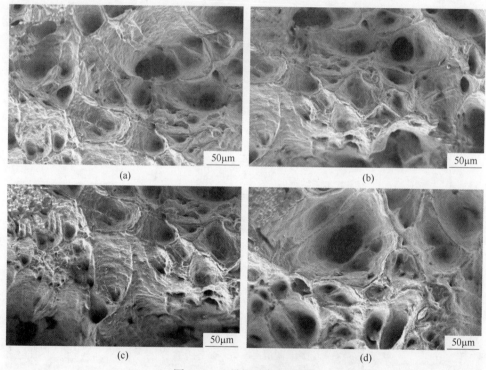

图 4-31　7 号钢的断口形貌

(a) 1100℃, 1s^{-1}; (b) 1175℃, 1s^{-1}; (c) 1100℃, 10s^{-1}; (d) 1175℃, 10s^{-1}

　　为解释 3 种钢在 1175℃ 应变速率为 10s^{-1} 时试样断口形貌的差异，对热模拟拉伸实验后试样断口剖面进行表征分析，将 3 种试验钢在应变速率 10s^{-1} 实验温度 1175℃ 热拉伸变形后试样剖开切片，分别用 10g FeCl$_3$+30mL HCl+120mL H$_2$O 混合溶液浸蚀 20~30s，采用二次离子质谱（SIMS）观测断面上元素偏聚情况，检测结果如图 4-33 所示。图 4-33(a)、(c)和(e)显示 3 种试验钢晶界，图 4-33(b)、

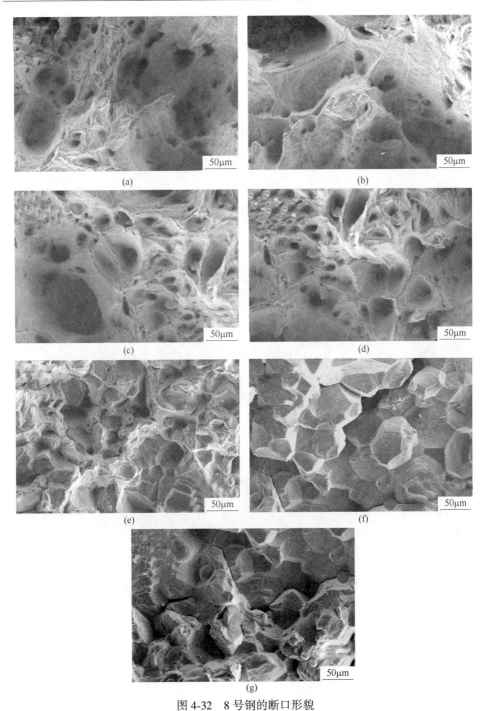

图 4-32 8 号钢的断口形貌

(a) 1100℃,1s^{-1}; (b) 1175℃,1s^{-1}; (c) 1050℃,10s^{-1}; (d) 1100℃,10s^{-1};

(e) 1150℃,10s^{-1}; (f) 1175℃,10s^{-1}; (g) 1200℃,10s^{-1}

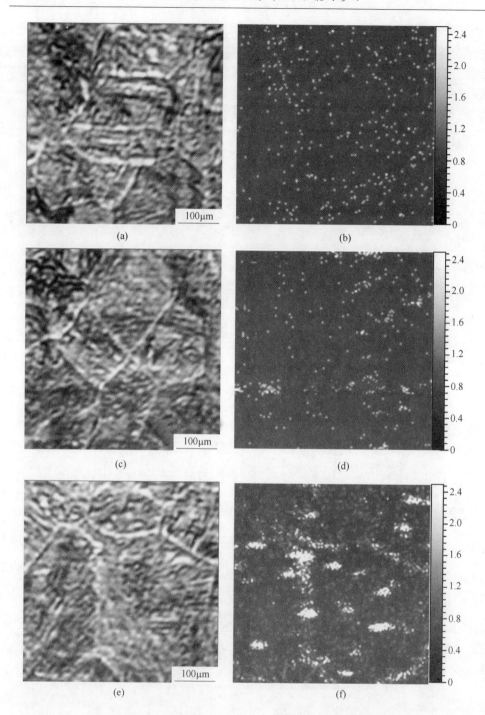

图 4-33　二次离子质谱观测 3 种钢 B 元素沿奥氏体晶界的偏聚

(a) 6 号钢晶界；(b) 6 号钢 B 偏聚；(c) 7 号钢晶界；(d) 7 号钢 B 偏聚；

(e) 8 号钢晶界；(f) 8 号钢 B 偏聚

（d）和（f）则为 3 种试验钢 B 元素分布情况。图 4-33 中最右边条形图显示的是 B 元素的原子密度，B 元素密度越高则该区域就越明亮。从图 4-33（b）、（d）和（f）可见，6 号钢奥氏体晶界无 B 元素偏聚，7 号钢奥氏体晶界也未见 B 元素偏聚，8 号钢奥氏体晶界则明显有 B 元素偏聚，图 4-33（f）中亮斑区域和图 4-33（e）中试验钢的原奥氏体晶界基本重合，说明 B 元素在高温高应变速率下沿原奥氏体晶界偏聚，导致 G115 钢高温塑性下降。

为研究高 B 含量的 8 号试验钢在 1175℃不同应变速率（$10s^{-1}$ 和 $1s^{-1}$）下断口形貌差异的问题，设计如下实验：先将含 B 的 7 号和 8 号试样在 1175℃保温 10min，然后分别以应变速率 $10s^{-1}$、$5s^{-1}$、$1s^{-1}$、$0.1s^{-1}$、$0.01s^{-1}$、$0.001s^{-1}$ 和 $0.0001s^{-1}$ 进行热模拟拉伸实验，将经上述实验后试样用二次离子质谱仪器进行 B 元素分布表征，定义 L 为视场内测得的有 B 元素偏聚的晶界总长，L_0 为同一视场内晶界总长度，L/L_0 比值虽然不能精确量化 B 原子沿晶界的偏聚量，但可用来说明 B 偏聚量的差别。两种试验钢的 L/L_0 统计结果如图 4-34 所示。

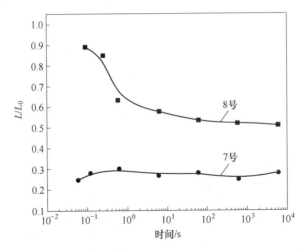

图 4-34　7 号和 8 号钢试样 B 元素沿晶界偏聚随应变时间的变化

由图 4-34 可以看出，8 号钢试样当变形速率较大（$10s^{-1}$ 和 $5s^{-1}$）时，变形时间较短，B 元素的晶界偏聚程度较大，L/L_0 接近 0.88。在较小变形速率下（$\leqslant1s^{-1}$）时，变形时间较长，B 元素的晶界偏聚程度较低，L/L_0 在 0.53 左右。此现象与徐庭栋[15]的研究结果相似，B 元素沿晶界的偏聚存在临界时间，本实验中 G115 钢的临界时间估算约为 0.1～0.5s，当等温变形时间超过此临界时间后，B 元素沿晶界的偏聚程度随着时间的增加而降低。此种现象可通过 B 原子-空位复合体的非平衡偏聚理论解释，当应变速率较大时，试样内部短时间内产生大量过饱和空位，空位与 B 原子形成复合体，该复合体在高温快速变形过程中快速向晶界扩散，并在晶界附近分解，导致 B 原子沿晶界富集，使得晶界处 B 含量超过晶界平衡 B 原子含量，即产生了 B 元素沿晶界的非平衡偏聚。在低应变速率情况下，虽然 B 原子-空位复合体也会向晶界扩散，但由于变形时间较长，空位和 B 原子有足够时间在晶内扩散分解，超过了 B 原子沿晶界非平衡偏聚获得最大值的临界时间[16,17]，因此 B 原子沿晶界偏聚程度较弱，表现为 L/L_0 较低。从图 4-34 中可以得出高 B 含量的 8 号试验钢在 1175℃时晶界 B 平衡含量 L/L_0 接近 0.5。根据徐庭栋[15]的研究结论，当晶界偏析元素的非平衡偏聚含量超过该元素在晶界的平衡含量时，就会诱发材料在变形过程中产生脆性断裂。当高 B 含量的 8 号试验钢样品在 1175℃和变形速率 $10s^{-1}$ 进行拉伸时，材料呈现出脆性断裂特征。由于 7 号试验钢 B 元素含量较小，无论在大应变速率还是小应变速率下，其 B 元素的晶界偏聚程度都较小，L/L_0 在 0.2~0.4 之间，低于在 1175℃时晶界 B 平衡含量 L/L_0 接近 0.5，7 号试验钢在高温下拉伸均为韧性断裂。上述分析仅是一种对现象的解释，正确与否尚需进一步实验验证。

参 考 文 献

[1] Ungar T, Borbely A. The effect of dislocation contrast on X-ray line broadening: A new approach to line profile analysis [J]. Applied Physics Letters, 1996, 69 (21): 3173-3180.

[2] Takebayashi S, Kunieda T, Yoshinaga N, et al. Comparison of the dislocation density in martensitic steels evaluated by some X-ray diffraction methods [J]. ISIJ international, 2010, 50 (6): 875-882.

[3] Hajyakbary F, Sietsma J, Böttger A J, et al. An improved X-ray diffraction analysis method to characterize dislocation density in lath martensitic structures [J]. Materials Science and Engineering: A, 2015, 639: 208-218.

[4] Lee J S, Armaki H G, Maruyama K, et al. Causes of breakdown of creep strength in 9Cr-1.8W-0.5Mo-VNb steel [J]. Materials Science and Engineering: A, 2006, 428 (1-2): 270-275.

[5] Abe F, Taneike M, Sawada K. Alloy design of creep resistant 9Cr steel using a dispersion of nano-sized carbonitrides [J]. International Journal of Pressure Vessels & Piping, 2007, 84 (1): 3-12.

[6] Abe F. Bainitic and martensitic creep-resistant steels [J]. Current Opinion in Solid State and Materials Science, 2004, 8 (3-4): 305-311.

[7] Hald J, Korcakova L. Precipitate stability in creep resistant ferritic steels - experimental investigations and modelling [J]. ISIJ International, 2003, 43 (3): 420-427.

[8] Abe F, Tabuchi M, Tsukamoto S. Mechanisms for boron effect on microstructure and creep strength of ferritic power plant steels [J]. Energy Materials, 2012, 4 (4): 166-175.

[9] Liu F, Fors D, Golpayegani A, et al. Effect of boron on carbide coarsening at 873K (600℃) in 9 to 12 pct chromium steels [J]. Metallurgical and Materials Transactions A, 2012, 43 (11):

4053-4062.

[10] Hattestrand M, Andren H O. Boron distribution in 9% ~ 12% chromium steels [J]. Materials Science and Engineering: A, 1999, 270 (1): 33-37.

[11] Kuo K H, Jia C L. Crystallography of $M_{23}C_6$ and M_6C precipitated in a low-alloy steel [J]. Acta Metallurgical, 1985, 33 (6): 991-996.

[12] Wiengmoon A, Chairuangsri T, Brown A, et al. Microstructural and crystallographical study of carbides in 30 wt. %Cr cast irons [J]. Acta Materialia, 2005, 53 (15): 4143-4154.

[13] 雍岐龙. 钢铁材料中的第二相 [M]. 北京: 冶金工业出版社, 2006.

[14] Jeong E H, Park S G, Kim S H, et al. Evaluation of the effect of B and N on the microstructure of 9Cr-2W steel during an aging treatment for SFR fuel cladding tubes [J]. Journal of Nuclear Materials, 2015, 467: 527-533.

[15] 徐庭栋. 非平衡晶界偏聚动力学和晶间脆性断裂 [M]. 北京: 科学出版社, 2006.

[16] 张灶利, 刘登科. 超低碳钢等温过程中杂质的晶界偏聚研究 [J]. 材料热处理学报, 1999 (2).

[17] He X L, Chu Y Y, Jonas J J. Grain boundary segregation of boron during continuous cooling [J]. Acta Metallurgical, 1989, 37 (1): 147-161.

5 G115钢中Cu元素

5.1 G115钢中Cu元素的多尺度表征

G115钢添加1.0%Cu元素，由于Cu在制样中可能会出现优先腐蚀现象和富Cu析出相尺寸过小而导致仪器检出困难[1]，G115钢中Cu元素的存在形式、分布状态及作用机制等关键问题需要系统研究。Hättestrand[2]采用APFIM对P122钢（含0.87%Cu）中Cu的表征结果为回火态时基体中Cu含量为0.37%，说明P122钢在回火态时已形成富Cu团簇或析出相，随时效进行基体中Cu含量不断下降，至时效10000h时基体中Cu含量仅为0.08%。图5-1为采用STEM所得含Cu 1.03%的G115钢经650℃时效8000h处理试样的低倍HADDF-STEM图，试样的薄区采用电解双喷减薄方法制备，试样薄区出现很多黑色空洞，可能是制样过程中析出相剥落，该区域后续分析中未发现Cu富集或富Cu颗粒，这可能是制样中Cu相掉落（即文献所述优先腐蚀现象[2]）或TEM分析视场有限所致。

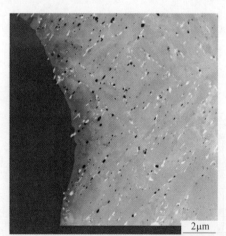

2μm

图5-1 G115钢650℃时效8000h后STEM-HAADF图

杨丽霞[3]和王海舟等人基于实际材料非均匀性高通量统计映射表征思想，开发了一种从宏观至微观逐级筛选特征区域、特征单元的方法，并应用于G115钢中含Cu特征单元的筛选和表征。所用材料为G115-M钢，其化学成分见表5-1，试验钢热处理状态为1100℃×1h空冷+780℃×3h空冷+650℃时效8000h。利用

μ-XRF、SEM-EDS 等成分分布分析技术，采用面扫描方式，从宏观至微观对 G115 钢试样中含 Cu 的特征区域、特征单元进行逐级快速筛查，并探究不同尺度下 Cu 的分布趋势。采用 STEM 面扫描分布分析进一步筛选含 Cu 特征单元，通过对含 Cu 特征单元的精细表征，探究钢中 Cu 的存在形式及分布状态等。为避免制样过程中出现 Cu 优先腐蚀的现象，待测试样经磨制抛光后均不腐蚀，直接用于多尺度的成分分布分析。

表 5-1　　G115 试验钢化学成分（质量分数）　　　　　　（%）

试样号	C	Si	Mn	P	S	Cr	W	Co	V	Nb	N	B	Cu
M 号	0.080	0.22	0.52	0.002	0.002	8.80	2.30	3.00	0.20	0.050	0.009	0.013	1.03
1 号	0.079	0.34	0.54	0.003	0.0017	8.62	2.64	2.93	0.20	0.073	0.015	0.012	0.50
2 号	0.082	0.34	0.54	0.003	0.0017	8.78	2.73	3.04	0.21	0.078	0.014	0.013	1.04
3 号	0.080	0.33	0.53	0.003	0.0016	8.74	2.75	2.99	0.21	0.076	0.014	0.013	1.86
4 号	0.077	0.35	0.53	0.003	0.0015	8.84	2.72	2.98	0.21	0.076	0.014	0.014	2.83

据表 5-2 中 Thermo-Calc 热力学计算结果，G115 钢 650℃平衡态时主要析出相包括 Laves 相、$M_{23}C_6$、MX 和富 Cu 相。结合严鹏等人的研究[4] Laves 相主要由 Fe_2W 组成，沿界面分布。$M_{23}C_6$ 主要是含 Cr 的碳化物，沿界面分布。MX 主要为含 Nb、V 的碳氮化物，大部分弥散分布于基体中。富 Cu 相主要由 Cu 组成，其分布状态尚不清楚。对 G115 钢试样中特征区域、特征单元进行逐级面分布分析筛查中分别以 Cr、W、Cu、Fe 的分布趋势来描述 $M_{23}C_6$、Laves 相、富 Cu 相及基体的分布状态。

表 5-2　　用 Thermo-Calc 计算所得 G115-M 钢 650℃时平衡相及组成（质量分数）
（%）

相	晶体结构	钢中含量	Fe	Cr	W	Nb	V	C	N	Co	Mn	Cu
α-Fe	BCC	95.50	86.84	8.05	0.79	—	0.13	—	—	3.13	0.51	0.32
MX	FCC	0.04	0.01	1.59	0.06	86.18	0.86	9.80	1.50	—		
Laves 相	HCP	1.84	30.27	7.08	62.22	0.21	—	—	—	0.08	0.07	
$M_{23}C_6$	FCC	1.61	14.98	53.86	22.06	—	3.07	4.73		0.04	1.27	
Cu	FCC	0.79	0.29	—	6.15	—	—	—	—	0.74	0.90	91.91

图 5-2 为利用微束 X 射线荧光分析仪（μ-XRF）对试验钢试样面扫描分析所得的二维强度分布图，扫描区域 0.81cm×0.81cm。图 5-2 中各元素 Fe、Cr、W、Cu 均呈较均匀的分布状态，各元素没有明显的宏观偏析。据前期研究结果[4]，试验钢中各析出相尺寸在几十至几百纳米尺度范围，而所用 μ-XRF 的 X 射线束

斑尺寸为 15～20μm，不足以分辨纳米尺度的析出相。为进一步研究 Cu 的分布状态，需要采用更高分辨率的表征手段。

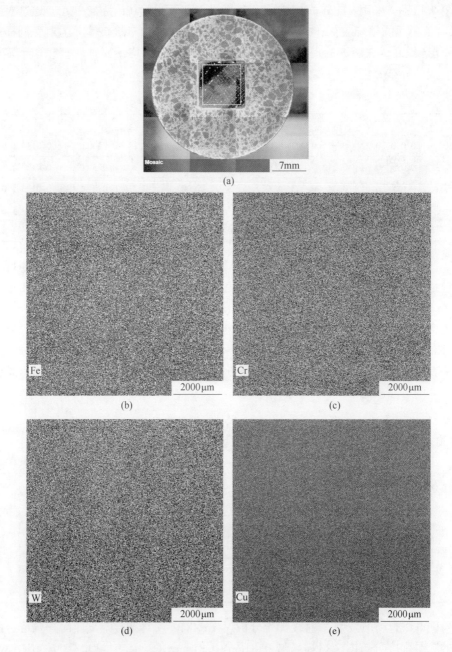

图 5-2　G115 试验钢 μ-XRF 面扫描二维元素强度分布图

（a）试样分析区域分析区域：0.81cm×0.81cm，斑点尺寸：15μm 扫描间隔：15μm；

（b）Fe 元素分布；（c）Cr 元素分布；（d）W 元素分布；（e）Cu 元素分布

图 5-3~图 5-5 为利用 SEM-EDS 在不同放大倍数下对试验钢试样面扫描分析所得各元素二维强度分布图，图中方框为逐级筛选的含 Cu 特征区域。SEM-EDS 面扫描分析的空间分辨率取决于分析视场的大小及所设定的采集像素。实验中当固定采集像素为 256×192 时，随着放大倍数的提高，SEM-EDS 面分析的空间分辨率逐渐提高。从图 5-3~图 5-5 中可以看出，当放大倍数为 1000× 时，仪器空间分辨率较低（理论值为 1.17μm），Cu 呈较均匀的弥散分布状态。随放大倍数升高至 5000× 时，可观察到 Cu 呈细小颗粒状的聚集分布趋势。从中选取 Cu 的特征区域，继续放大倍数至 20000× 时，空间分辨率进一步提高，此时可从 SEM 图像中快速筛选出富 Cu 颗粒。

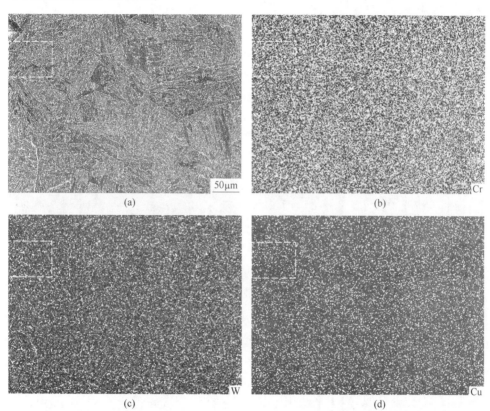

图 5-3 G115 试验钢 SEM-EDS 面扫描二维元素强度分布图（1000×）

图 5-6 为采用 SEM-EDS 面分布分析所筛选含 Cu 特征区域的精细表征结果。图 5-6（b）各元素二维分布叠合图中可获得各元素的分布特征：Cr 作为 $M_{23}C_6$ 的主要组成元素沿晶界及板条界分布，在背散射电子图中呈灰色。W 作为 Laves 相（Fe_2W）的主要组成元素也沿界面分布，在背散射电子图中呈白亮色。Cu 则单独形成富 Cu 的颗粒，不参与其他析出相的形成，同样也沿界面分布，在背散

射电子图中呈灰白色。对图 5-6 中圆圈标注处富 Cu 颗粒进行能谱分析，Cu 含量约 60%。

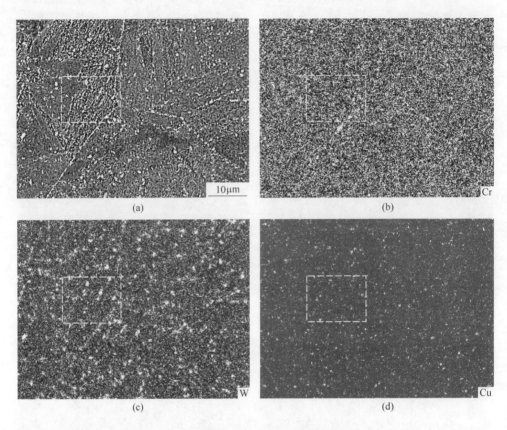

图 5-4　G115 试验钢 SEM-EDS 面扫描二维元素强度分布图（5000×）

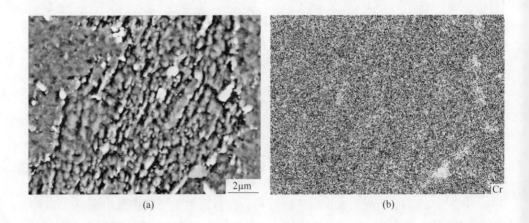

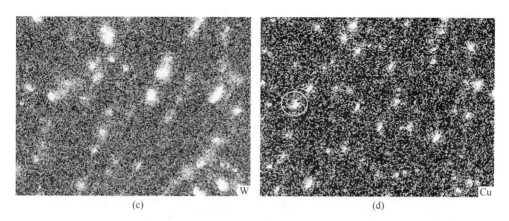

图 5-5 G115 试验钢 SEM-EDS 面扫描二维元素强度分布图（20000×）

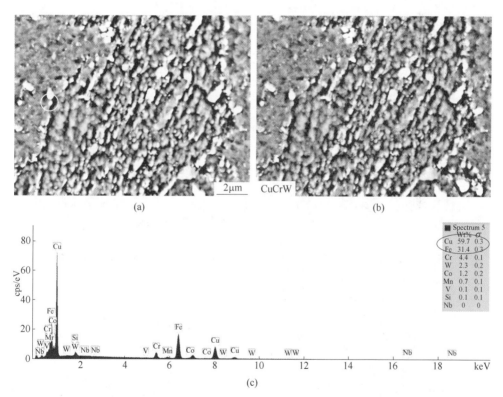

图 5-6 G115 试验钢 20000×放大倍数下特征区域的精细表征

（a）背散射电子图；（b）各元素二维分布叠合图；（c）富 Cu 颗粒的能谱分析

根据富 Cu 颗粒沿界面分布的特征，继续采用扫描透射电镜（STEM）对试样薄区界面区域进行面扫描分析筛选含 Cu 特征单元，各元素二维分布图如图 5-7 所示。图中 Cu 偏聚区域处，各元素均呈负偏析，进一步验证了 Cu 不与其他元素形成析出相。这与 Thermo-Calc 软件计算及文献报道 Cu 不参与 $M_{23}C_6$、MX 及 Laves 相成相的研究结果相一致[2]。

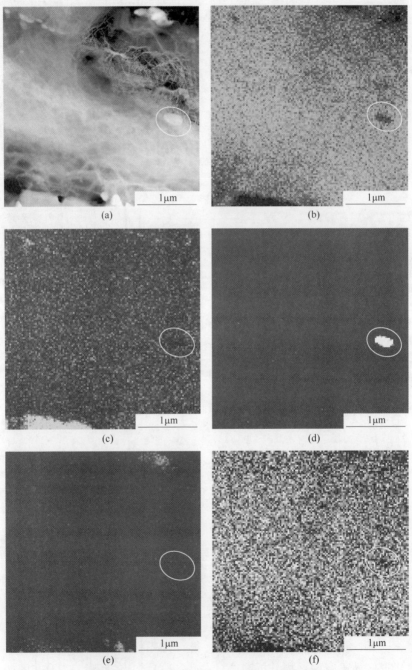

图 5-7　G115 试验钢 STEM 面扫描二维分布图
(a) STEM 图；(b)~(f) Fe、Cr、Cu、W、Co 各元素二维分布图

采用 EDS 对图 5-7 中富 Cu 颗粒的组成进行进一步分析，分析结果见表 5-3，该富 Cu 颗粒含大于 90%的 Cu。由于试验钢中各析出相衬度不明显，此处通过能谱扫描分析识别富 Cu 颗粒后，原位切换至 TEM 模式，对图 5-7 中富 Cu 颗粒进行组织结构表征，如图 5-8 所示。从图 5-8（a）可以看出富 Cu 颗粒为椭圆形，单独存在而不与其他析出相共生，分布于板条界且周围存在大量位错。对图 5-8（b）中富 Cu 颗粒的电子衍射谱进行标定，结果显示该富 Cu 颗粒为 FCC 结构的富 Cu 相，首次通过验确认了 G115 钢中存在富 Cu 相。

表 5-3 富 Cu 颗粒的能谱分析结果 （%）

元　素	Cu	Fe	Cr	Co	Mn
化学成分（质量分数）	90.28	5.64	2.13	0.50	1.44

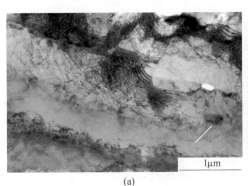 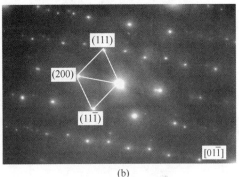

（a）　　　　　　　　　　　　　　　　（b）

图 5-8　G115 钢试样中富 Cu 相表征

（a）TEM 图；（b）电子衍射谱

由于 G115 钢含多种析出相，富 Cu 相与其他相和基体的衬度不明显，需要结合能谱面扫描分析技术来识别 Cu，再采用图像叠合的方式，识别试样中富 Cu 相的位置，进而研究富 Cu 相的分布状态。图 5-9~图 5-12 为采用 STEM 对 650℃时效 8000h 后 G115 钢中含 Cu 特征区域的面扫描图。图 5-9（e）中 A 位置处富 Cu 相分布于板条界并以独立的相介于 $M_{23}C_6$ 析出相中间。图 5-9（b）中 Cu 的面扫描分布图显示在图 5-9（e）中 B 位置处也有 Cu 的富集，该位置可能是富 Cu 相掉落后形成的孔洞，在孔洞的边缘残留有偏聚的 Cu。此外，该位置处可能掉落的富 Cu 颗粒也分布于板条界并与 $M_{23}C_6$ 和 Laves 相共生。图 5-10（e）中 A、B、C 和 D 位置处的富 Cu 相均分布于板条界且周围存在大量位错，A、B、C 位置处均以单独的富 Cu 相析出，而 D 处富 Cu 相与 $M_{23}C_6$ 共生。图 5-11（e）中 A 位置处的富 Cu 相分布于板条界且与 $M_{23}C_6$ 和 Laves 相共生。图 5-12（e）中不同位置处的富 Cu 相分布于板条界且与 $M_{23}C_6$ 共生。

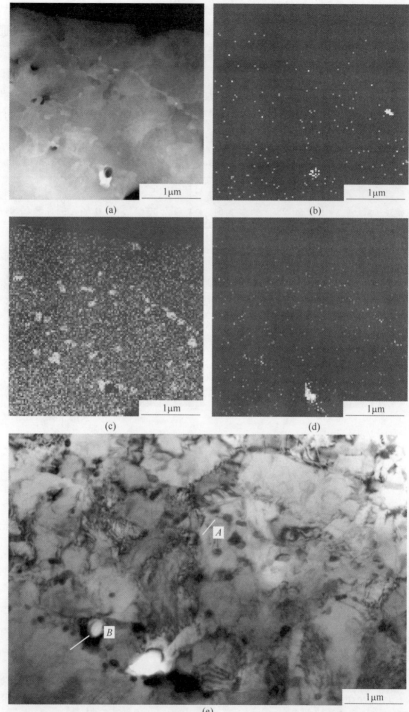

图 5-9　G115 钢 650℃时效 8000h 后富 Cu 相的分布状态面扫描区域 1

(a) STEM 图；(b)~(d) Cu、Cr、W EDS面分布图；(e) TEM 图

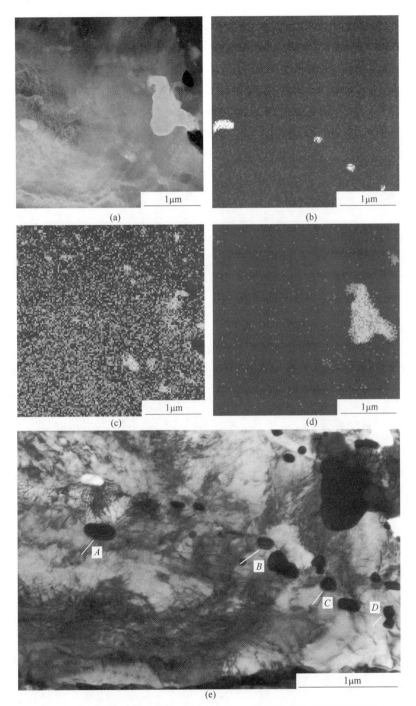

图 5-10　G115 钢 650℃时效 8000h 后富 Cu 相的分布状态面扫描区域 2
（a）STEM 图；（b）~（d）Cu、Cr、W EDS 面分布图；（e）TEM 图

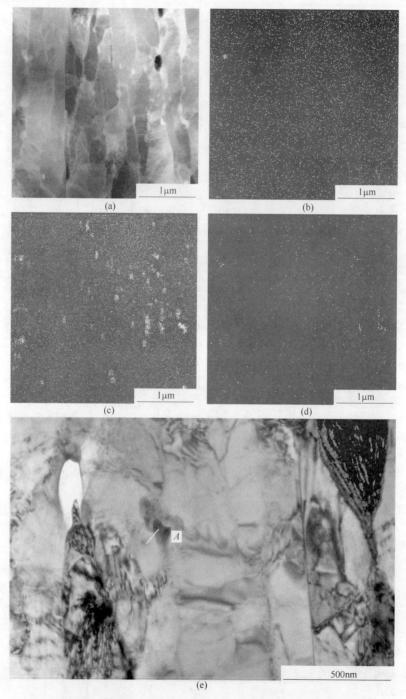

图 5-11　G115 钢 650℃时效 8000h 后富 Cu 相的分布状态面扫描区域 3

（a）STEM 图；（b）~（d）Cu、Cr、W EDS 面分布图；（e）TEM 图

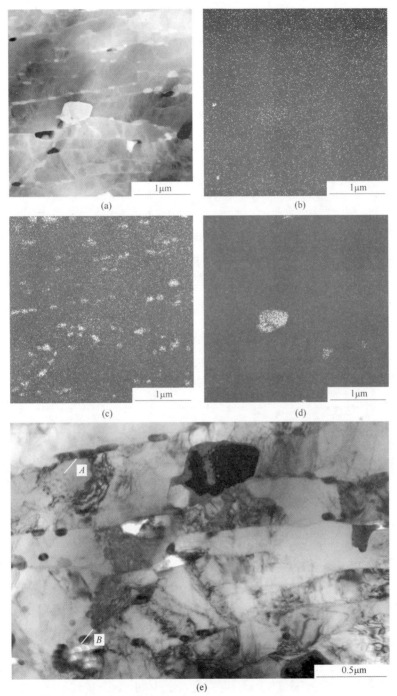

图 5-12 G115 钢 650℃时效 8000h 后富 Cu 相的分布状态面扫描区域 4

(a) STEM 图；(b)~(d) Cu、Cr、W EDS 面分布图；(e) TEM 图

图 5-9~图 5-12 中各标记位置处富 Cu 相的能谱分析结果见表 5-4。图 5-9 中 A 位置和图 5-12 中 A 位置处的 Cr 含量分别为 34.27% 和 28.49%，结合图像中各位置处的富 Cu 相均介于 $M_{23}C_6$ 析出相中间的现象，推断能谱分析结果可能受 $M_{23}C_6$ 的影响。总结表格中其他位置处的富 Cu 相能谱分析结果，不考虑 Cu 的含量时，其他元素的组成基本符合 G115 钢 9Cr-3W-3Co 的成分配关系，因此，推断富 Cu 相的能谱分析结果受到了基体的干扰。结合前述标定富 Cu 相衍射结果，认为富 Cu 相中 Cu 含量为 90% 以上，可能含有部分 Mn，这与文献报道该类钢中富 Cu 相组成结果一致[2]。

表 5-4　图 5-9~图 5-12 中各标记位置处富 Cu 相的能谱分析结果（质量分数）

（%）

图序号	位置	Cu	Fe	Cr	W	Co	V	Nb	Mn
5-9	A	24.53	24.99	34.27	13.37	0.85	0.45	0.41	1.14
5-10	A	90.28	5.64	2.13	—	0.50	—	—	1.44
	B	20.76	67.92	6.84	1.18	2.39	0.15	0.05	0.70
	C	37.88	53.00	5.19	0.97	1.93	0.12	0.02	0.88
	D	28.16	61.58	6.05	1.16	2.18	—	—	0.77
5-11	A	24.36	64.58	6.74	1.08	2.30	0.15	0.01	0.77
5-12	A	24.36	37.42	28.49	1.08	2.30	0.28	0.01	0.77
	B	28.16	61.58	6.05	1.16	2.18	0.15	—	0.77

综上，采用 STEM 对 G115 钢 650℃时效 8000h 后试样中富 Cu 相的分布状态进行了多视场的统计分析，结果显示富 Cu 相均沿板条界（界面）分布，常与 $M_{23}C_6$、Laves 相共生，也可独立存在于界面处，且富 Cu 相周围往往分布有大量位错。富 Cu 相由于尺寸较小且常与其他析出相共生，能谱分析时往往会受到其他析出相或基体相的干扰。结合电子衍射谱图标定结果，富 Cu 相应为含 Cu 大于 90% 以上，可能含有部分 Mn 的 FCC 结构金属相。富 Cu 相在试验钢中为椭圆形或球形，对上述多视场中富 Cu 相尺寸进行测量，其等效直径在 50~242nm 范围内，平均直径为 114nm。

5.2　G115 钢中 Cu 对组织性能的影响

Cu 为奥氏体形成元素，据 Thermo-Calc 计算，随 G115 钢中 Cu 含量升高，其 Ac_1 点逐渐下降，可能对确定回火温度有影响。不同 Cu 含量的 G115 试验钢成分列于表 5-1。采用 Formaster 实验机对不同 Cu 含量 G115 钢加热及冷却过程中的热膨胀曲线进行测试，获得试验钢相转变温度，并设定不同冷速来得到连续冷却转变曲线（CCT 曲线）。采用热膨胀法测定钢铁材料相变点时，加热速率直接影响钢的奥氏体化，会对相变点的测试结果产生影响[5]。为准确获得实际热处理工艺下的临界相变点 Ac_1，基于不同热处理温度下组织和硬度的相关性，本节研究了实际热处理工艺下的 Ac_1 点测试方法：采用 1100℃×1h 空冷正火制度对不同 Cu 含量 G115 钢试样热处理后，分别选定 750℃×3h、760℃×3h、770℃×3h、780℃×3h、790℃×3h、800℃×3h、810℃×3h、820℃×3h、830℃×3h、840℃×3h 和 850℃×3h 空冷回火制度进行热处理。观察不同回火温度处理后试验钢的金相组织，室温下测试其显微维氏硬度，通过材料组织与硬度的相关性来确定实际热处理工艺中试验钢的 Ac_1 点。

根据热膨胀法，不同 Cu 含量 G115 钢的相变点见表 5-5，各试验钢组织由铁素体完全转变为奥氏体的 Ac_3 点在 847~876℃范围内。随着 Cu 含量升高，Ac_1 点逐渐降低，当 Cu 含量分别为 1.86% 和 2.83% 时，Ac_1 点已降至 780℃及以下。在热处理过程中，为保证在回火过程中不会发生奥氏体转变，回火温度不得高于 Ac_1 点。根据热膨胀法分别得到了不同 Cu 含量 G115 钢的 CCT 曲线（图 5-13 为 G115-3 钢的 CCT 曲线）。可见，不同 Cu 含量 G115 钢在极其缓慢的冷却速率（100℃/h）下，可以得到完全马氏体组织（见图 5-14），试验钢具有良好的淬透性。

表 5-5　不同 Cu 含量 G115 钢的相变点

试验钢	Cu 含量（质量分数）/%	热膨胀法				Thermo-Calc 计算
		Ac_3 /℃	Ac_1 /℃	M_s /℃	M_f /℃	Ac_1 /℃
G115-1	0.50	876	803	369	237	787
G115-2	1.04	865	790	360	213	768
G115-3	1.86	856	780	340	210	767
G115-4	2.83	847	777	340	225	766

图 5-15 为不同 Cu 含量 G115 钢不同回火温度下维氏硬度变化曲线，随回火温度升高，各试验钢维氏硬度均呈现先缓慢下降，再显著上升的趋势。图 5-16 为不同回火温度下 G115-3 试验钢的金相组织。可以看出，该试验钢回火温度由 750℃升高至 780℃时，其组织均为回火马氏体，组织中弥散分布着极细小的碳化物析出相，该阶段硬度的缓慢下降主要是由于回火温度升高，基体软化。当回火温度继续升高至 790℃及以上时，奥氏体重结晶开始发生，同时随着温度的升高，沿奥氏体晶界分布的碳化物逐渐溶解，原奥氏体晶界逐渐模糊，空冷后组织为回火马氏体和淬火马氏体的混合组织，此时硬度的显著升高是合金元素大量溶

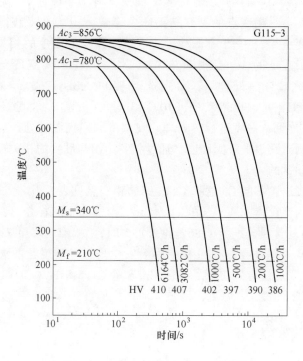

图 5-13   G115-3 试验钢 CCT 曲线

解造成的固溶强化增加与形成淬火马氏体含量升高共同导致的。根据不同回火温度处理后试验钢的组织观察与硬度测试,可以确定试验钢实际热处理工艺下的奥氏体起始转变 Ac_1 点,不同 Cu 含量 G115 钢实际热处理工艺下的 Ac_1 点见表 5-6。

图 5-14   G115 试验钢以 100℃/h 冷速冷却后组织

(a) G115-3; (b) G115-4

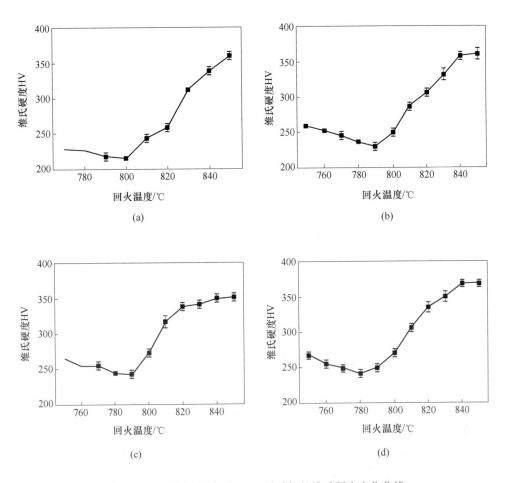

图 5-15　不同回火温度下 G115 试验钢的维氏硬度变化曲线

（a）G115-1；（b）G115-2；（c）G115-3；（d）G115-4

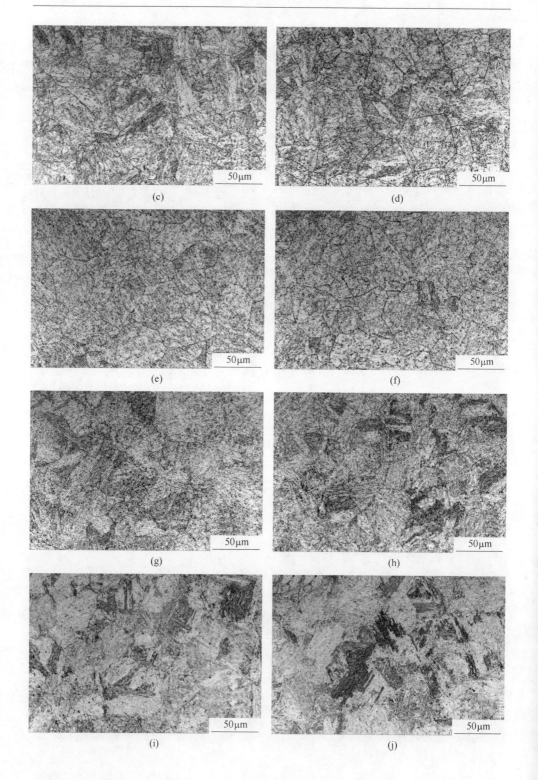

(c)　　　　　　　　　　　　　　　　　(d)

(e)　　　　　　　　　　　　　　　　　(f)

(g)　　　　　　　　　　　　　　　　　(h)

(i)　　　　　　　　　　　　　　　　　(j)

(k)

图 5-16 G115-3 钢不同回火温度下的金相组织
(a) 750℃；(b) 760℃；(c) 770℃；(d) 780℃；(e) 790℃；(f) 800℃；
(g) 810℃；(h) 820℃；(i) 830℃；(j) 840℃；(k) 850℃

表 5-6 金相组织-硬度法所得不同 Cu 含量 G115 钢的相变点

试验钢	Cu 含量（质量分数）/%	金相组织-硬度法所得 Ac_1/℃
G115-1	0.50	800
G115-2	1.04	790
G115-3	1.86	790
G115-4	2.83	780

不同 Cu 含量 G115 试验钢经 1100℃ 正火和 770℃ 回火后金相组织如图 5-17 所示，不同 Cu 含量 G115 试验钢经上述处理后得到的组织均为回火马氏体，且基体弥散分布细小碳化物颗粒，奥氏体晶界清晰可见，对不同试验钢中奥氏体晶粒尺寸进行测量，结果如图 5-18 所示。随着 Cu 含量升高，奥氏体晶粒尺寸逐渐降低，至 Cu 含量为 1.86% 时趋于稳定，继续增加 Cu 含量，晶粒尺寸变化不大。奥氏体晶粒尺寸的这一变化趋势可能与 1100℃ 正火处理后未溶颗粒的存在有关。图 5-19 为不同 Cu 含量 G115 钢 1100℃ 正火处理后不回火时的合金元素固溶情况，图 5-19（a）~（d）中均存在沿晶界或板条界分布的一次未溶颗粒，这些颗粒可有效钉扎奥氏体晶界，阻碍晶粒的生长。含 Cu 量为 0.50% 的 G115-1 钢正火处理后，析出物几乎全部回溶。随 Cu 含量升高为 1.04%，未溶颗粒开始增多，均弥散分布于晶界及基体内。继续升高 Cu 含量至 1.86% 和 2.83%，除了弥散分布的细小颗粒，还出现了如图 5-19（e）和（f）中所示的大块合金元素未溶颗粒。由此判断，可能由于这些未溶颗粒的存在阻碍了奥氏体晶粒的长大，直观表现出随着 Cu 含量升高，晶粒尺寸减小的趋势。根据图 5-19（g）和（h）的能谱分析结果，这些大块的未溶颗粒中白亮色颗粒为富 W 颗粒，而暗白色或灰色颗粒为富

Cr、Nb 颗粒，并未发现由于 Cu 含量升高而存在富 Cu 颗粒。

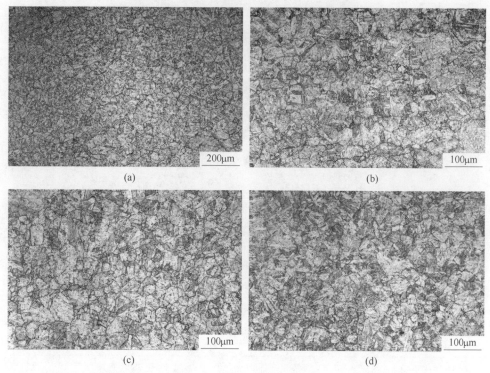

图 5-17　不同 Cu 含量 G115 钢 1100℃正火和 770℃回火后金相组织

（a）G115-1；（b）G115-2；（c）G115-3；（d）G115-4

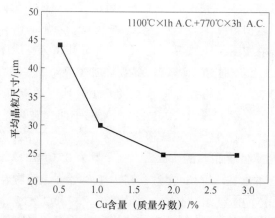

图 5-18　不同 Cu 含量 G115 钢 1100℃正火 770℃回火后奥氏体平均晶粒尺寸

不同 Cu 含量 G115 钢 1100℃正火 760℃回火后 650℃高温拉伸性能如图 5-20 所示，随 Cu 含量升高，抗拉强度和屈服强度缓慢升高；断后伸长率及断面收缩

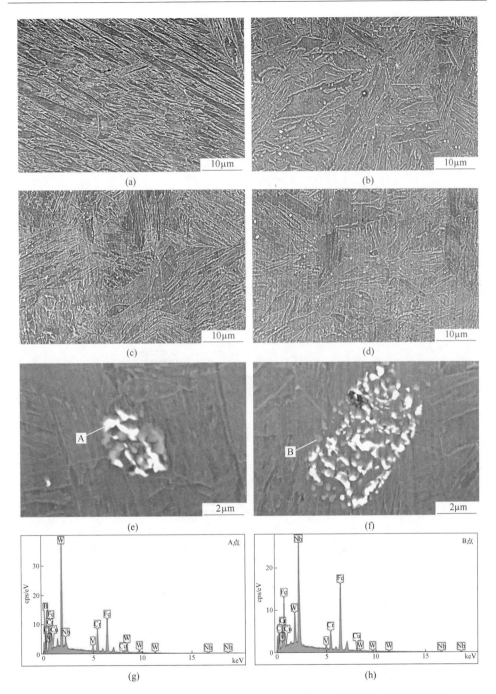

图 5-19 不同 Cu 含量 G115 钢 1100℃正火处理后合金元素固溶情况及能谱分析

(a) G115-1；(b) G115-2；(c) G115-3；(d) G115-4；(e) G115-3；

(f) G115-4；(g) 图 (e) 中 A 点能谱；(h) 图 (f) 中 B 点能谱

率先降低，当 Cu 含量在 1.04%~2.83% 范围内则趋于稳定。

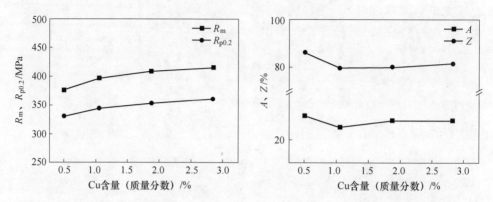

图 5-20　不同 Cu 含量 G115 钢 1100℃正火和 760℃回火后的 650℃高温拉伸性能

　　不同 Cu 含量 G115 钢 1100℃正火 760~780℃回火后室温冲击性能如图 5-21 所示。随 Cu 含量升高，室温冲击功（K_{V2}）逐渐升高，至 Cu 含量大于 1.86% 后，趋于稳定。

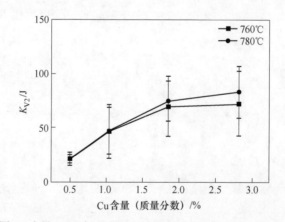

图 5-21　不同 Cu 含量 G115 钢 1100℃正火和 760~780℃回火后的室温冲击性能

5.3　G115 钢时效过程中富 Cu 相析出对组织与性能影响

　　不同 Cu 含量 G115 试验钢化学成分见表 5-1。G115-M 钢 1100℃×1h 空冷+780℃×3h 空冷热处理后，在 650℃等温时效 3000h 和 8000h，研究时效过程中 Cu 元素的演变。不同 Cu 含量 G115 钢（1~4 号）经 1100℃×1h 空冷+770℃×3h 空冷热处理后，分别在 650℃等温时效 100h、300h、500h、1000h，系统研究 Cu 析出行为与组织性能之间的关系。采用 SEM-EDS 和 3DAP 等手段对时效前后 G115 试验钢试样进行分析，探究时效时间及 Cu 含量变化对 G115 钢中 Cu 分布趋势的影响。采用 STEM 对不同 Cu 含量 G115 试验钢时效前后试样进行精细表征，多视场面扫描，统计分析试样中 Cu 的分布状态，系统研究 Cu 的析出行为。对不同 Cu 含量 G115 试验钢时效过程中的组织性能进行表征测试。

图 5-22 为采用 SEM-EDS 观察得到的 G115-M 试验钢时效后 Cu 的面扫描二维

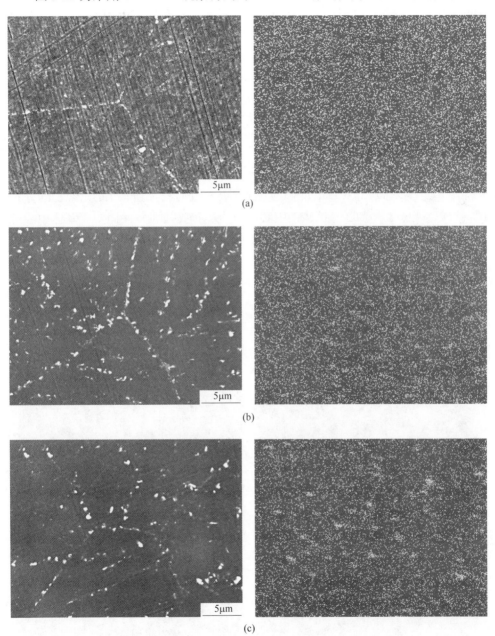

图 5-22 G115 钢 650℃时效过程中 Cu 的面扫描二维分布图

（a）回火态；（b）3000h；（c）8000h

分布图，回火态时，Cu 在基体中含量较高且呈均匀弥散分布状态。650℃ 时效 3000h 后，基体中 Cu 含量降低，Cu 开始形成较小的富集颗粒。至时效 8000h 后，基体中 Cu 含量进一步降低，Cu 的富集颗粒进一步长大。随时效时间延长，G115 钢基体中 Cu 含量逐渐降低，Cu 的富集趋势越来越显著。采用 3DAP 对不同时效时间 G115 试验钢基体中的 Cu 含量进行了测试，测试结果见表 5-7，进一步验证了时效时间的延长促进富 Cu 相析出的结论。

表 5-7　不同时效时间后 G115 钢基体中 Cu 的 3DAP 分析结果　　　　（%）

G115-M	基体中 Cu 含量（质量分数）
回火态	0.48±0.20
650℃ 时效 3000h	0.18±0.05
650℃ 时效 8000h	0.15±0.03

图 5-23 为不同 Cu 含量 G115 试验钢回火态时面扫描所得 Cu 元素二维分布图。可以看出，1 号和 2 号试验钢中 Cu 分布较均匀，说明 Cu 固溶于基体中或析出极细小的团簇或纳米相。随 Cu 含量升高，Cu 逐渐从基体中析出，形成细小的富集区域。继续升高 Cu 含量，Cu 的富集区域愈明显。

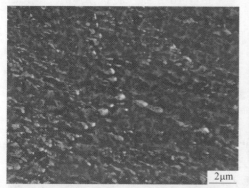

(a)

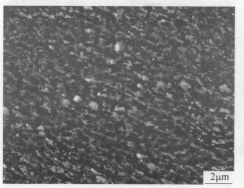

(b)

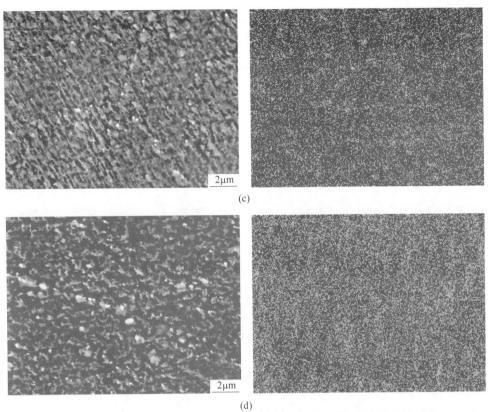

(c)

(d)

图 5-23 不同 Cu 含量 G115 钢回火态时 Cu 的面扫描二维分布图
(a) G115-1; (b) G115-2; (c) G115-3; (d) G115-4

图 5-24 为不同 Cu 含量 G115 试验钢 650℃等温时效 1000h 后面扫描所得 Cu 元素二维分布图。可以看出,1 号试验钢中 Cu 的分布状态相比回火态时已出现 Cu 的富集颗粒。随 Cu 含量升高,所形成的 Cu 富集区域逐渐增多,4 号试验钢则出现较多的 Cu 富集区域。

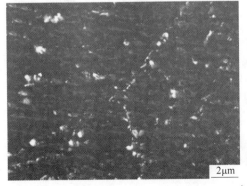

(a)

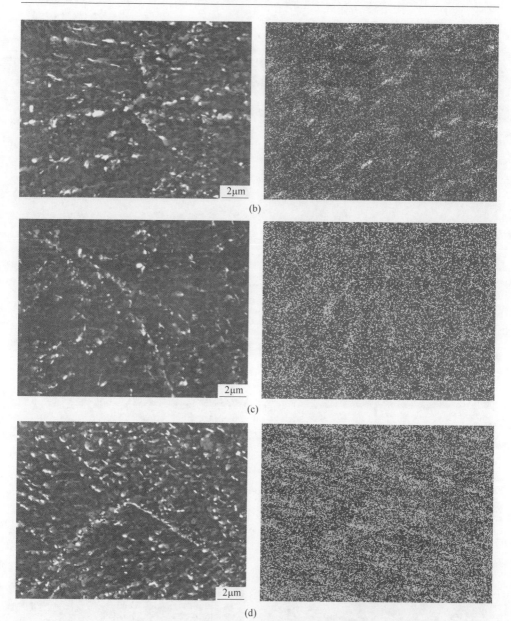

图 5-24　不同 Cu 含量 G115 钢 650℃ 时效 1000h 后 Cu 的面扫描二维分布图

(a) G115-1；(b) G115-2；(c) G115-3；(d) G115-4

　　为系统研究 Cu 的析出行为，先以 G115-4（含 Cu 2.86%）为研究对象，采用 STEM 对回火态及 650℃ 时效 1000h 后的试样进行了精细表征。图 5-25 为 G115-4 回火态时 Cu 的 STEM 面扫描分布图。通过对不同元素二维分布图进行叠合分析后，发现 Cu 不与 Cr、W 共同富集，进一步验证了 Cu 不与这些元素共同

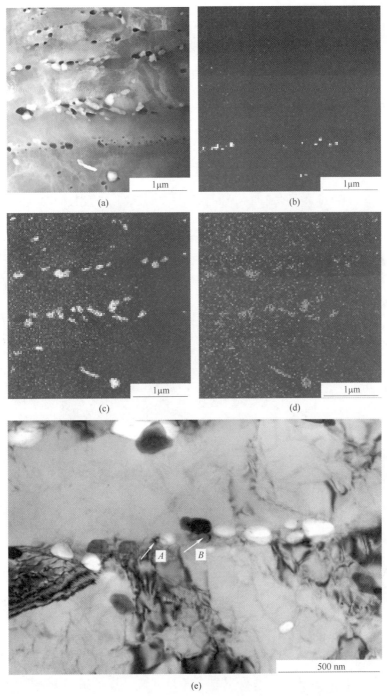

图 5-25   G115-4 钢回火态时的 STEM 分析

(a) STEM 图；(b)~(d) Cu、Cr、W EDS 面分布图；(e) TEM 图

成相。对图 5-25（e）中 A 位置处富 Cu 颗粒进一步能谱分析结果见表 5-8，由于受到基体的干扰，分析结果含 Cu 量为 44.88%，推断 G115-4 试验钢在回火态时已经析出细小的富 Cu 相。

表 5-8　图 5-25(e) 和图 5-26(c) 中标记位置处富 Cu 颗粒的能谱分析结果（质量分数）

（%）

位置	Cu	Fe	Cr	W	Co	V	Nb	Si	Mn
A	44.88	44.13	4.79	2.30	1.76	0.10	0.09	1.18	0.77
B	32.66	55.89	5.66	2.20	2.13	0.15	0.07	—	0.77

图 5-26 为 G115-4 回火态时富 Cu 相的分布状态图。通过 STEM 能谱面扫描方

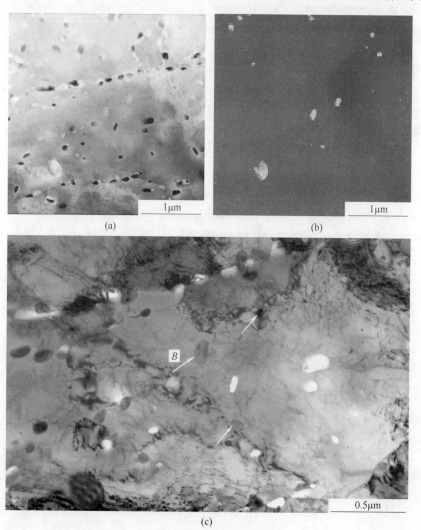

(a)　　　　　　　　　　　　　　　　(b)

(c)

图 5-26 为 G115-4 回火态时富 Cu 相的分布状态图。通过 STEM 能谱面扫描方

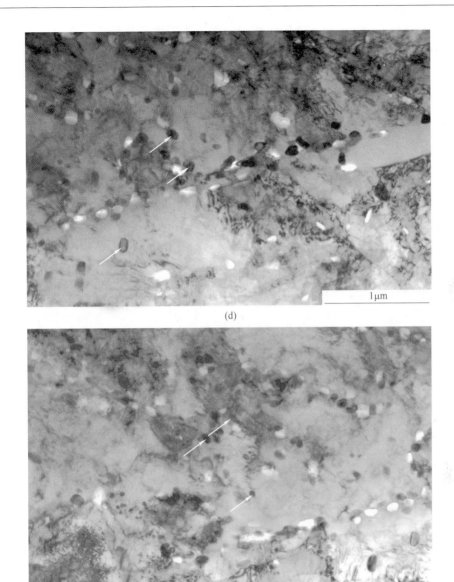

(d)

(e)

图 5-26　G115-4 钢回火态富 Cu 相的分布状态图

(a) STEM 图；(b) Cu 的面分布图；(c)~(e) TEM 图

式对图像中 Cu 分布进行定位，通过图像叠合方式再对应于 TEM 图像上。从图 5-26(c)~(e)可以看出，富 Cu 相分布于晶界或板条界等界面处，可以独立存在于界面或位错处。由于 $M_{23}C_6$ 和 Laves 相多分布于界面处，富 Cu 相常与这些相共生存在。图 5-26 中富 Cu 相为椭圆形或球形，其等效直径 45~128nm，平均为 76nm。

图 5-27 为 G115-4 钢 650℃ 时效 1000h 后富 Cu 相表征结果，图中富 Cu 颗粒的能谱分析结果见表 5-9，由于受基体影响，含 Cu 量为 27.7%。

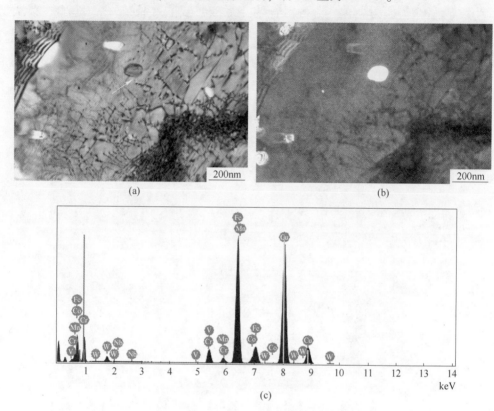

图 5-27 G115-4 钢 650℃ 时效 1000h 后 Cu 的 TEM 分析

(a) 明场像；(b) 暗场像；(c) EDS 能谱图

表 5-9 图 5-27(a) 中标记位置处富 Cu 颗粒的能谱分析结果   (%)

元 素	Cu	Fe	Cr	W	Co	V	Nb	Si	Mn
含量（质量分数）	27.70	61.03	5.40	1.64	3.30	0.11	0.01	0.14	0.66

图 5-28 为 G115-4 钢 650℃ 时效 1000h 时富 Cu 相的分布状态图，与回火态类似，富 Cu 相在时效 1000h 后分布于界面处，或与 $M_{23}C_6$ 和 Laves 相共生，或独立分布于界面处或位错处。时效后，富 Cu 相为球形、椭圆形和棒状，其等效直径为 40~121nm，平均尺寸为 79nm。可见，相比回火态，G115-4 钢经 650℃ 时效 1000h 后，出现了棒状富 Cu 相，富 Cu 相颗粒明显增多，但尺寸变化不大。

Iseda 等人[6] 发现当材料中 Cu 含量为 2% 时，可看到细小 Cu 析出相；当 Cu

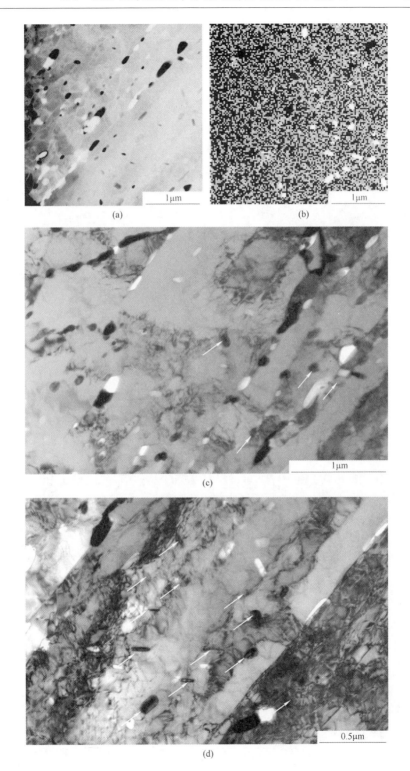

(a)

(b)

(c)

(d)

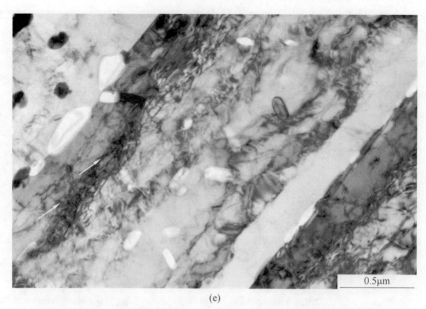

(e)

图 5-28　G115-4 钢 650℃时效 1000h 后富 Cu 相的分布状态图

(a) STEM 图；(b) Cu 的面分布图；(c)~(e) TEM 图

含量低于 1%时，观察不到 Cu 析出相。Hättestrand 等人[1]采用 APFIM 测定了含 Cu 0.87%的 P122 钢在回火态时有 0.5%的 Cu 从基体中析出。600℃时效 1000h 时，P122 钢有 0.75%的 Cu 析出，即此时基体中仅固溶 0.12%的 Cu，由此说明，回火态时已有富 Cu 相析出，而在时效过程中，基体中 Cu 进一步析出。采用 STEM 对 G115-1（含 Cu 0.50%）回火态试样进行多视场的面扫描分析，未发现 Cu 的富集区域，可能是钢中含 Cu 量仅有 0.50%，没有形成富 Cu 相，这与 Thermo-Calc 计算结果相符，或者说所形成富 Cu 相太小，仪器分辨率有限而无法测出。采用 STEM 对 G115-1 钢 650℃时效 1000h 后的试样进行分析，如图 5-29 所示，可以看出面扫描分布图中有富 Cu 颗粒的形成，且 Cu 不与其他元素具有相同的富集趋势。图 5-29（e）中 A 位置处的富 Cu 颗粒能谱分析结果见表 5-10，由于受基体的干扰，所得 Cu 含量为 53.02%，该富 Cu 颗粒形成了富 Cu 相。据此，含 Cu 0.50%的 G115-1 钢回火态时尚未析出富 Cu 相，而随着时效过程的进行，促进了 Cu 从基体中的析出，形成了富 Cu 相。

　　为进一步研究低 Cu 含量 G115 钢中 Cu 的析出行为，采用 STEM 对 G115-2 钢（含 Cu 1.04%）回火态试样进行分析，如图 5-30 所示，可以看出含 Cu 1.04%的 G115 钢在回火态时即出现了 Cu 的富集，对图 5-30（e）中富 Cu 颗粒进行能谱分析，排除基体的干扰，可以确定其为富 Cu 相，见表 5-11。由此可知，G115-2 试验钢在回火态时已经析出细小的富 Cu 相。

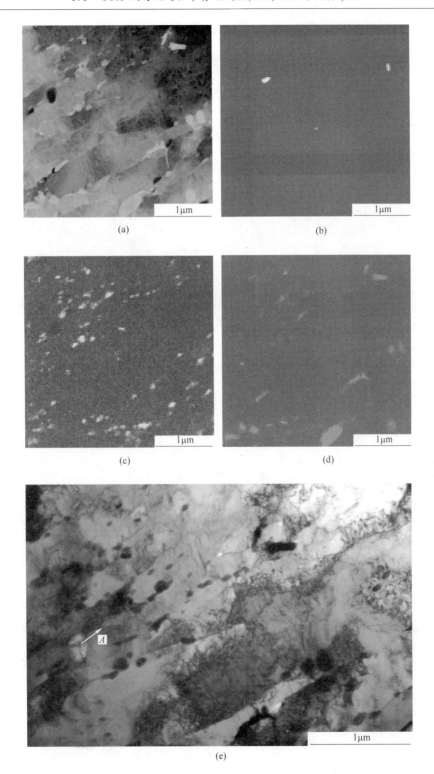

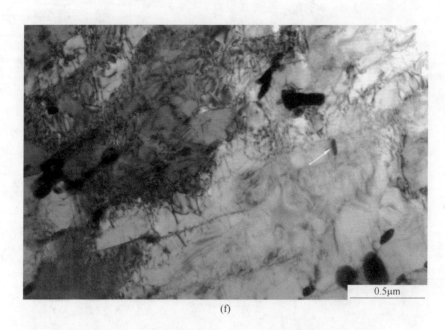

(f)

图 5-29　G115-1 钢 650℃时效 1000h 时的 STEM 分析

(a) STEM 图；(b) ~ (d) Cu、Cr、W EDS 面分布图；(e)，(f) TEM 图

表 5-10　图 5-29(e)中标记位置 *A* 处富 Cu 颗粒的能谱分析结果　　　　(%)

元　素	Cu	Fe	Cr	W	Co	V	Nb	Si	Mn
质量分数	53.02	39.48	3.87	0.98	1.40	0.09	—	—	1.15

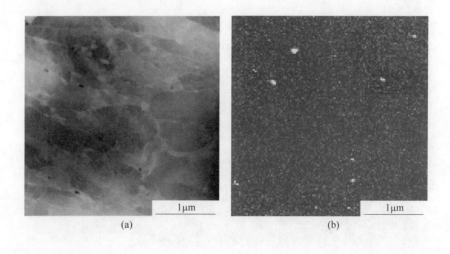

(a)　　　　　　　　　　　　　　　　　(b)

图 5-30　G115-2 钢回火态时的 STEM 分析

(a) STEM 图；(b) ~ (d) Cu、Cr、W EDS 面分布图；(e) TEM 图

表 5-11　图 5-30(e) 中标记位置处富 Cu 颗粒的能谱分析结果 （质量分数）

（%）

位置	Cu	Fe	Cr	W	Co	V	Nb	Si	Mn
A	50.34	37.61	6.05	3.05	1.45	0.16	0.24	0.20	0.90
B	44.33	30.33	15.64	7.28	1.14	0.21	0.07	—	1.00

　　图 5-31 为不同 Cu 含量 G115 试验钢回火态时金相照片。可以看出不同 Cu 含量 G115 试验钢组织均为回火马氏体组织，同时有大量弥散分布的析出相。对各

试验钢平均晶粒尺寸进行统计分析，结果显示随 Cu 含量升高，晶粒尺寸呈逐渐减小趋势，由含 Cu 0.50% 时的 44μm 减小为含 Cu 2.86% 时的 25μm。

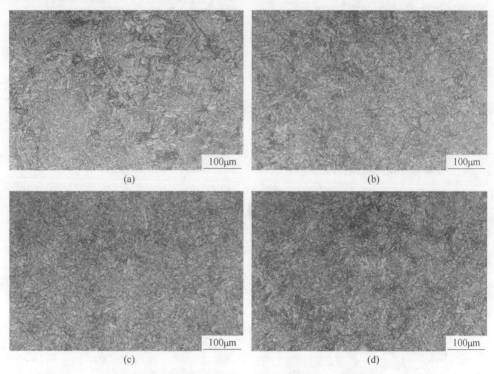

图 5-31 不同 Cu 含量 G115 钢回火态时金相照片
(a) G115-1; (b) G115-2; (c) G115-3; (d) G115-4

  根据 Thermo-Calc 计算和化学相分析结果，G115 钢中析出相主要有 MX、$M_{23}C_6$、Laves 相和富 Cu 相，其中 MX 为 V 和 Nb 的碳氮化物，$M_{23}C_6$ 中 M 主要有 Cr、W、V，Laves 相主要组成为 Fe_2W，富 Cu 相含大于 90% 的 Cu。MX 和 $M_{23}C_6$ 在回火态时析出，Laves 相在时效过程中析出。为进一步研究不同 Cu 含量对 G115 钢中析出相的影响，采用具有原子序数分辨功能的背散射电子图像对试验钢组织进行观察。Laves 相中 W 元素由于原子序数大而在背散射电子图中会产生较强的背散射电子信号，在荧光屏上形成较亮的区域，从而导致 Laves 相在背散射模式下比其他相更亮可与其他相或基体分开。图 5-32 为不同 Cu 含量 G115 试验钢回火态时背散射电子图像，可以看到 $M_{23}C_6$ 沿晶界或板条界大量析出，不同 Cu 含量试样中均未发现较亮的析出相，此时尚未析出 Laves 相。图 5-33 为不同 Cu 含量 G115 试验钢 650℃ 时效 1000h 时的背散射电子图像。可以看出沿晶界及板条等界面析出大量白亮的 Laves 相。Stiller 等人[7] 认为马氏体时效钢中的富 Cu 相可促进金属间化合物的形核。Laves 相属于金属间化合物，在长期时效过程中容易发生粗化而导致材料性能下降。对 650℃时效 1000h 不同 Cu 含量 G115 钢背散射电子图像进行处理，分别统计图中 Laves 相尺寸（统计颗粒数均大于 1000），随着 Cu 含量升高，Laves 相尺寸分别为 128nm、131nm、133nm 和 132nm。实验结果显示 Cu 含量的变化对 Laves 相的尺寸影响不大。

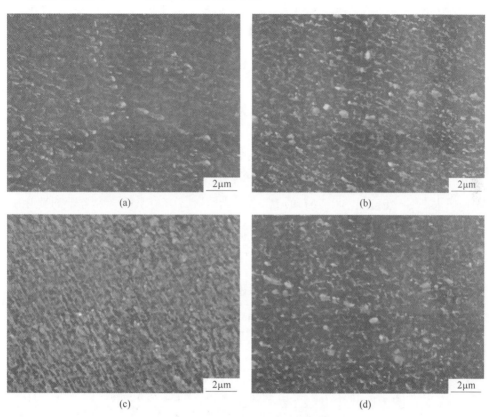

图 5-32　不同 Cu 含量 G115 钢回火态时背散射电子图像
（a）G115-1；（b）G115-2；（c）G115-3；（d）G115-4

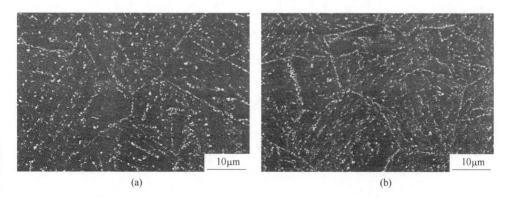

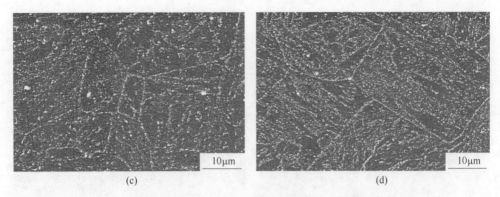

图 5-33　不同 Cu 含量 G115 钢 650℃时效 1000h 时背散射电子图像

(a) G115-1；(b) G115-2；(c) G115-3；(d) G115-4

采用相分析方法，分别将回火态及 650℃时效 1000h 时析出相萃取出来，采用 ICP-OES 测试各样品中析出相总量及各元素占比，分析结果见表 5-12。可以看出，回火态时，仅有富 V 和 Nb 的 MX 相和富 Cr 的 $M_{23}C_6$ 相，Cu 含量的变化对试验钢中析出相的总量及各析出相组成影响不大。经过 650℃时效 1000h 后，以 Fe_2W 为主的 Laves 相析出，使得析出相粉末中 W 含量大大升高，且随着 Cu 含量的升高，Fe、W 元素的含量及析出相的总量均略微升高，说明 Cu 含量的升高可促进 Laves 相的析出，这与文献 [7] 所述 Cu 促进 Laves 相的形核相吻合。

表 5-12　不同 Cu 含量 G115 钢析出相含量及元素组成

试样号	试样状态	Fe	Co	Cr	Cu	Mn	V	Nb	W	Σ
1	回火态	0.459	0.010	0.822	0.003	0.016	0.038	0.070	0.284	1.70
2	回火态	0.465	0.010	0.844	0.005	0.015	0.042	0.073	0.315	1.77
3	回火态	0.462	0.011	0.843	0.006	0.014	0.045	0.071	0.337	1.79
4	回火态	0.455	0.010	0.848	0.006	0.014	0.047	0.074	0.322	1.78
1	时效 1000h	1.04	0.030	1.03	0.005	0.031	0.039	0.070	1.62	3.87
2	时效 1000h	1.05	0.032	1.03	0.006	0.030	0.041	0.073	1.72	3.98
3	时效 1000h	1.06	0.034	1.11	0.007	0.030	0.047	0.072	1.80	4.16
4	时效 1000h	1.10	0.035	1.08	0.006	0.030	0.048	0.073	1.82	4.19

图 5-34 为不同 Cu 含量对 G115 试验钢显微维氏硬度影响，随 Cu 含量升高，硬度呈缓慢升高趋势。影响硬度的因素是多重的，如晶粒尺寸、组织类型、析出相等。前述试验已知不同 Cu 含量 G115 试验钢回火态时均为回火马氏体组织，且 Cu 含量变化对其析出相的含量影响有限。随着 Cu 含量升高，从基体中析出的富 Cu 相含量升高，可起到析出强化的作用，从而使硬度升高。

图 5-35 为不同 Cu 含量对 G115 试验钢 650℃时效不同时间后高温拉伸性能的影响。时效过程中，随 Cu 含量升高，抗拉强度（R_m）和屈服强度（$R_{p0.2}$）缓

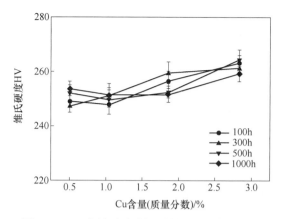

图 5-34 Cu 含量对试验钢显微维氏硬度的影响

慢升高，断后伸长率 A 略微下降，不同时效时间条件下基本上均大于 20%。断面收缩率 Z 则随 Cu 含量升高而降低。以时效 1000h 试样为例，含 Cu 0.50% 时 Z 为 83.4%，当升高 Cu 含量至 2.86% 时，Z 降为 77.0%。

图 5-36 为不同 Cu 含量对 G115 试验钢 650℃ 时效不同时间后室温冲击性能的影响。可以看出不同时效时间后，冲击功随 Cu 含量升高变化不大，平均冲击功均维持在 20J 左右。

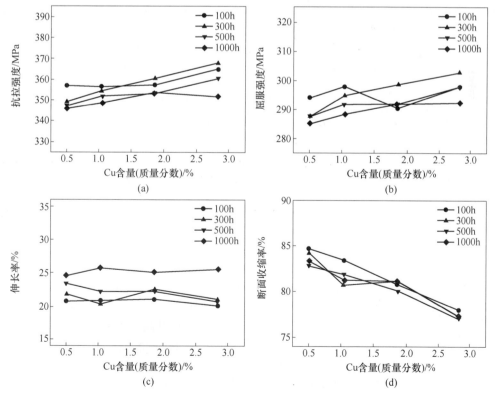

图 5-35 Cu 含量对 G115 试验钢 650℃ 高温拉伸性能的影响

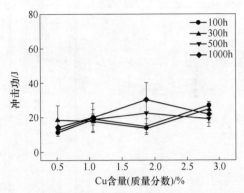

图 5-36　Cu 含量对 G115 试验钢室温冲击性能的影响

参 考 文 献

[1] Hättestrand M, Andrén H. Microstructural development during ageing of an 11% chromium steel alloyed with copper [J]. Materials Science and Engineering：A, 2001, 318 (1)：94-101.

[2] Hättestrand M, Schwind M, Andrén H. Microanalysis of two creep resistant 9%~12% chromium steels [J]. Materials Science and Engineering：A, 1998, 250 (1)：27-36.

[3] 杨丽霞. 超超临界机组用耐热钢 G115 中 Cu 的多尺度表征及成分、组织、性能相关性研究 [D]. 北京：钢铁研究总院, 2017.

[4] 严鹏. 新型马氏体耐热钢 G115 的组织与性能研究 [D]. 北京：清华大学, 2014.

[5] Bo S. Thermodynamic databanks, visions and facts [J]. Scandinavian journal of metallurgy, 1991, 20 (1)：79-85.

[6] Iseda A, Okada H, Semba H, et al. Long term creep properties and microstructure of SUPER304H, TP347HFG and HR3C for A-USC boilers [J]. Energy Materials, 2007, 2 (4)：199-206.

[7] Stiller K, Danoix F, Bostel A. Investigation of precipitation in a new maraging stainless steel [J]. Applied Surface Science, 1996, 94：326-333.

6　G115钢工程热塑性

G115马氏体耐热钢可应用于600~630℃超超临界燃煤电站包括主蒸汽管道在内的大小口径锅炉管，而且还要应用于电站中三通、弯头、支吊架、各种形状铸锻件等部件。这些部件的工程热变形方式包括自由锻、模锻、热轧、热穿孔、热挤压等。由于热成形过程复杂多样，有必要对G115钢的工程热塑性问题开展较为系统的研究。

6.1　G115钢的真应力-真应变曲线及其显微组织

作者前期开展了G115钢不同变形温度和应变速率条件下真应力-真应变曲线和显微组织研究，通过对热变形数据统计分析，获得了G115钢热塑性本构方程和热加工图，奠定了G115钢热变形研究基础[1,2]。在此基础上，本章重点讨论G115钢的工程热塑性问题。

G115钢在应变速率为1s^{-1}时不同变形温度和变形量时真应力-真应变曲线如图6-1所示，为便于对比图6-1（a）~（g）采用相同的横-纵坐标。随变形温度

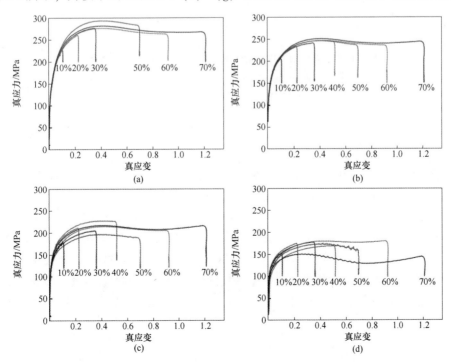

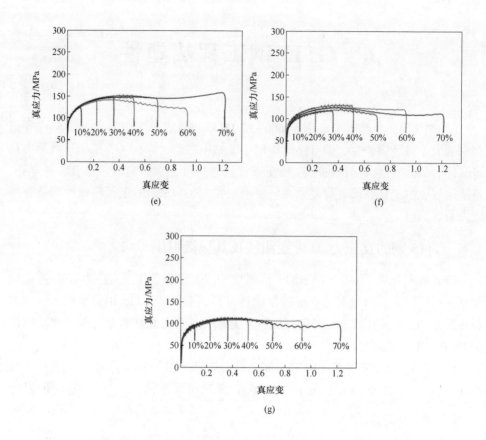

图 6-1　G115 钢不同变形量和温度条件下真应力-真应变曲线

(a) 900℃；(b) 950℃；(c) 1000℃；(d) 1050℃；

(e) 1100℃；(f) 1150℃；(g) 1180℃

升高，峰值应力降低。热变形时需要超过某个临界最小变形量，试样才能发生动态再结晶。测试试样在变形温度从 900℃ 升高到 1180℃ 过程中，峰值应力对应的变形量均在 20%~30% 范围内。当变形温度小于 1050℃ 时，应力-应变曲线出现单峰。当变形温度大于或等于 1050℃ 时，应力-应变曲线出现多峰摆动形状。根据物理冶金经典理论[3]，钢中发生动态再结晶时，应力-应变曲线可出现单峰也可出现多峰。一般当形变温度低或应变速率高时，出现单峰。当形变温度升高或应变速率减小时，可能出现多峰。G115 钢在 900~1180℃ 不同变形量条件下热压缩后金相组织如图 6-2~图 6-8 所示，在相同变形温度下，随变形量的增加，试样发生动态再结晶率增加。在相同变形量时，随变形温度增大，试样发生动态再结晶率增加。

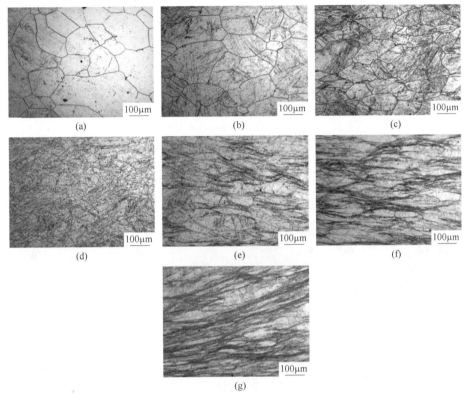

图 6-2　G115 钢在 900℃不同变形量条件下金相组织

（a）10%；（b）20%；（c）30%；（d）40%；（e）50%；（f）60%；（g）70%

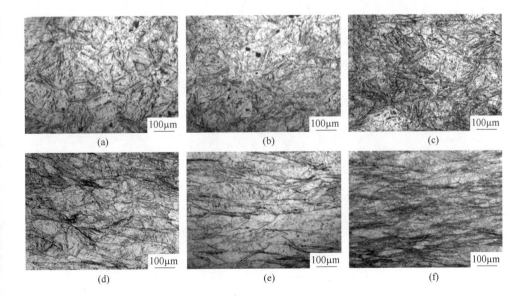

(g)

图 6-3　G115 钢在 950℃不同变形量条件下金相组织

（a）10%；（b）20%；（c）30%；（d）40%；（e）50%；（f）60%；（g）70%

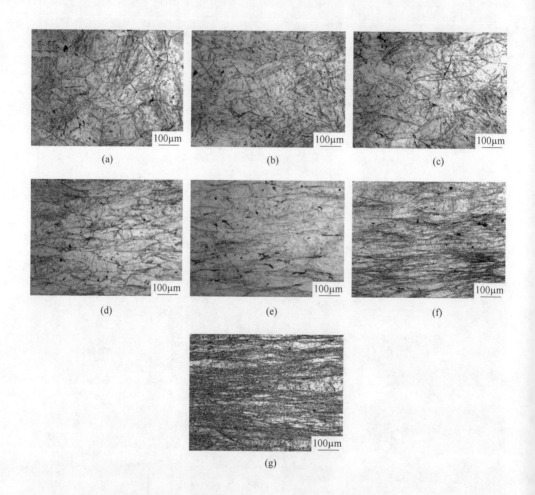

图 6-4　G115 钢在 1000℃不同变形量条件下金相组织

（a）10%；（b）20%；（c）30%；（d）40%；（e）50%；（f）60%；（g）70%

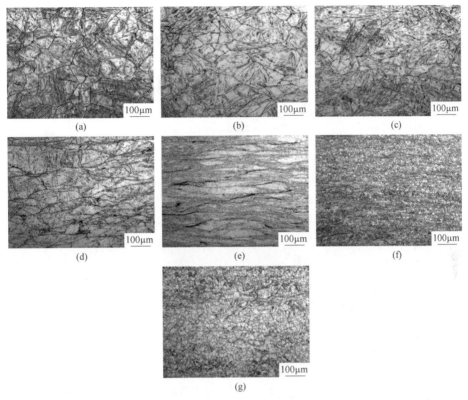

图 6-5 G115 钢在 1050℃ 不同变形量条件下金相组织

(a) 10%；(b) 20%；(c) 30%；(d) 40%；(e) 50%；(f) 60%；(g) 70%

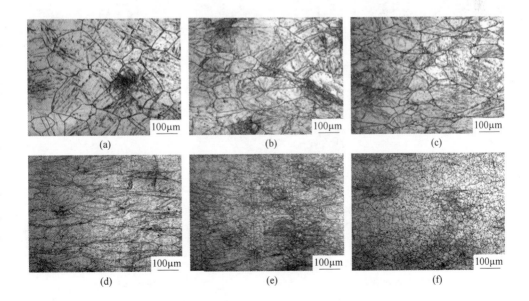

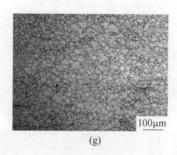

(g)

图 6-6　G115 钢在 1100℃不同变形量条件下金相组织

（a）10%；（b）20%；（c）30%；（d）40%；（e）50%；（f）60%；（g）70%

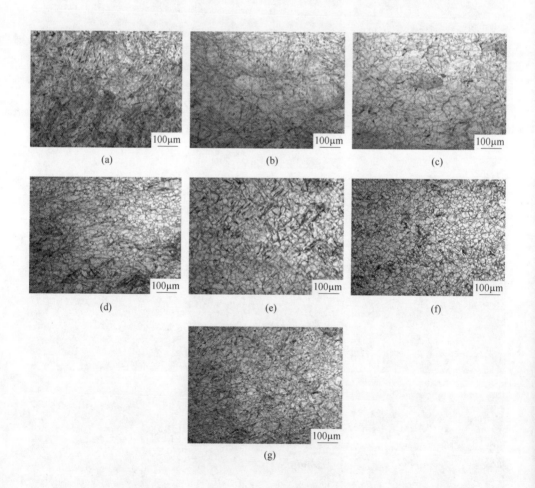

图 6-7　G115 钢在 1150℃不同变形量条件下金相组织

（a）10%；（b）20%；（c）30%；（d）40%；（e）50%；（f）60%；（g）70%

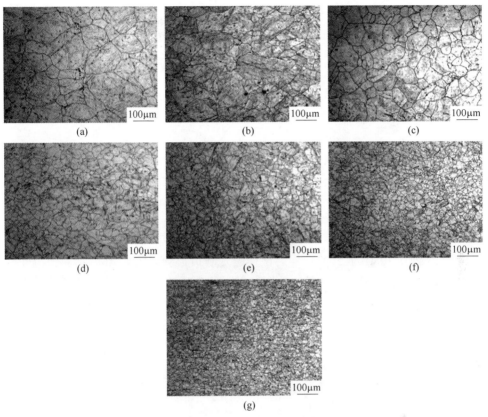

图 6-8　G115 钢在 1180℃不同变形量条件下金相组织

（a）10%；（b）20%；（c）30%；（d）40%；（e）50%；（f）60%；（g）70%

6.2　G115 钢的典型热塑性曲线

G115 钢在 1080~1250℃范围内不同变形温度的热塑性曲线如图 6-9 所示，随变形温度升高，G115 钢试样的抗拉强度逐渐降低。当变形温度为 1080℃时，对应的抗拉强度约为 205MPa。当变形温度为 1250℃时，对应的抗拉强度为 67MPa。必须注意的是在变形温度为 1140~1150℃附近，G115 钢试样的断面收缩率出现大幅度陡降，断面收缩率从 80%陡降到 40%左右。而当变形温度从 1150℃增加到 1200℃过程中，试样的断面收缩率继续大幅降低到 20%以下。P92 钢在这一温度范围具有较高塑性[4]，G115 钢热塑性曲线出现这一现象的本质原因与该钢的热强机理设计有关，在本书的前述章节已经进行了讨论，主要是 B 元素等因素的影响。图 6-9 提示在工程上开放式大应变变形时，G115 钢的热变形温度上限一般应不超过 1140~1150℃。

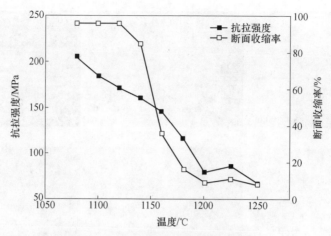

图 6-9 G115 钢的典型热塑性曲线

G115 钢在 1080~1250℃拉伸后试样宏观断口形貌如图 6-10 所示，当拉伸变形温度低于 1140℃时，试样断口处均发生明显"颈缩"，说明热塑性较高。当拉伸变形温度高于 1160℃时，试样断口处"颈缩"不明显。当拉伸变形温度高于 1200℃时，试样断口处几乎无"颈缩"，属于典型的脆性断裂，与图 6-9 中显示的断面收缩率变化趋势一致。

图 6-10 G115 钢 1080~1250℃拉伸试样拉断后断口宏观形貌

对 G115 钢热塑性试样断口进行了扫描电镜观察，结果如图 6-11 所示。当拉伸变形温度为 1140℃时，试样断口存在大量韧窝，表明断裂方式为韧性断裂。当拉伸变形温度为 1160℃时，试样断口基本上为"冰糖状"，为典型沿晶断裂，表明断裂方式为脆性断裂，塑性较差。

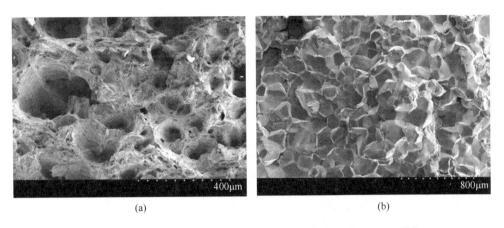

(a)　　　　　　　　　　　　　　(b)

图 6-11　G115 钢试样在不同拉伸变形温度下拉断后断口 SEM 形貌
(a) 1140℃；(b) 1160℃

　　G115 钢在 1140℃和 1160℃拉伸变形后，沿试样轴向剖开进行断口附近金相 SEM 观察如图 6-12 所示。可以看出，在两个拉伸变形温度下，拉断裂纹均源于晶界。在 1140~1150℃附近，拉伸应力对 G115 钢的晶界（相对薄弱处）结合力而言可能达到了一个临界值。

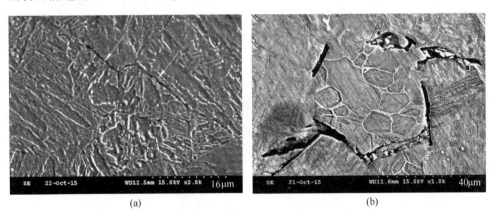

(a)　　　　　　　　　　　　　　(b)

图 6-12　G115 钢在不同温度下拉断后试样轴向断口附近裂纹源 SEM 观察
(a) 1140℃；(b) 1160℃

6.3　应变速率对 G115 钢热塑性的影响

　　应变速率对 G115 钢抗拉强度的影响如图 6-13 所示。在相同变形温度下，应变速率越高，G115 试样的抗拉强度越大。在 1100℃和 1150℃拉断时，G115 钢试样的抗拉强度相差分别约为 50MPa 和 30MPa。

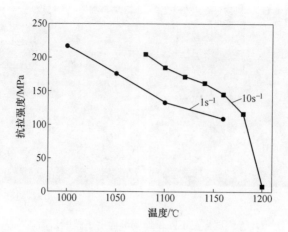

图 6-13　应变速率对 G115 钢试样抗拉强度影响

　　应变速率对 G115 钢断面收缩率影响如图 6-14 所示。当应变速率为 1s⁻¹时，在 1000~1160℃温度范围内变形，G115 钢试样的断面收缩率均保持为非常高数值，对变形温度不敏感。而当应变速率为 10s⁻¹时，在 1140~1150℃附近拉伸变形时，G115 钢试样的断面收缩率陡然大幅度降低，与图 6-9 的情况对应。这说明在 1000~1200℃温度范围内拉伸变形时，如果采用非常低的应变速率，G115 钢的断面收缩率仍可保持比较高的数值。而采用高应变速率时，G115 钢的断面收缩率在 1140~1150℃附近陡然大幅度降低。当应变速率为 1s⁻¹时，G115 钢热拉伸试样断口的宏观形貌如图 6-15 所示，可见在低应变速率时，1160℃变形拉断后 G115 钢试样断口处"颈缩"明显，表明热塑性良好。

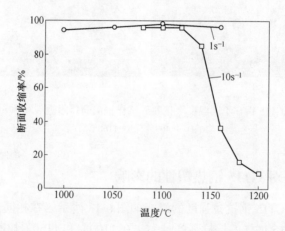

图 6-14　应变速率对 G115 钢试样断面收缩率影响

图 6-15　G115 钢在低应变速率下热拉伸试样断口宏观形貌（应变速率 $1s^{-1}$）

6.4 热处理对经不同热变形 G115 钢晶粒演变的影响

G115 钢在 1000 ~ 1180℃ 温度范围内不同变形量（变形量为 10%、40%、70%）热压缩后经 1070℃ 保温 0.5h 热处理后金相组织如图 6-16 ~ 图 6-20 所示，热变形过程中的不完全动态再结晶将对 G115 钢后续晶粒的均匀性产生不利影响。

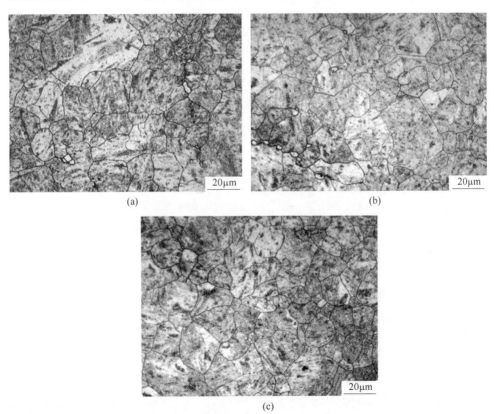

图 6-16　G115 钢 1000℃ 不同变形量条件下经 1070℃/0.5h 处理后金相组织
（a）10%；（b）40%；（c）70%

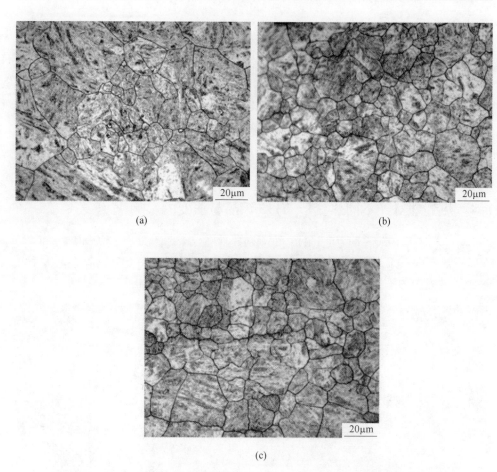

图 6-17　G115 钢 1050℃不同变形量条件下经 1070℃/0.5h 处理后金相组织
(a) 10%；(b) 50%；(c) 70%

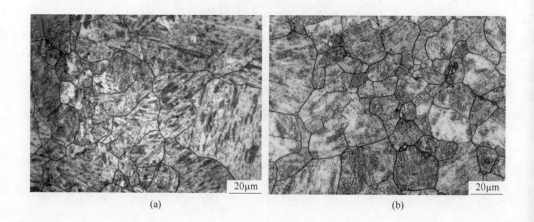

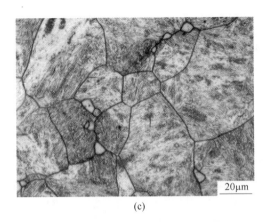

(c)

图 6-18 G115 钢 1100℃不同变形量条件下经 1070℃/0.5h 处理后金相组织

(a) 10%；(b) 40%；(c) 70%

(a)   (b)

(c)

图 6-19 G115 钢 1150℃不同变形量条件下经 1070℃/0.5h 处理后金相组织

(a) 10%；(b) 40%；(c) 70%

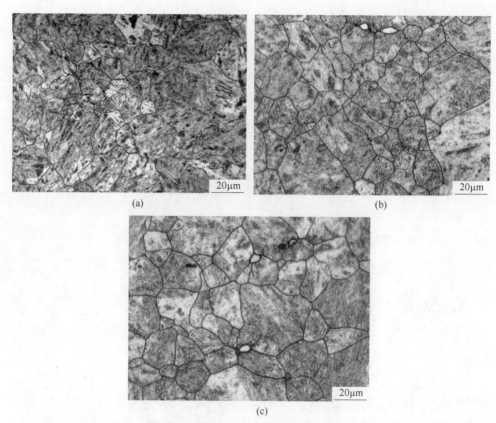

图 6-20　G115 钢 1180℃不同变形量条件下经 1070℃/0.5h 处理后金相组织

（a）10%；（b）40%；（c）70%

综上实验研究结果，对于开放式变形，推荐 G115 钢热变形温度范围为 900~
1140℃，且末火次变形量应不小于 30%，变形速率对 G115 钢的高温热塑性有明
显影响。对于三向压应力状态热变形，热变形前 G115 钢的表面温度上限可提高
到 1200℃左右实施大应变变形。

参 考 文 献

[1] 刘正东. 电站耐热材料的选择性强化设计与实践 [M]. 北京：冶金工业出版社，2017.
[2] 陈正宗. 电站用新型耐热材料工程化关键问题研究 [R]. 钢铁研究总院博士后出站报
告，2017.
[3] 余永宁. 金属学原理 [M]. 北京：冶金工业出版社，2000.
[4] 赵振铎，原凌云，陈金虎，等. 电站锅炉用耐热材料 P92 热变形行为及组织研究 [J]. 热
加工工艺，2015，44（14）：104-106.

7 G115钢的抗蒸汽氧化性能

目前国内没有统一的蒸汽氧化实验方法及实验设备，G115钢的抗蒸汽氧化性能测试采用一种高温蒸汽氧化试验设备（设备专利号CN 101118211）实施，设备如图7-1所示。该设备可制造低氧分压高温流动蒸汽，模拟实现金属材料的高温蒸汽氧化。G115钢蒸汽氧化实验过程参照电力行业标准《火电厂金属材料高温蒸汽氧化实验方法》（DL/T 1162—2012）实施。

图7-1 蒸汽氧化实验设备

7.1 G115钢蒸汽氧化增重试验

G115钢在600℃、650℃和700℃温度下氧化增重与时间的关系曲线如图7-2所示。根据上述实验数据，G115钢在上述实验温度下的氧化增重动力学公式拟合为式（7-1）~式（7-3），其中ΔW为试样单位面积氧化增重，单位为mg/cm^2，t为氧化试验时间，单位为h。金属高温氧化过程通常可分为多个阶段[1]，在氧化的早期通过气体分子与金属表面碰撞、物理吸附、化学键结合等过程在金属表面形成初始氧化膜，这一阶段氧化增重较为缓慢。在初始氧化膜形成以后，氧化膜进入稳定生长阶段，该阶段氧化增重呈现出较为稳定的规律，氧化膜的生长过程受反应物传质过程控制。当氧化膜达到一定厚度，氧化膜发生剥落，氧化增重出现明显的拐点。由图7-2可以看出，G115 钢在氧化25h后，氧化增重规律性非常明显，说明已经进入氧化膜的稳定生长阶段，短时间内也没有出现氧化膜剥落。

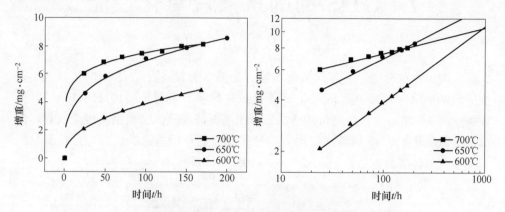

图 7-2　G115 钢 600℃、650℃和 700℃的蒸汽氧化增重-时间关系曲线

$$\Delta W_{600} = 0.521 \times t^{0.434} \qquad (7-1)$$

$$\Delta W_{650} = 1.82 \times t^{0.29} \qquad (7-2)$$

$$\Delta W_{700} = 3.72 \times t^{0.15} \qquad (7-3)$$

实验温度为 600℃时，G115 钢试样的氧化增重明显低于 650℃和 700℃时的氧化增重。提高氧化实验温度一方面提高元素的扩散系数，另一方面也提高原子的碰撞概率加速化学反应速率。在 650~700℃温度区间，G115 钢氧化速率并不是随着温度增加而单调增加。氧化实验的前 150h 内，700℃温度下 G115 钢的氧化增重较大，但 150h 以后 700℃的氧化增重（由动力学拟合结果推测）低于 650℃的氧化增重，即 700℃的长期氧化增重低于 650℃。这种高温低增重的异常现象在其他新型马氏体钢[2]中也有观察到，这一现象通常可能是由氧化膜结构改变引起的。

根据 GB/T 13303—1991 中对钢抗氧化性能的评级，G115 钢在 600℃、650℃及 700℃均可评为"完全抗氧化性"级别（以年增重计算）。不过由于电站锅炉用耐热钢服役时间长，该评级方法是否适用尚待考察。另外，因为实验条件与实际工况差异较大，也不宜简单地将实验室增重结果认为是实际工况下的增重。为对照考虑，在进行 G115 钢氧化实验的同时，也测试了有丰富实际工程应用数据的 P92 钢的氧化增重，图 7-3 为 G115 钢和 P92 钢同炉 650℃实验的氧化增重曲线。实验中分别对 G115 钢和 P92 钢的十余组平行试样进行了对比测试，图 7-3 中曲线不同符号代表着不同的测试试样批次。虽然测试数据有一定分散性，但总体上可以得出 G115 钢氧化增重低于 P92 钢氧化增重的结论。对上述部分批次试样测试结果进行增重动力学拟合，得到拟合公式（7-4），其中 k 为氧化速率常数，n 为时间指数，拟合情况见表7-1。由拟合结果来看，P92钢的氧化速率常数略低于G115钢，但其时间指数明显高于G115钢，从长期试验结果看，P92钢的整体氧化速率明显高于G115钢。

$$\Delta W = kt^n \tag{7-4}$$

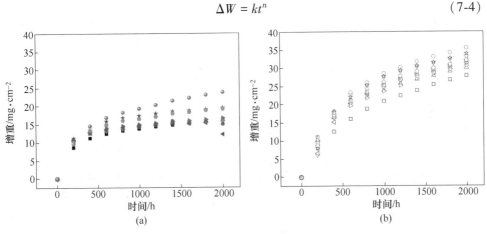

图 7-3　G115钢和P92钢650℃蒸汽氧化增重-时间关系曲线

（a）G115钢；（b）P92钢

表 7-1　G115钢和P92钢增重数据拟合参数

数　据	k		n		相关系数
	拟合值	标准差	拟合值	标准差	
G115 最低值	2.683	0.158	0.235	0.008	0.988
G115 中间值	2.900	0.296	0.250	0.015	0.976
G115 最高值	1.859	0.258	0.337	0.019	0.977
P92 最低值	0.828	0.051	0.463	0.008	0.997
P92 中间值	1.111	0.401	0.461	0.050	0.933
P92 最高值	1.276	0.296	0424	0.032	0.962

7.2　G115钢氧化膜形貌特征

7.2.1　氧化膜表面形貌

蒸汽氧化后的G115钢试样表面均为氧化物层覆盖，图7-4为G115钢650℃蒸汽氧化不同处理时间后表层形貌。氧化200h后，试样表面氧化物呈颗粒状，有一定晶体学切面特征，氧化膜表层可观察到少量孔洞，通常认为这些孔洞是氧化过程中气体进出的通道。氧化1000h后，试样表面形成晶须状氧化物，气孔消

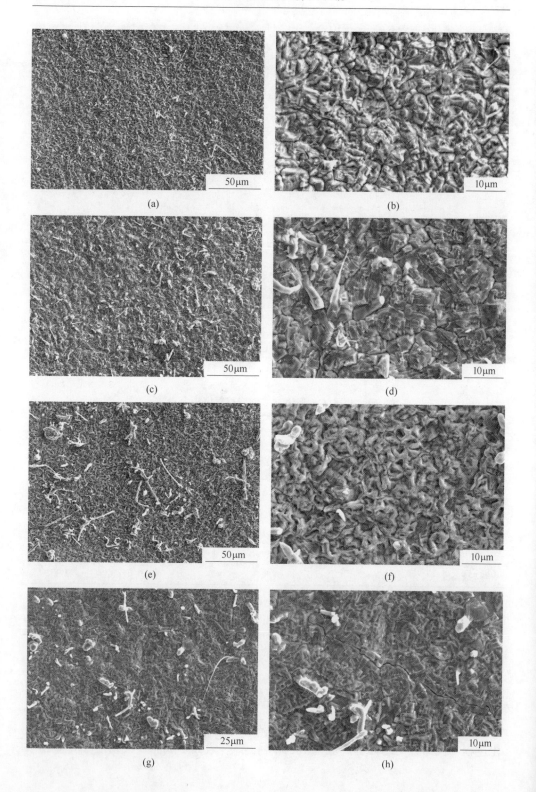

(a)　　　　　　　　　　　　　　　　　(b)

(c)　　　　　　　　　　　　　　　　　(d)

(e)　　　　　　　　　　　　　　　　　(f)

(g)　　　　　　　　　　　　　　　　　(h)

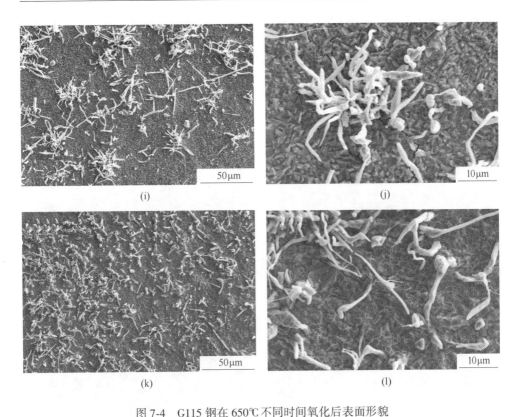

图 7-4　G115 钢在 650℃不同时间氧化后表面形貌

(a)，(b) 200h；(c)，(d) 400h；(e)，(f) 800h；(g)，(h) 1000h；(i)，(j) 1200h；(k)，(l) 2000h

失，试样表层的氧化物也不再具有晶体特征，当氧化膜较厚时，Fe 不会扩散至试样表面后再形成氧化物。在随后的氧化过程中，氧化膜的表面形貌基本没有显著变化。需要说明的是，试验过程中发现试样氧化膜表面形貌特征受环境影响较大，孔洞的出现与消失、表面氧化物的晶体学形态、晶须状氧化物的大小与多少等特征的变化在不同批次试样中是有所差异的。

G115 钢试样在 600℃氧化后的表面形貌与 650℃氧化后表面形貌接近，如图7-5所示。由于氧化膜相对较薄，表层氧化物的晶体学切面特征和孔洞都比较明显。G115 钢试样在 700℃氧化后的表面形貌与 600℃和 650℃氧化后的表面差异较大，尤其是在氧化实验的早期，图 7-6 为 G115 钢试样在 700℃蒸汽中氧化 24h 和 72h 后的表面形貌，从图 7-6 (a)、(b) 中可以看出表层形貌不均匀，部分是颗粒状的氧化物，部分是褶皱状的氧化物，还有一部分是具有条纹的氧化物。对其成分进行鉴定结果表明，表层各个部分主要成分均为 Fe、O，即各部分均为 Fe 的氧化物。从形态上分析，褶皱状的氧化物应为 Fe_2O_3，条纹状的氧化物是具有磁铁矿特征的 Fe_3O_4。氧化 72h 后的试样表面形成了大量凸起，从环形的条纹特征来看，应为

Fe$_3$O$_4$。总体来看，700℃时的氧化膜均匀性较差，表面氧化物形态也与 600℃及 650℃的结果有一定差异，但目前尚未搞清楚产生这些差异的原因。

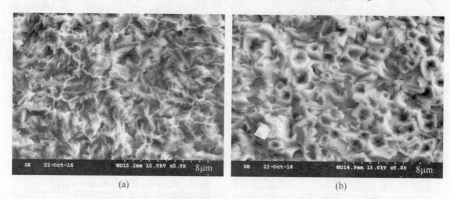

图 7-5　G115 钢 600℃蒸汽氧化后的表面形貌

(a) 72h；(b) 120h

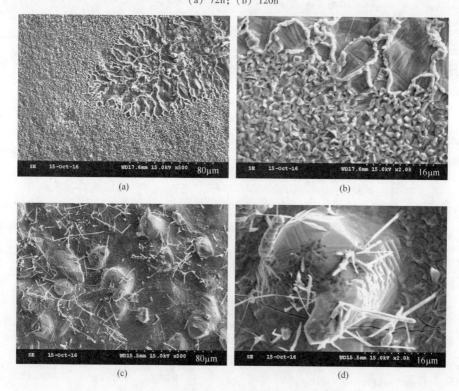

图 7-6　G115 钢 700℃蒸汽氧化后的表面形貌

(a)，(b) 24h；(c)，(d) 72h

图 7-7 为 G115 钢在 650℃氧化 2000h 试样的表面 XRD 分析谱，在该温度下氧化处理后 G115 钢试样表层物相组成主要是 Fe$_3$O$_4$ 和 Fe$_2$O$_3$。

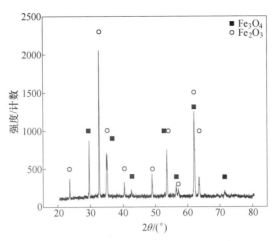

图 7-7　G115 钢在 650℃水蒸气中氧化 2000h 后
表层氧化物 XRD 分析结果

7.2.2　截面形貌

　　图 7-8～图 7-10 为 G115 钢在 600℃、650℃和 700℃蒸汽中氧化不同处理时间
后试样氧化膜的截面形貌。由图 7-8 可见，600℃氧化膜为多层结构，包括氧化
膜外层、氧化膜内层和金属-氧化物混合组织区。随着氧化时间的延长，氧化膜
结构特征没有明显变化，仅仅是氧化膜的厚度有所增加。氧化 24h 后，氧化膜的
厚度约为 16.7μm，氧化 120h 后，氧化膜厚度约为 36.2μm。对氧化 72h 后的试
样进行了元素分布分析，其结果如图 7-11 所示。由 Cr 元素分布图可见，该试样
氧化膜中没有显著 Cr 富集现象。由氧化膜形貌特征和 Cr 的分布图来看，G115
钢在 600℃氧化时短期内没有发生 Cr 的富集。由图 7-9 可见，650℃氧化膜也为
多层结构，包括氧化膜外层和氧化膜内层。与图 7-8 中不同的是，650℃的氧化
膜与基体金属界面非常清晰，没有金属-氧化物混合组织区。对氧化膜内元素分
布的分析如图 7-12 所示，氧化膜外层为富 Fe 区，内层为贫 Fe 区，Cr 元素在内
层及氧化膜/基体界面处发生显著富集。在氧化膜/基体界面处虽然有 Cr 元素富
集，但富 Cr 层较薄，图 7-13 显示了界面附近的元素线分布情况，可以看到该富
Cr 层的厚度小于 2μm。由图 7-10 可见，700℃形成的氧化膜也为多层结构。
700℃氧化 1h 后，氧化皮的厚度约 16.8μm，氧化 5h 后的厚度约 28.7μm。氧化
时间从 1h 到 5h，氧化皮结构特征变化不大，氧化皮均由氧化皮外层、内层和金
属-氧化物混合组织区构成，仅仅是厚度有所增加。当氧化时间延长到 10h 后，
氧化皮内开始出现大量的清晰氧化皮/基体界面，说明大部分位置已经形成了外
氧化层。氧化 24h 以后，氧化皮/基体界面附近的金属-氧化物混合组织区基本完

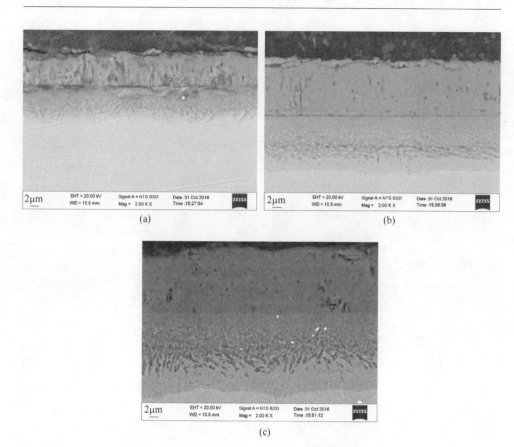

图 7-8　G115 钢 600℃蒸汽氧化后氧化膜截面形貌

（a）24h；（b）72h；（c）120h

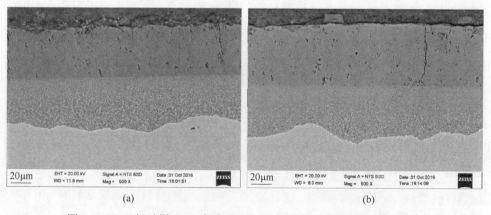

图 7-9　G115 钢试样 650℃氧化 200h、400h 后氧化皮截面形貌 SEM 像

（a）240h；（b）400h

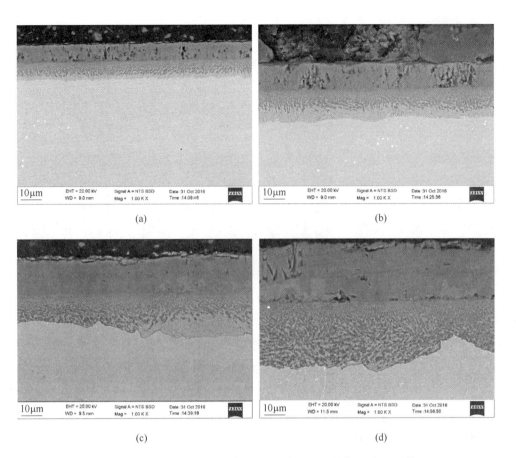

图 7-10　G115 钢 700℃氧化不同时间后氧化皮结构形貌 SEM 像

（a）1h；（b）5h；（c）10h；（d）24h

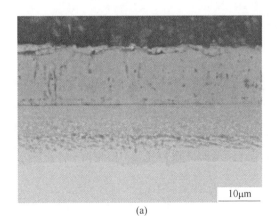

（a）

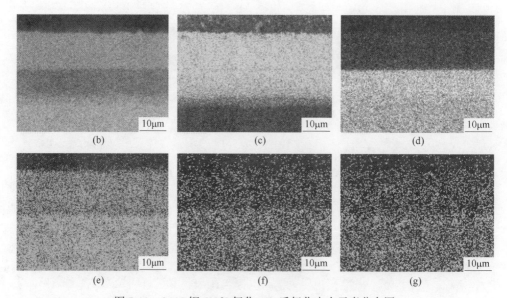

图 7-11　G115 钢 600℃氧化 72h 后氧化皮中元素分布图

（a）氧化 72h 后试样的电子图像；（b）Fe 元素分布；（c）O 元素分布；
（d）Cr 元素分布；（e）Co 元素分布；（f）W 元素分布；（g）Cu 元素分布

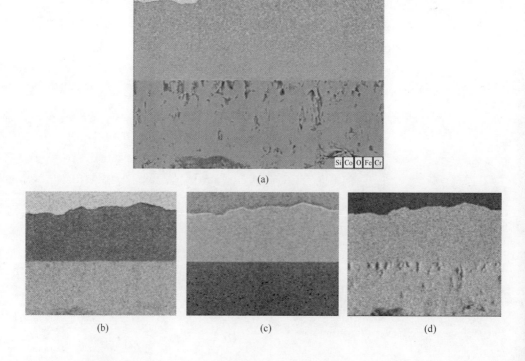

图 7-12　G115 钢 650℃氧化 600h 后氧化膜截面中的元素分布图

（a）氧化 600h 后试样的电子图像；（b）Fe 元素分布；（c）Cr 元素分布；
（d）O 元素分布；（e）W 元素分布；（f）Co 元素分布；（g）Cu 元素分布

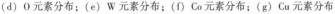

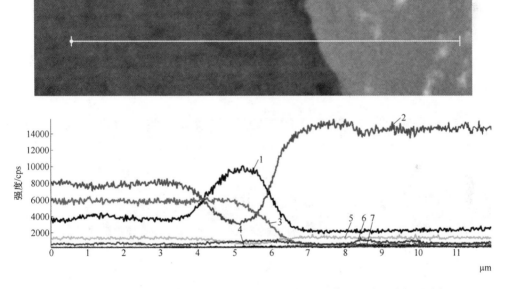

图 7-13　G115 钢 650℃氧化 1000h 试样氧化皮内层/基体界面附近线扫描分析

1—Cr Kα1；2—Fe Kα1；3—O Kα1；4—W Lα1；5—Co Kα1；6—Si Kα1；7—Cu Kα1

全消失。对图 7-10（c）中位置的元素分布分析与 650℃氧化 25h 后的结果相似。如图 7-14 所示，在清晰界面处出现 Cr 元素富集，而在金属-氧化物混合组织区 Cr 元素浓度均匀变化。与 650℃氧化情况相比，700℃的氧化皮同样经历了无外氧化层、局部生成外氧化层和外氧化层全覆盖等过程。但在 700℃氧化时，从无外氧化层到有外氧化层经历的时间更短、氧化皮/基体界面完全由外氧化层覆盖所经历的时间也更短。

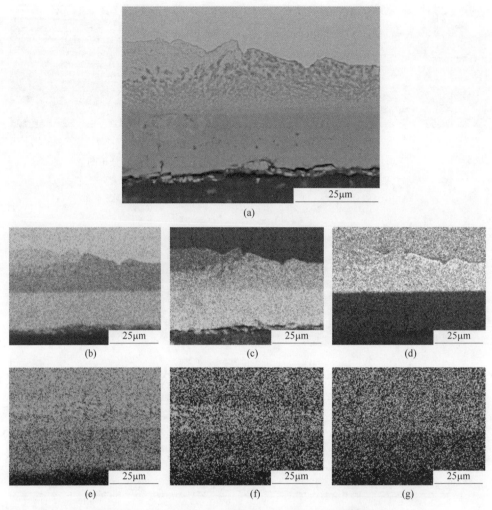

图 7-14　G115 钢 700℃氧化 10h 后氧化皮内元素分布图

（a）氧化 10h 后试样的电子图像；（b）Fe 元素分布；（c）O 元素分布；（d）Cr 元素分布；
（e）Ca 元素分布；（f）Cu 元素分布；（g）W 元素分布

　　G115 钢氧化膜截面呈多层结构，与多数 9% Cr 马氏体耐热钢氧化膜结构相似。氧化膜外层主要是由 Fe 元素向外扩散形成，为富 Fe 层。而内层由于 Fe 元素减少，Cr 元素的相对比例提高。在不同氧化温度下，氧化膜/基体界面附近的形貌有所不同。具体表现为：在 600℃氧化时该界面附近均是金属/氧化物混合组织，而在 650℃和 700℃氧化时，仅在氧化的早期才能观察到金属/氧化物混合组织，氧化时间延长后，界面处逐渐形成富 Cr 层。富 Cr 层的形成对氧化膜的抗氧化能力提高有利，这使 G115 钢具有更好的长期抗氧化能力。

　　对 G115 钢氧化膜的金属/氧化物界面进行了透射电镜观察和选区衍射分析（见图 7-15），在该界面附近的金属和氧化物层被微裂纹分隔开，在氧化物一侧靠近界面处存在一厚度约为 500nm 的致密区域，该区域内孔洞数量相对很少，对该致密区进行了选取电子衍射和能谱分析，发现该区域相结构为尖晶石结构（AB_2O_4），能谱结果显示该区域 Cr 原子与 Fe 原子比例接近 2∶1，从而推断该致密层为 $FeCr_2O_4$。对疏松的氧化内层的选取电子衍射和能谱分析则显示，内层中的 Cr 原子比例低于致密层，而相结构也是尖晶石相，推断其可能为（$FeCr$）$_3O_4$。

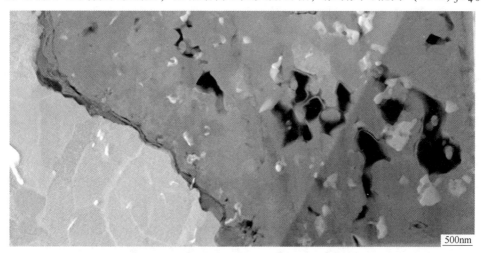

(a)

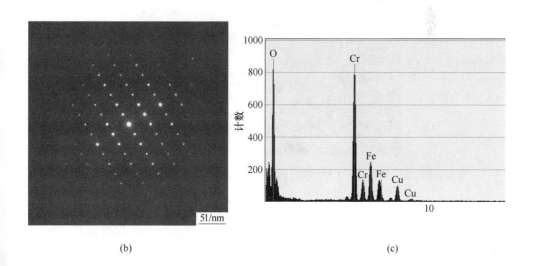

(b)　　　　　　　　　　　　　　(c)

图 7-15　G115 钢金属/氧化物界面显微组织和衍射斑及能谱

（a）致密区域；（b）电子衍射图；（c）能谱分析

7.3　晶粒尺寸对 G115 钢蒸汽氧化行为的影响

　　晶粒尺寸是影响氧化行为的重要因素之一。对于 Cr 含量约 18% 的 S30432、TP347H 等奥氏体耐热钢[3~7]，细化晶粒通常会降低材料的蒸汽氧化速率，表现为正效应。对于 Cr 含量约 2% 的 T22 等低合金耐热钢[8,9]，细化晶粒通常会提高材料的蒸汽氧化速率，表现为负效应。常见的马氏体耐热钢的 Cr 含量在 9%~12%，介于低合金钢耐热钢和奥氏体耐热钢之间。马氏体耐热钢的蒸汽氧化行为特征与低合金钢相似，因此通常认为晶粒尺寸对马氏体钢蒸汽氧化行为的影响应为负效应。Singh Raman 等人[10]测试了不同原奥晶粒尺寸（90μm、210μm、360μm）的 9Cr1Mo 马氏体耐热钢在空气中的氧化行为，发现细晶材料的氧化皮剥落最早，这似乎证实了晶粒尺寸的负效应。但也有研究结果表明[11]，细晶 P91 马氏体耐热钢在 650℃抗蒸汽氧化性能比粗晶 P91 钢更好。

　　G115 钢试样经 1100℃×1h+780℃×3h 工艺热处理，蒸汽氧化试样的晶粒尺寸约为 50μm。为获得细晶粒试样，对 G115 钢采用 1100℃×30min 水淬+1050℃×30min 水淬+780℃×3h 空冷回火工艺，获得蒸汽氧化试样的晶粒尺寸约为 20μm，如图 7-16 所示，将该试样与常规试样在完全相同的实验条件下进行 650℃蒸汽氧化实验，研究晶粒尺寸对 G115 钢蒸汽氧化行为的影响。

图 7-16　G115 经二次正火处理试样的金相组织

　　图 7-17 为细晶 G115 钢试样 650℃氧化 200h、600h、1000h 后表面形貌以及 200h 试样表面 XRD 谱图。氧化 200h 后，氧化皮表面平整，氧化物颗粒尺寸均匀，表面有条纹特征，无晶体切面特征。氧化物颗粒形貌特征符合磁铁矿晶体特征，初步推断为 Fe_3O_4 相。XRD 谱分析表明，试样表面为 Fe_3O_4 和 Fe_2O_3 相，Fe_3O_4 相具有明晰的择优取向分布。氧化 600h 后，氧化皮表面可以观察到条带状褶皱氧化物和氧化物晶芽，这两种形态的氧化物通常是 Fe_2O_3 相。氧化 1000h 后

的试样表面有大量的氧化物晶芽，晶芽长度可达 10μm。

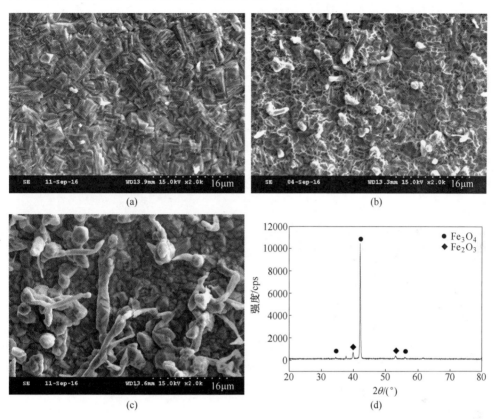

(a)　　　　　　　　　　　　　(b)

(c)　　　　　　　　　　　　　(d)

图 7-17　G115 钢细晶试样 650℃氧化不同时间后表面形貌 SEM 像

(a) 200h；(b) 600h；(c) 1000h；(d) 200h 表面 XRD 谱

图 7-18 为细晶 G115 钢试样 650℃氧化不同时间后氧化皮截面形貌 SEM 像。细晶 G115 钢试样的氧化皮结构与常规试样基本一致，包括氧化皮外层、内层，元素分布图也显示了富 Cr 带的存在，如图 7-19 所示。氧化过程中的主要变化是氧化层厚度的增加以及氧化皮内层未完全氧化组织比例降低。氧化初期试样的氧化皮中未完全氧化组织较多，该组织随着氧化时间延长而减少。整体上细晶 G115 钢试样的氧化皮结构特征与演变规律与常规试样一致。

图 7-20 为细晶 G115 钢试样 650℃氧化 200h 氧化皮中氧化皮/基体附近组织的显微结构，左侧为氧化皮内层，右侧为 G115 钢基体。可以看到氧化皮内层中有大量的孔洞和白亮的析出相。对比常规试样相同位置的组织形貌就会发现，细晶 G115 钢试样氧化 200h 后组织更接近常规试样氧化 2000h 后的组织。这表明细晶试样的氧化过程要比常规晶粒 G115 钢试样更快，更准确的说是 O 元素的扩散过程更快。

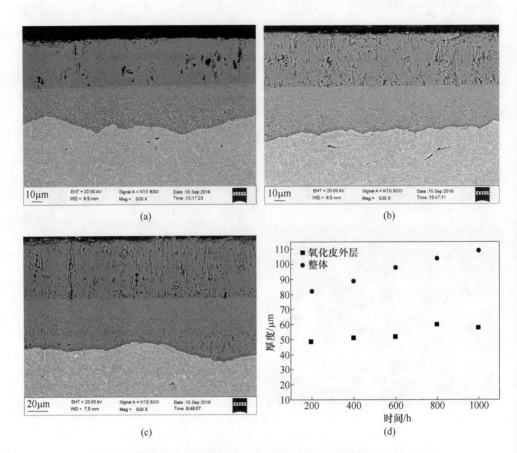

图 7-18   G115 钢细晶试样 650℃氧化不同时间后氧化皮截面形貌 SEM 像
(a) 200h；(b) 400h；(c) 1000h；(d) 氧化皮厚度统计

(a)

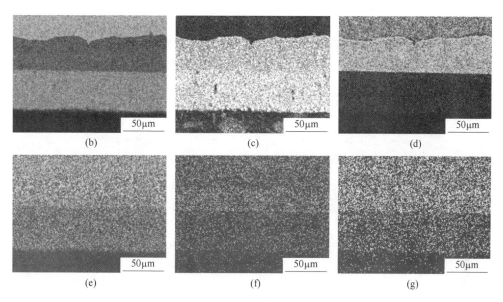

图 7-19 G115 钢细晶试样 650℃氧化 200h 氧化皮内元素分布图

（a）氧化皮 EDS 分层图像；（b）Fe 元素分布；（c）O 元素分布；（d）Cr 元素分布；

（e）Co 元素分布；（f）Cu 元素分布；（g）W 元素分布

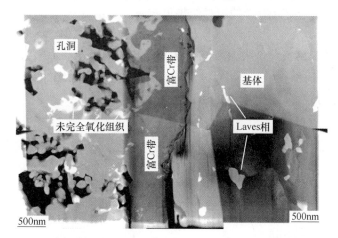

图 7-20 G115 钢细晶试样 650℃氧化 200h 氧化皮/基体附近组织的 STEM 像

图 7-21 为氧化 800h 后细晶 G115 钢试样与常规 G115 钢试样的氧化皮内层组织形貌，细晶试样氧化皮中有大量析出相（Laves 相），尺寸细小分布弥散，其分布与基体中的析出相具有明显的关联。常规试样氧化 200h 后，Laves 相分布也有这种特征，但随着氧化时间的延长，这种规律就逐渐消失了。常规试样氧化 800h 后，氧化皮内层中的析出相尺寸较大，分布弥散，但与基体中 Laves 相分布没有关联性。

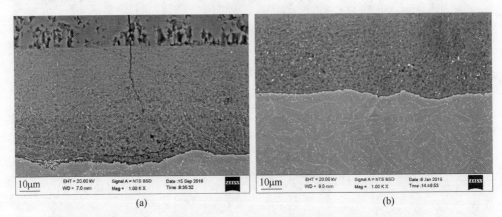

图 7-21　细晶 G115 钢与常规 G115 钢 650℃氧化 800h 氧化皮内层形貌 SEM 像

(a) 细晶 G115 钢；(b) 常规 G115 钢

　　图 7-22 为细晶 G115 钢试样在 650℃蒸汽中的氧化增重数据。由图 7-22 可知，在 200~600h 阶段，细晶 G115 钢试样的氧化速率高于常规 G115 钢试样。但 800h 后，细晶 G115 钢试样的氧化增重速率开始低于常规 G115 钢试样。对细晶 G115 钢试样氧化增重动力学的拟合结果见式（7-5）：

$$\Delta W_{G115-20} = 6.34 \times t^{0.11} \tag{7-5}$$

与常规 G115 钢试样的结果相比，细晶 G115 钢试样氧化动力学公式中的氧化速率常数 k 较大，时间指数 n 较小。整体上动力学结果表明细晶 G115 钢试样早期的氧化速率比常规 G115 钢试样更快，但长期氧化速率更慢。

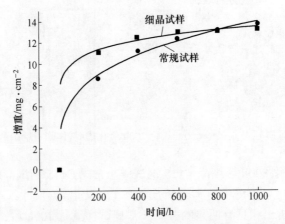

图 7-22　细晶 G115 钢试样氧化增重与时间关系曲线

　　图 7-23 为细晶 G115 钢试样和常规 G115 钢试样在 650℃蒸汽中氧化时氧化皮

厚度随时间的变化。可以看到，细晶 G115 钢试样的氧化皮厚度一直比常规 G115 钢试样小一些，这表明 O 元素在细晶试样中的渗透能力比常规试样中弱。对比图 7-22 和图 7-23 可以看出，采用增重和增厚两种方法对氧化动力学进行描述有一定差别。理想情况下，氧化层致密且均匀，氧化皮厚度和氧化增重应呈线性关系。但 G115 钢的氧化皮并不是均匀的，孔洞等缺陷和残留金属相的存在导致氧化皮厚度和氧化增重不再遵循线性相关规律。

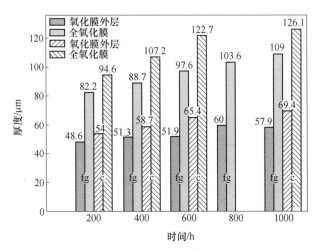

图 7-23　细晶 G115 钢试样（fg）和常规 G115 钢试样（c）氧化皮厚度随时间的变化

在机理上，细化晶粒对 G115 钢蒸汽氧化行为的影响与其对奥氏体钢的影响类似。但由于 G115 钢中的 Cr 元素含量仅 9%，远低于奥氏体钢中 Cr 元素含量，所以实际抗氧化效果也有明显差异。首先，G115 钢中的富 Cr 层是由 $FeCr_2O_4$ 相组成，而细晶或喷丸奥氏体耐热钢中的富 Cr 层通常由 Cr_2O_3 相组成。其次，G115 钢中的富 Cr 层位于氧化皮内层和基体之间，其厚度仅有 $1\sim2\mu m$，而细晶或喷丸奥氏体钢中的富 Cr 层通常位于试样的表面。由于 Cr_2O_3 相的抗氧化能力远优于 $FeCr_2O_4$ 或 Fe_3O_4 相，因此奥氏体耐热钢细化晶粒后抗氧化性能的提升非常显著。$FeCr_2O_4$ 相的抗氧化能力虽然比 Fe_3O_4 相强，但远不及 Cr_2O_3 相，因此细晶化处理对 G115 钢的抗氧化性能有所提升，但不像对细晶或喷丸奥氏体耐热钢那样显著。同时由于 G115 钢中氧化皮内层占比远高于富 Cr 层，且有金属相残留，因此细晶 G115 钢的氧化增重短时间内大于粗晶 G115 钢。

7.4　预氧化处理对 G115 钢蒸汽氧化行为的影响

7.4.1　低氧环境下的预氧化处理

为了得到较好的 G115 钢预氧化表面，在低氧环境下进行了预氧化处理。预氧化处理在封闭的管式炉中完成。具体过程为将清洗后的 G115 钢试样放入管式炉中，封闭管式炉法兰盘盖，然后对管式炉进行抽真空，至实验设备上压力表指示数值为 -0.04atm（-4.053kPa）时停止真空泵，充入氩气，至炉内压力达到 0.02atm（2.0265kPa）后封闭系统。对管式炉进行加热，至 750℃ 开始计时，连续氧化 50h。预氧化过程中若系统压力降低显著则适当补充氩气。计时时间结束后，通入氩气使管式炉冷却，至室温取出试样。预氧化处理条件参考了 Abe 等人[12]对 9Cr3W3Co 钢的预氧化处理条件。预氧化 G115 钢试样进行蒸汽氧化的条件与常规 G115 钢试样相同，氧化温度为 650℃，氧化时间间隔为 200h，氧化总时间为 1800h。

　　图 7-24 为预氧化处理 G115 钢试样的表面形貌。预氧化处理后 G115 钢试样表面完全由氧化物覆盖，试样发生全面氧化，氧化皮表层不平整，氧化物颗粒尺寸不均匀，颗粒形态不一，说明表层存在多种氧化产物。由图 7-24（b）可见，位于底层的氧化物尺寸较小，具有晶体切面特征，呈不规则多面体，其棱长小于 2μm。对上述试样表面两点的 EDS 分析结果如图 7-25 所示，表层氧化物中 Cr 元素含量远高于基体，这表明在预氧化过程中发生了强烈的选择性氧化，形成富 Cr 氧化物。EDS 分析结果还表明，表面氧化物中有少量的 Mn 和 Cu 元素等。Mn 元素能够形成尖晶石型氧化物，对抗氧化性能的提升有一定帮助，Mn 元素的选择性氧化在其他 9%Cr 钢的氧化行为中亦有发现。Cu 元素在氧化过程中向表面富集的情况很少，因为 Cu 元素的氧亲和势比 Fe 更低，不应发生选择性氧化。但本实验结果表明 Cu 元素在氧化过程中有向外溢出的倾向，而且有时还非常显著，局部 Cu 元素含量达到 16%（见图 7-25（c））。图 7-26 为该试样表面 XRD 谱图，从 XRD 分析结果可知，表面氧化产物有 Fe_2O_3、Cr_2O_3、CuO 和尖晶石相，其中尖晶石相可能是 Fe_3O_4、$FeCr_2O_4$ 或 $MnCr_2O_4$。

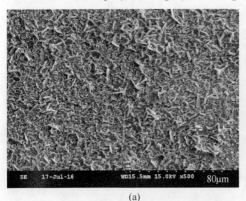

(a)　　　　　　　　　　　　　　　　(b)

图 7-24　低氧预氧化 G115 钢试样表面形貌 SEM 像

(a) 500 倍；(b) 2000 倍

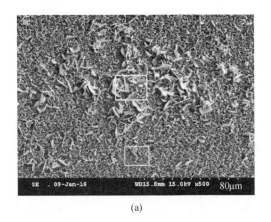

(a)

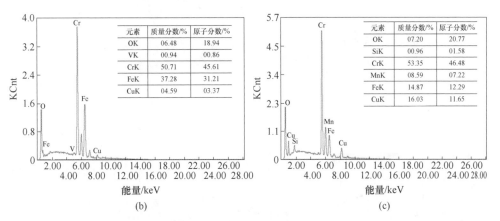

元素	质量分数/%	原子分数/%
OK	06.48	18.94
VK	00.94	00.86
CrK	50.71	45.61
FeK	37.28	31.21
CuK	04.59	03.37

元素	质量分数/%	原子分数/%
OK	07.20	20.77
SiK	00.96	01.58
CrK	53.35	46.48
MnK	08.59	07.22
FeK	14.87	12.29
CuK	16.03	11.65

(b)　　　　　　　　　　　　　　(c)

图 7-25　低氧预氧化 G115 钢试样表面 EDS 分析

（a）表层氧化物形貌；（b）对应图（a）中 1 点能谱；（c）对应图（a）中 2 点能谱

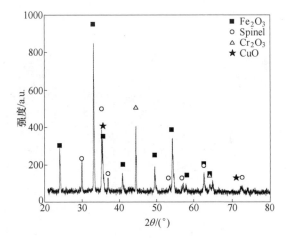

图 7-26　低氧预氧化 G115 钢试样表面 XRD 谱

　　图 7-27 为预氧化 G115 钢试样的氧化皮截面结构形貌及元素分布图，可见预氧化处理后 G115 钢试样的氧化皮很薄，没有明显的分层特征。对其元素分布的分析结果表明，氧化皮中富 Cr，最高处达到 42%，而 Fe 含量较少。氧化皮的外表面/气相界面起伏较大，这可能与表面的片层状氧化物有关。由 Cu 元素的分布图可以看到氧化皮中有明显 Cu 富集现象。

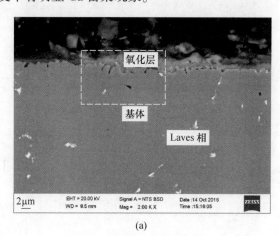

(a)

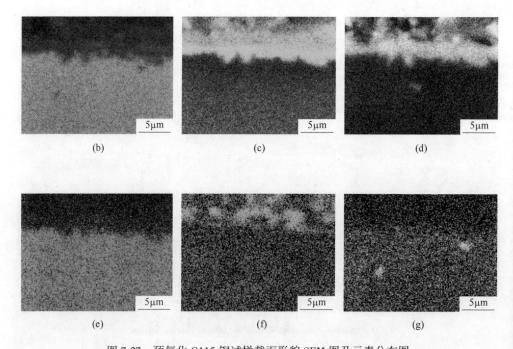

图 7-27　预氧化 G115 钢试样截面形貌 SEM 图及元素分布图

（a）试样截面形貌 SEM 图；（b）Fe 元素分布；（c）Cr 元素分布；（d）O 元素分布；

（e）Co 元素分布；（f）Cu 元素分布；（g）W 元素分布

7.4.2　低氧预氧化处理 G115 钢试样的蒸汽氧化动力学

图 7-28 为预氧化处理 G115 钢试样在 650℃的蒸汽氧化增重数据曲线。预氧化处理后，G115 钢试样的蒸汽氧化增重明显降低。氧化 1800h 后，预氧化 G115 钢试样增重不足 5mg/cm²，而未预氧化的试样在氧化 200h 后增重就达到 8.6mg/cm²，可见预氧化处理后 G115 钢试样的抗氧化能力有所提高。预氧化 G115 钢试样氧化增重规律与常规 G115 钢试样有显著差别，本试验数据表明其增重与氧化处理时间之间呈线性关系，而非幂函数关系，拟合相关系数为 0.998，动力学拟合结果见式（7-6）。通常直线规律是材料抗氧化性能差的表现，形成的氧化层也不具有保护性。氧化过程不受扩散过程控制而是受化学反应速率控制。

$$\Delta W = 0.0027 \times t \tag{7-6}$$

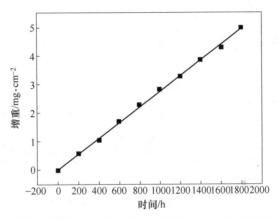

图 7-28　低氧预氧化 G115 钢试样 650℃蒸汽氧化增重与时间的关系

7.4.3　低氧预氧化试样蒸汽氧化后的氧化皮特征

图 7-29 为低氧预氧化 G115 钢试样在 650℃氧化不同时间后氧化皮表面的形貌。在水蒸气中氧化 200h 后，试样表面出现氧化物晶芽。与未蒸汽氧化的试样相比（见图 7-24），表面的大尺寸多面体氧化物和片层状氧化物基本消失，而底层小尺寸的氧化物仍然能够观察到。氧化 400h 后，氧化皮表层完全被氧化物晶芽覆盖（见图 7-29（a）），图 7-29（a）中底层的颗粒状氧化物已经难以观察。这说明在氧化过程中，氧化皮外层的生长是由新出现的晶芽构成的，新生成的氧化物是在原有氧化皮/蒸汽界面上形成的。从 400h 以后，氧化物晶芽逐渐发生粗化，呈颗粒堆积状。这种氧化物晶芽的演变过程与常规试样中氧化物晶芽的演变过程相同。经过长时间氧化后（见图 7-29（f）），粗化的晶芽已经构成致密的表层，此时表面氧化物多呈颗粒状多面体，也有少数呈柱状或晶芽状。

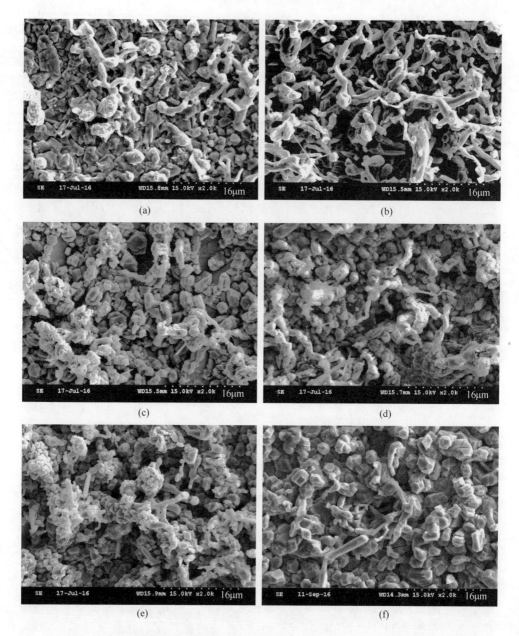

图 7-29　低氧预氧化 G115 钢试样 650℃氧化不同时间后的氧化物表面形貌 SEM 图
(a) 200h；(b) 400h；(c) 600h；(d) 800h；(e) 1000h；(f) 1800h

对氧化处理 400h 以上各试样表面的 EDS 分析显示，G115 钢试样表层氧化物中 Fe 含量最高，还含有少量的 Cr，约 1.5%~2.5%，与 200h 处理后试样略有不同，如图 7-30（a）所示，氧化物晶芽顶端组织形态与其他氧化物明显不同。对顶端氧化物的 EDS 分析结果表明（见表 7-30（b）），其 Cu 元素含量很高，有少量的 Cr 元素，但没有 Fe 元素。在预氧化处理后 G115 钢试样的表面中已经发现了 Cu 向表面聚集的现象。EDS 分析和形貌分析均表明，经过蒸汽氧化过程，Cu 元素会在试样氧化层表面聚集成球状。不过随着氧化皮厚度的增加，这种富 Cu 氧化物就很难再观察到了。图 7-31 为氧化不同时间后上述 G115 钢试样表面的 XRD 谱。与预氧化后的结果相比，并没有新的氧化物生成，只是各相所占的比例有所变化，Fe_3O_4 相略有增加。

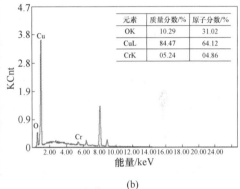

元素	质量分数/%	原子分数/%
OK	10.29	31.02
CuL	84.47	64.12
CrK	05.24	04.86

(a)　　　　　　　　　　　　　　(b)

图 7-30　低氧预氧化 G115 钢试样蒸汽氧化 200h 后表层氧化物晶芽及其 EDS 分析结果
(a) 表层氧化物晶芽；(b) 顶端氧化物的 EDS 分析结果

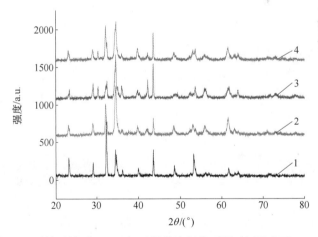

图 7-31　低氧预氧化 G115 钢试样蒸汽氧化不同时间后表面 XRD 谱
1—0h；2—20h；3—400h；4—1000h

图 7-32 为预氧化 G115 钢试样在 650℃蒸汽中氧化不同时间后氧化皮的截面形貌。蒸汽氧化发生后，试样氧化皮厚度显著增加，200h 后其厚度达到 10μm 以上，

氧化皮厚度随氧化时间延长而增加。氧化 200h 后，氧化皮组织比较致密，分层现象不如常规 G115 钢试样明显。图 7-33 为该 200h 试样氧化皮中的元素分布图，由图可见外侧的氧化皮中 Cr 含量偏低，而内层的氧化皮中 Cr、Mn 元素含量显著高于基体，Fe 含量低于基体，该氧化皮也有分层现象，但外层中仍有 Cr 元素，与常规 G115 钢试样不同。从图 7-32 还可以看到靠近氧化皮的基体中形成了网状氧化物区。从元素分布图 7-33 可知，氧化物为富 Cr 相，这是内氧化现象，网状区即内氧化区。在常规 G115 钢试样中，氧化皮/基体界面通常是外氧化层，其界面是清晰界面，很少出现内氧化区。预氧化试样中出现内氧化区，是由于在预氧化处理过程中，Cr 由于选择性氧化大量向外扩散，在基体中形成了贫 Cr 区。贫 Cr 区由于 Cr 含量降低因而在后续氧化过程中无法生成外氧化层。氧化 400h 后，氧化皮的厚度有显著增加，而且分层现象明显。氧化皮外层组织结构疏松，最外侧的氧化皮/蒸汽界面也不像常规 G115 钢试样那样平直。由表面形貌观察可知，氧化皮的外层是由氧化物晶芽生长聚集而成的，因此组织结构疏松，截面形貌与表面观察结果相吻合。氧化皮内层中含有大量的析出相或未完全氧化组织，经 EDS 分析为富 Co 组织。图 7-32（b）显示的氧化皮/基体界面为清晰界面，无内氧化区，但也有部分界面处为内氧化区，与图 7-32（c）中的结果类似。图 7-34 为氧化 400h 试样氧化皮中的元素分布图，可见氧化皮外层是 Fe 的氧化物，没有 Cr 元素。有大量析出相的氧化皮内层中 Fe、Cr 元素含量都较低，析出相与 Co 富集区对应。氧化皮/基体处富 Cr，为外氧化层。值得注意的是，在氧化皮内层与外层之间有一显著的富 Cr 层，该层厚度达 3.5μm 左右（可称之为中间层），EDS 分析其 Cr 含量达到 42% 左右。随着氧化时间的延长，氧化皮的外层和内层的厚度都有所增加。由于氧化皮外层晶芽不断粗化，氧化皮外层也逐渐变得致密，氧化皮/蒸汽界面逐渐平整，如图 7-32（d）所示。而氧化皮内层的形貌比较复杂，有的位置比较致密、富 Co 析出相较少，有的位置有大量富 Co 相和孔洞。氧化皮/基体界面的情况也类似，有的位置为内氧化区占据，有的位置形成外氧化层，通过 EDS 分析还能看到多个富 Cr 层的存在。而在整个演变过程中，中间层的厚度几乎是不变的。

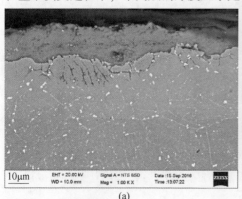

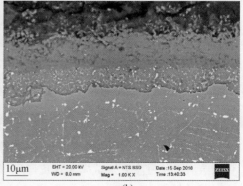

(a)   (b)

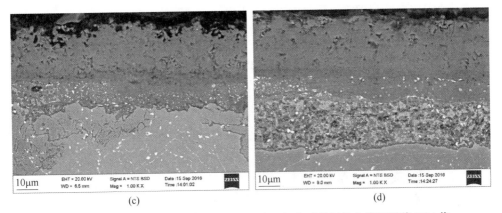

图 7-32　低氧预氧化 G115 钢试样 650℃蒸汽氧化后的氧化皮截面形貌 SEM 像

(a) 200h；(b) 400h；(c) 600h；(d) 1000h

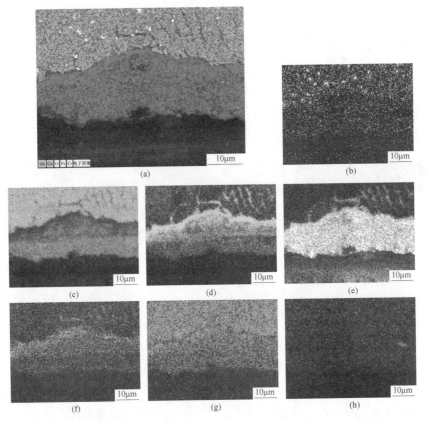

图 7-33　低氧预氧化 G115 钢试样蒸汽氧化 200h 试样元素分布图

(a) 试样 EDS 分层图像；(b) W 元素分布；(c) Fe 元素分布；(d) Cr 元素分布；

(e) O 元素分布；(f) Mn 元素分布；(g) Co 元素分布；(h) Cu 元素分布

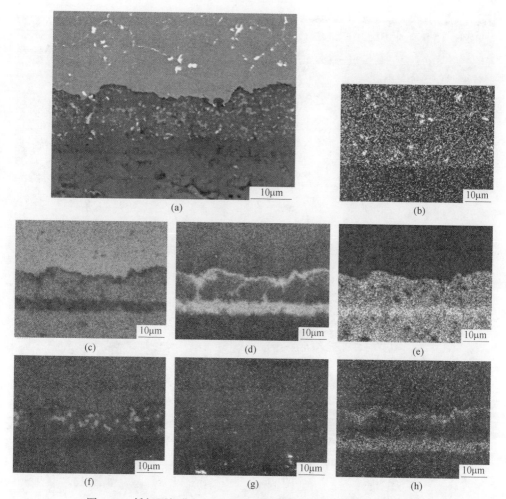

图 7-34　低氧预氧化 G115 钢试样蒸汽氧化 400h 试样元素分布图
(a) 试样电子图像；(b) W 元素分布；(c) Fe 元素分布；(d) Cr 元素分布；(e) O 元素分布；
(f) Co 元素分布；(g) Cu 元素分布；(h) Mn 元素分布

　　由氧化皮结构特征和元素分布特征可以看出，预氧化 G115 钢试样与常规 G115 钢试样具有显著差别，前者的氧化皮中有富 Cr 中间层，中间层 Cr 含量最高达到 46%，这与 $FeCr_2O_4$ 相中 Cr 含量相当，中间层的厚度随氧化时间的延长几乎是不变的。对预氧化 G115 钢试样及蒸汽氧化不同时间后试样的中间层厚度进行统计，如图 7-35 所示，在整个蒸汽氧化过程中，氧化皮内层与外层的厚度都显著增加，但中间层厚度基本维持不变，说明中间层非常稳定。氧化皮外层是由 Fe 原子向外扩散形成的，氧化皮内层是由 O 原子向内扩散形成的，可见 Fe、O 原子都能够穿过中间层进行扩散。而氧化皮的抗氧化能力与其中的 Cr 元素含量有关，Cr 元素含量越高其抗氧化能力越强。在低氧预氧化 G115 钢试样中，氧化皮中间层的 Cr 元素含量最高，这意味着中间层是试样整个氧化过程中的控制因素。由实验结果可知，中间层的厚度不随氧化时间的延长而变化，那么 Fe、O 等元素通过该层的扩散速率就是恒定的。整体氧化速率受扩散控制，因此氧化速率也是恒定的。从氧化动力学结果可知，低氧预氧化 G115 钢试样的蒸汽氧化动力学符合直线规律，即氧化速率为常数。氧化动力学特征与氧化皮结构特征相符合。

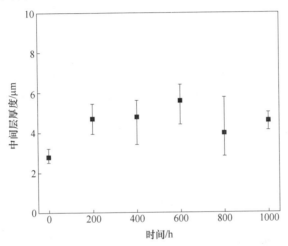

图 7-35　预氧化 G115 钢试样中间层厚度随氧化时间的变化

7.5　合金元素对 G115 钢蒸汽氧化行为的影响

　　G115 钢具有优异抗高温蠕变性能。耐热钢抗蠕变性能的提升主要源于合金元素的优化，如 P91 钢的主要合金化元素有 1%Mo、0.2%V、0.08%Nb 等，P92 钢在 P91 钢的基础上降低了 Mo 含量，添加了 1.8%W 和 0.004%B。从高温蠕变强度的角度看，P91 钢可应用于 565℃蒸汽参数机组，P92 钢可应用于 600℃蒸汽参数机组，使电站锅炉的蒸汽温度提高了约 30℃。但是从抗蒸汽氧化性能的角度来看，与 P91 钢相比，P92 钢合金元素优化中并没有显著提升抗氧化性能的元素改变，如增加 Cr 或添加 Si、Al 元素等。迄今一些研究结果表明 T/P92 钢的抗蒸汽氧化性能低于 T/P91 钢[13~15]，对于 T/P92 钢的抗氧化性能是否较差的问题目前尚无统一认识，部分研究者认为这可能与 W 元素添加有关。新型马氏体耐热钢中普遍提升了 W 元素含量，添加了含量不等的 Co 元素，并进一步优化了钢中的 B、N 配比。对这一类新型马氏体耐热钢的蒸汽氧化问题研究还比较少，针对 W、Co 等元素对蒸汽氧化行为影响的研究更是非常有限，这可能是因为这些元素几乎不参与氧化过程。基于已经发现的 G115 钢与 P92 钢蒸汽氧化行为的差异，作者研究了合金元素对 G115 钢蒸汽氧化行为的影响。

7.5.1　Co 对 G115 钢蒸汽氧化行为的影响

为研究 Co 元素对 9Cr3W 钢蒸汽氧化行为的影响，设计了两组不同 Co 含量的实验钢，0Co 钢不含 Co，1.5Co 钢含 1.5%Co，其他合金元素含量与 G115 钢（含 3%Co）相同。0Co 钢与 1.5Co 钢的热处理工艺、试样制备过程及蒸汽氧化实验过程均与前述 G115 钢试样相同。

图 7-36 为不同 Co 含量实验钢在 650℃ 的蒸汽增重数据（G115 钢曲线为根据前述结果的拟合值）。由增重结果来看，3Co 钢的氧化速率明显低于 0Co 钢和 1.5Co 钢，但 0Co 钢和 1.5Co 钢的氧化速率差异不明显。采用幂函数对数据进行拟合后得到的氧化动力学结果见式（7-7）~式（7-9）。低 Co 钢与 G115 钢的氧化速率常数较为接近，但 G115 钢的时间指数略低，因此从较长实验时间结果看含 3%Co 的 G115 钢具有更好的抗蒸汽氧化性能。

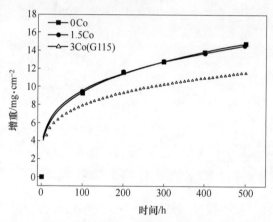

图 7-36　0Co、1.5Co 和 3Co 钢在 650℃ 水蒸气中氧化后时间-增重关系

$$\Delta W_{0Co} = 2.566 \times t^{0.282} \tag{7-7}$$

$$\Delta W_{1.5Co} = 2.857 \times t^{0.262} \tag{7-8}$$

$$\Delta W_{3Co} = 2.68 \times t^{0.235} \tag{7-9}$$

图 7-37 为 0Co 钢和 1.5Co 钢试样氧化不同时间后氧化皮截面形貌特征。0Co 钢和 1.5Co 钢试样的氧化皮呈分层结构，包含氧化皮外层、内层和内氧化区或/和外氧化层。氧化皮外层由富 Fe 相构成，柱状晶间隙有大尺寸空隙。由图 7-37（a）和（b）可知，氧化 100h 后的氧化皮中，氧化皮内层/基体界面处为由金属-氧化物混合组织构成的内氧化区，内氧化区随着氧化时间延长逐渐消失，外氧化层逐渐形成。图 7-37（c）显示，0Co 钢氧化 300h 后氧化皮内层与基体之间既有金属-氧化物混合组织区，也有清晰界面。对氧化皮/基体界面附近组织的元素分析显示，内氧化区中 Cr 含量为 16% 左右，与氧化皮内层接近

（见图 7-38）。清晰界面附近的 Cr 含量达到 21%左右，呈现出 Cr 富集。线扫描结果也证实，在清晰界面附近 Cr 含量出现波峰，由此可以判断清晰界面附近形成了富 Cr 的外氧化层。与 0Co 钢相比，1.5Co 钢中也存在内氧化区与外氧化层同时存在的情况，但相比于 0Co 钢，1.5Co 钢中的混合组织区更少，如图 7-37（d）所示，这表明 1.5Co 钢中内氧化区消失、外氧化层形成得更快。在 G115 钢中外氧化层是由内氧化区逐渐转变而形成的，外氧化层完全转变时间小于 200h。0Co 钢和 1.5Co 钢中也存在内氧化区向外氧化层转变的过程，由氧化皮结构特征可见，随着 Co 含量的增加，这种转变所需要的时间逐渐降低。

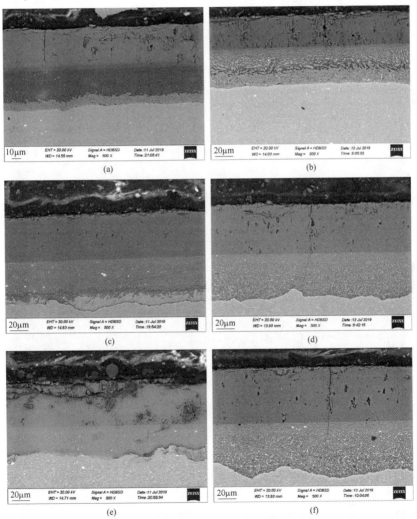

图 7-37　0Co 钢和 1.5Co 钢 650℃氧化不同时间后氧化皮截面形貌

（a）0Co 钢 100h；（b）1.5Co 钢 100h；（c）0Co 钢 300h；

（d）1.5Co 钢 300h；（e）0Co 钢 500h；（f）1.5Co 钢 500h

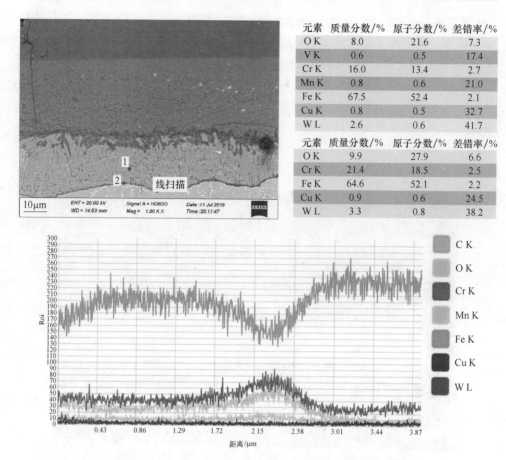

元素	质量分数/%	原子分数/%	差错率/%
O K	8.0	21.6	7.3
V K	0.6	0.5	17.4
Cr K	16.0	13.4	2.7
Mn K	0.8	0.6	21.0
Fe K	67.5	52.4	2.1
Cu K	0.8	0.5	32.7
W L	2.6	0.6	41.7

元素	质量分数/%	原子分数/%	差错率/%
O K	9.9	27.9	6.6
Cr K	21.4	18.5	2.5
Fe K	64.6	52.1	2.2
Cu K	0.9	0.6	24.5
W L	3.3	0.8	38.2

图 7-38   0Co 钢 650℃ 氧化 300h 后氧化皮中元素分布分析

对比图 7-37（a）与（b）可以发现，0Co 钢的氧化皮内层中只有少量析出相，这些析出相是富 W 相，由于 W 元素原子数较大，呈白亮色。1.5Co 钢中氧化皮内层与内氧化区的界限不是非常清晰，氧化皮内层含有大量未完全氧化组织。在 G115 钢试样中未完全氧化组织也十分普遍，这类组织通常富 Co，少量富Cu。未完全氧化组织以 Co 为主，其亮度低于富 W 相，但高于氧化物。Co 元素之所以在氧化皮中富集，并不是由于其形成了某种析出相，而是由于 Co 元素的氧亲和势低于 Fe 元素的氧亲和势，发生选择性氧化使得 Co 元素能够较长时间维持金属相。图 7-39 为 G115 钢中某一未完全氧化组织的 SAED 谱和 EDS 能谱，其晶格类型与基体相同，Co 元素含量达到 70%。1.5Co 钢氧化皮内层形貌特征与G115 钢基本一致，也含有许多富 Co 未完全氧化组织。富 Co 组织通常能够维持较长时间，Co 的氧化物 CoO 的分压大于 Fe_3O_4 但小于 Fe_2O_3，只要氧化皮内层中还有未氧化的 Fe 或 FeO 相氧化物，Co 元素就会以金属相的形式存在。G115 钢氧化 1000h 后，氧化皮内层仍有富 Co 相，随氧化时间延长，Co 元素也会逐渐被氧化成氧化物。G115 钢氧化 2000h 后，氧化皮中富 Co 相基本消失。富 Co 相作为一种金属相在氧化皮内层中存在，可能对 O 元素浓度梯度有一定影响，但限于目前的实验手段，难以给出可靠结论。

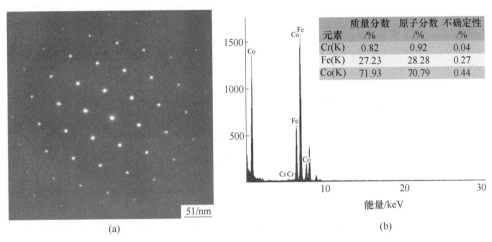

元素	质量分数 /%	原子分数 /%	不确定性 /%
Cr(K)	0.82	0.92	0.04
Fe(K)	27.23	28.28	0.27
Co(K)	71.93	70.79	0.44

图 7-39 G115 钢氧化皮内层中富 Co 相衍射斑及 EDS 能谱

（a）SAED 谱；（b）EDS 能谱

未完全氧化组织的存在对氧化皮厚度与氧化增重之间的对应关系有一定影响。高温金属氧化时，化学反应速度通常远大于元素的扩散速度，因此元素扩散过程是整体氧化过程的控制步骤。若化学反应速率远大于 O 原子的扩散速率，氧化皮完全由氧化物组成，O 原子扩散得越深，氧化皮的吸氧量就越大，氧化皮厚度与增重是完全一致的。但对于有未完全氧化组织的氧化皮，氧化皮的厚度只与 O 原子的扩散深度有关，而氧化增重只与吸氧量或形成氧化物的量有关。相同体积内，有未完全氧化组织的氧化皮中的氧化物的量显然没有完全氧化的氧化皮中多，这就造成了氧化皮厚度与氧化增重的规律并不完全一致。图 7-37（e）与（f）显示了 0Co 钢和 1.5Co 钢氧化 500h 后的氧化皮截面形貌，1.5Co 钢的氧化皮厚度大于 0Co 钢，而氧化增重却基本相同。这一方面可能与实验误差有关，另一方面则与 1.5Co 钢中未完全氧化组织的存在有关。

Co 氧化后的产物是 CoO 和 Co_3O_4，氧分压较低时 CoO 相稳定，氧分压较高时 Co_3O_4 相稳定[16]。在 650℃ 时 CoO 相的分解压（p_{CoO}）大于 Fe_3O_4 相（$p_{Fe_3O_4}$），小于 Fe_2O_3 相（$p_{Fe_2O_3}$）。因为 Co 只存在于氧化膜内层，内层不会生成 Fe_2O_3 相，可以认为 Co 的氧亲和势低于 Fe。所以 Fe、Co 元素同时存在时，Fe 会因选择性氧化而优先被氧化。在 G115 钢和 1.5Co 钢中，Co 实际上是被基体保护的元素，因此在氧化膜中会出现富 Co 的金属组织。与氧化膜中的富 W 相有所不同，后者通常是 W 元素先在基体中形成 Laves 相，而后 O 扩散至基体内，Laves 相因含 W 元素较高因此不被氧化或氧化缓慢。而富 Co 组织是由于基体中其他元素被氧化导致的 Co 含量相对提高，晶格结构没有发生变化。又因为 Co 与 Fe 能够良好的互溶，富 Co 组织在氧化膜中的尺寸较大，其影响也比较显著。若 O 的扩散深度相同，试样的氧化膜中含有金属相时，氧化增重将降低。增重接近氧化膜的吸氧量，相同体积内的金属，被氧化越完全，吸氧量越多，增重越大。由此可以认为含 Co 在氧化膜中形成富 Co 组织是导致整体氧化速率降低的原因之一。Mayer 等人[17]研究 Co-Fe 合金的氧化行为时发现，当 Co 含量小于 60%（原子分数）时，Co 含量越高合金的氧化速率越低。当然不能简单地认为合金的氧化速率是两种元素氧化速率的加权平均值，不过低氧化速率合金的加入确实能够降低整体氧化速率。因此，在 9Cr3W 钢中添加 Co 有利于降低整体的氧化速率。

　　从氧化膜结构特征看，添加 Co 还会加速 9Cr3W 钢中内氧化区向外氧化层的转变。Tang 等人[18]在研究 9%Cr 钢的氧化行为时发现，添加 3%Co 有利于钝化层的形成，不过这种影响只对发生在干空气中的氧化过程有效，而含水空气的氧化却没有这种现象。Zurek 等人[2]的研究发现 10%Cr-6%Co 钢在 625℃ 的 Ar+50%H$_2$O 环境中氧化时能够形成 Cr$_2$O$_3$ 层，而不含 Co 的 10%Cr 钢则不会形成 Cr$_2$O$_3$ 层。钝化层或 Cr$_2$O$_3$ 层实质上就是外氧化层，由此可见 Co 对外氧化层形成有一定影响。Lu 等人[19]研究了 Co 含量对 Ni-Fe 基合金蒸汽氧化行为的影响，发现氧化速率随着 Co 含量的增加而降低。有研究者认为 Co 在氧化过程中起到吸氧剂的作用，认为是第三元素效应使得合金中 Cr$_2$O$_3$ 更容易形成。不过这种解释不适用于 9Cr3W 钢，因为钢的基体是 Fe，Co 的氧亲和势比 Fe 低，Co 反而是被保护的元素。氧化膜内层中的富 Co 金属组织对 O 浓度分布造成一定影响，这种影响如图 7-40 所示。在理想状态下，氧化膜内层中的 O 浓度梯度近似符合误差函数，但在富 Co 金属组织附近，氧分压必然小于 p_{CoO}。受富 Co 金属组织的影响，氧化反应前沿的 O 浓度可能降低。O 浓度降低使得 O 的渗透性下降，也有利于加速内/外氧化转变过程。

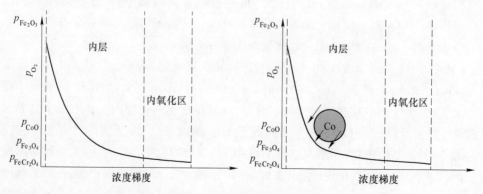

图 7-40　富 Co 组织对氧化膜中 O 浓度梯度的影响

总的来说，Co 元素对 9%Cr 钢的蒸汽氧化行为影响显著。（1）添加 Co 元素使氧化皮内层中出现未完全氧化组织，延缓了氧化过程，使氧化增重与氧化皮增厚的一致性受到影响。（2）随着 Co 元素含量增加，氧化皮中内氧化区向外氧化层的转变过程加快。（3）添加 3%Co 能够显著降低 650℃ 蒸汽氧化速率，但添加 1.5%Co 时对整体氧化增重影响不明显。

7.5.2 Cu 对 G115 钢蒸汽氧化行为的影响

G115 钢与 MARBN 钢在化学成分方面的主要差别之一在于前者添加了 1% Cu。目前关于 Cu 元素对蒸汽氧化行为影响的研究还很少。为研究 Cu 的影响设计了 0Cu 钢，与 G115 钢相比 0Cu 钢中的 Cu 含量仅有 0.014%，其他化学成分与 G115 钢相同。0Cu 钢的热处理工艺、试样制备过程及蒸汽氧化实验过程均与前述 G115 钢相同。

图 7-41 为 0Cu 钢与 G115 钢在 650℃ 的蒸汽氧化 500h 后的增重数据。可以看到 0Cu 钢的氧化增重结果略高于 G115 钢。对 0Cu 钢的实验数据进行拟合的结果见式（7-10），其氧化速率常数低于 G115 钢，时间指数高于 G115 钢。考虑到 G115 钢的氧化增重数据具有一定分散性，可以认为 0Cu 钢与 G115 钢的增重动力学相接近。

$$\Delta W = 1.86 \times t^{0.313} \tag{7-10}$$

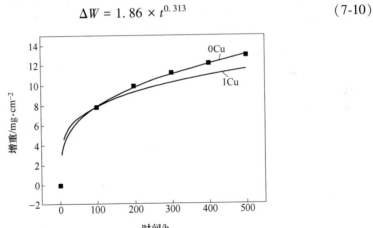

图 7-41 0Cu 钢在 650℃ 水蒸气中氧化后时间-增重关系

图 7-42 为 0Cu 钢氧化 100h、300h、500h 以及 G115 钢 650℃ 蒸汽氧化 100h 后氧化皮的截面形貌。0Cu 钢的氧化皮结构呈显著的分层特征，包括氧化皮外层、内层和内氧化区/外氧化层。随氧化时间延长，氧化皮中同样发生由内氧化区向外氧化层的转变。图 7-42（d）显示 0Cu 钢试样中已经出现了清晰界面，清晰界面出现表明在氧化皮/基体界面处已经形成了富 Cr 外氧化层。EDS 分析证明

该处 Cr 含量达到 34.4%，远高于基体和氧化皮内层中的 Cr 含量，如图 7-43 所示。但与 1Cu 钢相比，0Cu 钢中内氧化区向外氧化层的转变要缓慢得多。G115 钢在 650℃蒸汽中氧化时，在 150~200h 基本完成了内氧化区向外氧化层的转变，而 0Cu 钢氧化 300h 后氧化皮中才在局部出现外氧化层。氧化 500h 后，氧化皮内层中仍然存在大量的金属-氧化物混合区。这些特征都表明在 9Cr3W3Co 钢中添加 1%Cu 能够显著加速外氧化层的形成。

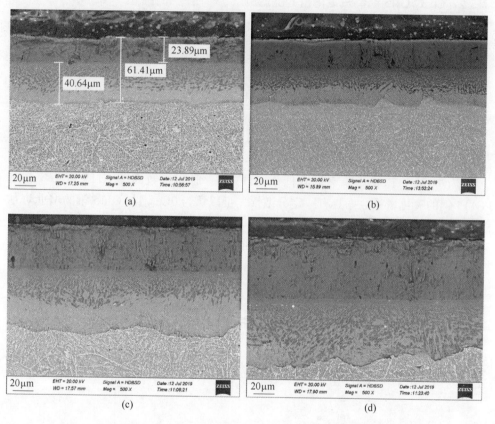

图 7-42　0Cu 和 1Cu 钢 650℃蒸汽氧化不同时间后氧化皮截面形貌 SEM 像
(a) 0Cu 钢氧化 100h；(b) 1Cu 钢氧化 100h；(c) 0Cu 钢氧化 300h；(d) 0Cu 钢氧化 500h

对比图 7-42（a）与图 7-43（b）可以发现，二者氧化皮的总厚度接近，但是氧化皮中内层与外层的厚度之比却明显不同。一般情况下，氧化皮外层与内层的厚度较为接近，其比例在 1:1 到 1:1.5 左右。但 0Cu 试样氧化 100h 后，氧化皮内层（包含内氧化区）厚度接近氧化皮外层厚度的 2 倍。G115 钢中氧化皮外层厚度大于 0Cu 钢，但氧化皮内层厚度小于 0Cu 钢。这说明在 0Cu 钢中，O 原子早期的扩散速度更快。但两者的增重接近，表明实际的吸氧量并没有显著差别。由此看来，添加 Cu 能够一定程度上抑制 O 在氧化前沿的扩散。

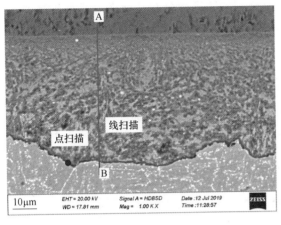

元素	质量分数/%	原子分数/%	差错率/%
O K	17.3	41.9	5.6
Si K	1	1.3	8.7
V K	1	0.8	14.4
Cr K	34.4	25.7	2.1
Mn K	1.6	1.1	12.6
Fe K	39.7	27.6	2.4
Co K	1.1	0.7	23.4
W L	4	0.9	27.7

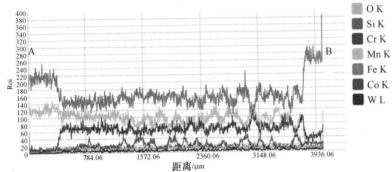

图 7-43　0Cu 钢 650℃蒸汽氧化 500h 氧化皮内元素分析

　　Cu 与 Co 对氧化行为的影响有相似之处，实验结果表明，Cu 与 Co 都能够加速内氧化区向外氧化层的转变过程。Cu 的氧亲和势也低于 Fe，根据选择性氧化原则，Fe 要优先于 Cu 被氧化。在 700℃以下，Cu_2O 的分解压低于 Fe_2O_3 的分解压，因此 Cu 在氧化皮内层中只能以单质的形式存在，不过 Cu 在氧化皮内层中并不会像 Co 那样形成大片的未完全氧化组织，这可能是由于 Co 与基体的互溶度较高，Cu 的互溶度低所致。Rutkowski 等人[20]关于 Sanicro 25 钢的结果研究显示，Cu 在基体中析出时为细小弥散的纳米级 ε-Cu，而在氧化膜中则形成尺寸达到500nm 的析出相。Rosser 等人[4]研究 S30432 钢在空气中的氧化行为时发现，Cu 在氧化膜生成的过程中会向氧化膜外侧扩散。作者在研究 G115 钢预氧化处理时也发现，Cu 有向试样表面富集的倾向，这也说明 Cu 在 Fe 的氧化物中的溶解度很低。Cu 在 9Cr3W 钢氧化膜的形成过程中不参与氧化反应，对基体中元素的扩散也没有显著影响，似乎无法对形成外氧化层的 Cr 临界值不会有所影响。然而，实验却清晰的表明 Cu 对氧化膜中内氧化向外氧化的转变有显著的加速作用。或许可以从氧化膜结构的角度来考虑 Cu 的影响，例如其是否对氧化膜内层中的孔洞密度有影响，又或者 Cu 单质沿氧化膜/基体界面分布从而成为元素扩散的阻碍，这需要更加细致的实验和分析手段，Cu 对氧化行为影响的机理有待进一步的研究。

从 500h 的实验结果来看，Cu 对 9Cr3W3Co 钢 650℃ 的抗蒸汽氧化性能略有提升，不过效果不显著。但添加 1%Cu 对氧化皮结构演变过程的影响比较明显，一方面能够在氧化早期抑制 O 在反应前沿的扩散，另一方面能够加速氧化皮中内氧化区向外氧化层的转变过程。

7.5.3　Si 对 9Cr3W 钢蒸汽氧化行为的影响

美国能源部与俄亥俄州煤炭开发办公室联合开展了一项研究[21~23]，对 20 多种耐热钢进行了抗蒸汽氧化测试，结果表明 9%~12%Cr 钢中仅有 MARB2 钢和 VM12 钢的抗蒸汽氧化性能良好。MARB2 钢的化学成分与 G115 钢相近，其中 MARB2 钢的 Si 含量较高。在 650℃ 发生氧化时形成富 Fe 氧化层+富 Cr 氧化层的氧化皮结构，富 Cr 层薄而致密，但相关文献中并未给出具体实验数据和分析结果。为研究少量 Si 影响，设计了 0.8Si 钢，与 G115 钢相比除了 Si 含量更高外，0.8Si 钢中也不含 Cu，其他元素含量接近。0.8Si 钢的热处理工艺、试样制备过程及蒸汽氧化实验过程均与前述 G115 钢相同。

图 7-44 为 0.8Si 钢与 0Cu 钢和 G115 钢在 650℃ 的蒸汽氧化增重数据，可以看到 0.8Si 钢与 G115 钢的氧化增重比较接近，但相比于 0Cu 钢增重明显较低。对 0.8Si 钢增重动力学数据进行拟合，其氧化动力学见式（7-11），其时间指数为 0.25，与 G115 钢的氧化动力学公式接近。

$$\Delta W = 2.32 \times t^{0.25} \tag{7-11}$$

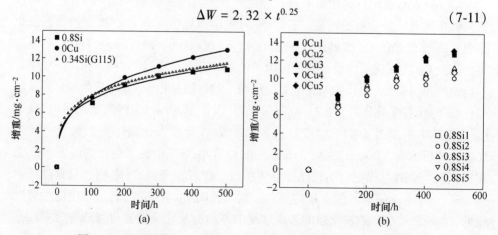

图 7-44　0.8Si 钢与 0Cu 钢和 G115 钢 650℃ 蒸汽氧化增重-时间关系

图 7-45 为 0.8Si 钢氧化不同时间后氧化皮的截面形貌，可见其氧化皮层结构由氧化皮外层、内层和内氧化区/外氧化层构成，随氧化时间延长，发生了由内氧化区向外氧化层的转变。与 G115 钢相比，0.8Si 钢中外氧化层出现的时间更早，如图 7-45（a）所示。0.8Si 钢氧化 100h 后，在氧化皮内层/基体界面附近部分位置形成了外氧化层+金属-氧化物混合区，少数位置只存在内氧化区。而在相同氧化时间情况下，G115 钢中只有少数位置形成外氧化层，如图 7-45（b）所示。这表明 0.8Si 钢中内氧化区向外氧化层的转变稍早于 G115 钢。氧化皮中内氧化区消失后，0.8Si 钢与 G115 钢的氧化皮结构特征基本相同。

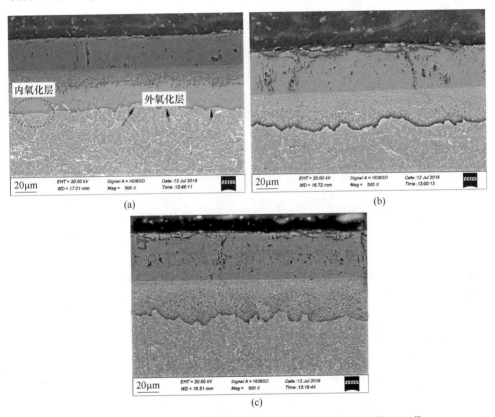

图 7-45　0.8Si 钢 650℃蒸汽氧化不同时间后氧化皮截面形貌 SEM 像
（a）25h；（b）50h；（c）100h

图 7-46 为 0.8Si 钢氧化 500h 试样氧化皮中内层/基体界面附近的元素分析结果和 Si 的分布特征。EDS 分析结果显示外氧化层中 Cr、Si 元素含量明显高于基体及氧化皮内层。外氧化层富 Cr 是其必然特征，而 Si 并不一定在外氧化层中富集，G115 钢中外氧化层 EDS 点扫描分析并未显示明显 Si 富集现象。图 7-46（b）显示了图 7-46（a）中界面附近 Si 元素的线分布特征，可以看到在界面处形成明

显的波峰，这证实了在 0.8Si 钢的氧化皮中外氧化层内富 Si。对 G115 钢氧化皮内层/基体界面附近的分析显示，多数情况下并没有明显的 Si 富集现象。另外需要指出的是 0.8Si 钢中未添加 Cu，与 0Cu 钢相比 0.8Si 钢的增重明显更低。氧化皮结构的分析也表明 0.8Si 钢中能够更快地形成外氧化层，这是其抗氧化性优于 0Cu 钢的主要原因。

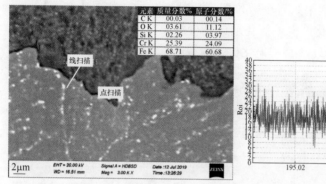
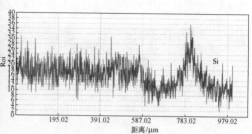

图 7-46　0.8Si 钢氧化 500h 后氧化皮内层/基体界面附近元素分析

　　Si 是重要的抗氧化元素，但耐热钢中 Si 含量一般很低。Ueda 等人[24,25]的研究表明 T91 钢在 700℃蒸汽氧化时，Si 会在基体和氧化皮内层界面附近富集，这与作者的研究结果相似。Kaderi 等人[26]研究总结了多种 9%～12%Cr 钢的蒸汽氧化行为，指出添加少量的 Si 会加速氧化皮中内氧化区的消失。作者的实验研究结果也表明内氧化区消失同时伴随着外氧化层的形成，形貌上表现为清晰的氧化皮/基体界面，Si 在界面处富集有利于内氧化向外氧化过程的转变。从以上实验结果可以看出，添加少量 Si 对马氏体耐热钢抗蒸汽氧化性能有所提升，不过效果并不是非常明显。

参 考 文 献

[1] 李铁藩. 金属高温氧化和热腐蚀 [M]. 北京：化学工业出版社，2003.

[2] Zurek J, Wessel E, Niewolak L, et al. Anomalous temperature dependence of oxidation kinetics during steam oxidation of ferritic steels in the temperature range 550~650℃ [J]. Corrosion Science, 2004, 46 (9): 2301-2317.

[3] Yan J, Gao Y, Gu Y, et al. Role of grain boundaries on the cyclic steam oxidation behaviour of 18-8 austenitic stainless steel [J]. oxidation of Metals, 2016, 85 (3): 409-424.

[4] Rosser J C, Bass M I, Cooper C, et al. Steam oxidation of Super 304H and shot-peened Super 304H [J]. Materials at High Temperatures, 2012, 29 (2): 95-106.

[5] Viitala H, Galfi I, Taskinen P. Initial oxidation behaviour of niobium stabilized TP347H austenit-

ic stainless steel -Effect of grain size and temperature [J]. Materials & Corrosion, 2015, 66 (9): 851-862.

[6] 李健, 马云海, 杨小川, 等. 锅炉用 TP347HFG 和内壁喷丸 TP347H 奥氏体耐热钢抗蒸汽氧化性能对比研究 [J]. 发电设备, 2019, 33 (1): 16-20.

[7] Heon K J, Ik K D, Satyam S, et al. Grain-size effects on the high-temperature oxidation of modified 304 austenitic stainless steel [J]. Oxidation of Metals, 2013, 79: 239-247.

[8] Singh Raman R K, Khanna A S, Tiwari R K, et al. Influence of grain size on the oxidation resistance of 241Cr-1Mo steel [J]. Oxidation of Metals, 1992, 37 (1): 1-12.

[9] Trindade V, Christ H J, Krupp U. Grain-Size Effects on the High-Temperature Oxidation Behaviour of Chromium Steels [J]. Oxidation of Metals, 2010, 73 (5-6): 551-563.

[10] Raman R K S, Gnanamoorthy J B. Influence of prior-austenite grain size on the oxidation behavior of 9wt. % Cr-1wt. % Mo steel [J]. Oxidation of Metals, 1992, 38: 483-496.

[11] 岳增武, 傅敏, 李辛庚, 等. 晶粒度对 P91 钢水蒸气氧化性能的影响 [J]. 腐蚀科学与防护技术, 2008 (3): 162-165.

[12] Fujio A, Kutsumi H, Haruyama H, et al. Improvement of oxidation resistance of 9 mass% chromium steel for advanced-ultra supercritical power plant boilers by pre-oxidation treatment [J]. Corrosion Science, 2017, 114: 1-9.

[13] Agüero A, González V, Mayr P, et al. Anomalous steam oxidation behavior of a creep resistant martensitic 9wt. % Cr steel [J]. Materials Chemistry and Physics, 2013, 141 (1): 432-439.

[14] Mogire E O, Higginson R L, Fry A T, et al. Microstructural characterization of oxide scales formed on steels P91 and P92 [J]. Materials at High Temperatures, 2011, 28 (4): 361-368.

[15] Lepingle V, Louis G, Allué D, et al. Steam oxidation resistance of new 12%Cr steels: Comparison with some other ferritic steels [J]. Corrosion Science, 2008, 50 (4): 1011-1019.

[16] Hsu H S, Yurek G J. Kinetics and mechanisms of the oxidation of cobalt at $600 \sim 800$ ℃ [J]. Oxidation of Metals, 1987 (17): 55-76.

[17] Mayer P, Smeltzer W W. The kinetics and mophological development of oxide scales on cobalt-iron alloys ($0 \sim 70$ wt. % Fe) at 1200 ℃ [J]. Oxidation of Metals, 1976, 10: 329-339.

[18] Tang S, Zhu S, Tang X, et al. Effects of Co, Al and Mo on the long term passivation of 9Cr－3W (wt. %) ferritic steels in air and wet air at 650℃ [J]. Corrosion Science, 2014, 82: 255-264.

[19] Lu J, Huang J, Yang Z, et al. Effect of Cobalt Content on the Oxidation and Corrosion Behavior of Ni-Fe-Based Superalloy for Ultra-Supercritical Boiler Applications [J]. Oxidation of Metals, 2018, 89: 197-209.

[20] Rutkowski B, Gil A, Agüero A, et al. Microstructure, Chemical-and Phase Composition of Sanicro 25 Austenitic Steel After Oxidation in Steam at 700℃ [J]. Oxidation of Metals, 2018, 89 (1-2): 183-195.

[21] Viswanathan R, Sarver J, Tanzosh J M. Boiler materials for ultra-supercritical coal power plants—Steamside oxidation [J]. Journal of Materials Engineering and Performance, 2006, 15

(3): 255-274.

[22] Sarver J, Tanzosh J. An Evaluation of the Steamside Oxidation of USC Materials at 650℃ and 800℃ [J]. Advances in Materials Technology for Fossil Power Plants, 2005.

[23] Sarver J, Tanzosh J M. Steamside oxidation behaviour of candidate USC materials at temperatures between 650 and 800°C [J]. Energy Materials: Materials Science and Engineering for Energy Systems, 2013, 2 (4): 227-234.

[24] Ueda M, Nanko M, Kawamura K, et al. Formation and disappearance of an internal oxidation zone in the initial stage of the steam oxidation of Fe-9Cr-0. 26Si ferritic steel [J]. Materials at High Temperatures, 2003, 20 (2): 109-114.

[25] Ueda M, Oyama Y, Kawamura K, et al. Oxygen potential distribution during disappearance of the internal oxidation zone formed in the steam oxidation of Fe-9Cr-0. 26Si ferritic steel at 973 K [J]. Materials at High Temperatures, 2005, 22 (1): 79-85.

[26] Kaderi A, Mohd H A, Herman S H, et al. Studies on initial stage of high temperature oxidation of Fe -9 to 12%Cr alloys in water vapour environment [J]. Advanced Materials Research, 2012, 557-559: 100-107.

8 G115钢市场准入全面性能评价

2017年12月20日全国锅炉压力容器标准化技术委员会在上海对由钢铁研究总院、宝钢特钢有限公司、宝山钢铁股份有限公司、宝银特种钢管有限公司、内蒙古北方重工业集团有限公司、河北宏润核装备科技股份公司、上海锅炉厂有限公司、哈尔滨锅炉厂有限公司、东方电气集团东方锅炉股份有限公司、上海发电设备成套设计研究院有限责任公司、神华国华（北京）电力研究院有限公司等单位共同申请的G115新型马氏体耐热钢及其钢管进行了市场准入技术评审。评审的结论是"G115新型马氏体耐热钢管能够满足GB/T 16507—2013标准的要求，可以用于超（超）临界锅炉的集箱、蒸汽管道、受热面管子等部件，以及类似工况的受压元件。集箱及管道的钢管允许最高壁温650℃；受热面管子允许最高壁温660℃，必要时可采用适当的抗氧化措施"。该结论标志着G115钢管成为世界上第一个可工程用于金属壁温650℃的马氏体耐热钢管。本章选了G115新型马氏体耐热钢2017年市场准入技术评审报告的部分内容，其中所有数据均由有相关资质的第三方机构测试和评定。

8.1 G115钢物理性能

采用宝钢工业生产的G115钢管测试G115物理性能。G115钢管规格为外径$\phi 254\text{mm} \times$壁厚25mm，状态为正火+回火标准热处理态。钢铁研究总院委托中科院金属所对G115原型钢的物理性能进行了测量。测量项目包括密度、热导率、比热、热扩散系数、平均线膨胀系数、杨氏模量、剪切模量和泊松比。

8.1.1 密度

采用流体静力学方法，即以阿基米德原理为基础，利用瑞士 METTLER TO-LEDO 天平及其密度组件测得试样的质量和体积，再根据室温时蒸馏水的密度修正以及空气的密度补偿，最终得到试样的室温密度。计算公式为：

$$\rho = \frac{A}{A - B}(\rho_0 - \rho_L) + \rho_L \tag{8-1}$$

式中，ρ 为试样在温度 t 时的密度，g/cm^3；A 为试样在空气中的质量，g；B 为试样于水中的测量值，g；ρ_0 为水在温度 t 时的密度；ρ_L 为空气的密度（按 0.0012g/cm^3 计算）。密度测试误差不大于 $\pm 1\%$。试验试样尺寸为 $\phi 12.7\text{mm} \times$

1.5mm；测量时室温为 17.7℃。G115 钢的室温密度 ρ 为 7.897g/cm^3。

8.1.2　热导率、热扩散率、比热

热导率采用非稳态法测量，计算公式如下：

$$K = D \cdot c_p \cdot \rho \tag{8-2}$$

式中，K 为热导率，W/(m·K)；D 为热扩散率，m^2/s；c_p 为比热，J/(kg·K)；ρ 为室温密度，kg/m^3。热扩散率的测试采用激光脉冲法，计算公式：

$$D = \frac{W_{1/2} \cdot L^2}{\pi^2 \cdot t_{1/2}} \tag{8-3}$$

式中，D 为热扩散率，m^2/s；$W_{1/2} = 1.38$，当不满足绝热边界条件时，需进行在线修正；L 为试样厚度，m，视热导率大小和测试要求确定，L 约在 0.1~0.4cm 之间变动；$t_{1/2}$ 为试样背面（不受激光照射的一面）最大温升一半时所需时间，s，测试误差满足：200~1000℃，不大于±5%；1000~2500℃，不大于±6%；利用待测样品与参考样品比较的方法测量试样的比热，计算公式：

$$C_P = \frac{C_{PR} \cdot m_R \cdot \Delta T_R}{m \cdot \Delta T} \tag{8-4}$$

式中，C_P、C_{PR} 分别为试样和参考样品的比热，J/(kg·K)；m、m_R 分别为试样和参考样品的质量；ΔT、ΔT_R 分别为试样和参考样品在脉冲能量作用下的温度变化。比热试样与热扩散率测试使用同一试样，参考样品根据待测样品的材料和测试要求确定。测试标准为 GB/T 22588—2008。测试装置为美国 Anter 公司生产 Flashline^{TM}-5000 Thermal Properties Analyzer。在此设备上可同时完成热扩散率、比热、热导率的测试和计算。一次实验最多可放置 6 个样品于试样架中，其中 1 号位为参考样品；2 号~6 号位放置待测样品。测试温域为 100~2500℃。试验试样尺寸为 ϕ12.7mm×1.5mm。G115 钢室温至最高温度 700℃ 的热导率、比热和热扩散系数见表 8-1。G115 钢的热导率、比热和热扩散系数曲线分别如图 8-1~图 8-3 所示。

表 8-1　G115 钢试样的热扩散率、比热、热导率拟合数据

温度/℃	热扩散率 /10^{-6}m^2·s^{-1}	比热 /J·(kg·K)$^{-1}$	热导率 /W·(m·K)$^{-1}$
100	6.19	518	25.7
150	6.05	552	26.5
200	5.91	586	27.3
250	5.77	621	28.2
300	5.63	655	29.0

温度/℃	热扩散率 /$10^{-6} m^2 \cdot s^{-1}$	比热 /$J \cdot (kg \cdot K)^{-1}$	热导率 /$W \cdot (m \cdot K)^{-1}$
350	5.48	687	29.7
400	5.34	716	30.2
450	5.19	743	30.5
500	5.02	768	30.5
550	4.80	792	30.1
600	4.51	817	29.1
650	4.16	841	27.6
700	3.89	843	25.9

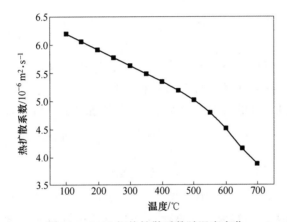

图 8-1 G115 钢热扩散系数随温度变化

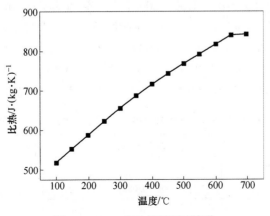

图 8-2 G115 钢比热随温度变化

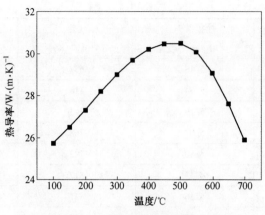

图 8-3   G115 钢热导率随温度变化

8.1.3   热膨胀

热膨胀采用顶杆法测量。通过测量与温度变化（ΔT）相应的试样的长度变化（ΔL），并将试样载体及顶杆等对试样长度变化可能造成影响的因素加以修正，最终可以得到试样的线性热膨胀和平均线膨胀系数。计算公式如下：

线性热膨胀：
$$\Delta L/L_0 \tag{8-5}$$

平均线膨胀系数：
$$\overline{\alpha} = \frac{\Delta L}{L_0 \cdot \Delta T} \tag{8-6}$$

式中，$\overline{\alpha}$ 为平均线膨胀系数，$10^{-6}/℃$；ΔT 为温度的变化量（测试温度与基准温度的温度差，一般以 20℃ 为基准温度）；ΔL 为试样与温度变化相应的已经修正的长度变化量；L_0 为基准温度下的试样长度。测试误差满足：$200\sim1000℃$，不大于 $\pm4\%$；测试标准为 GB/T 4339—2008；测试装置为美国 Anter 公司生产 UnithermTM Dilatometer System Series 1000。在此设备上可同时完成两个试样的热膨胀测试和计算。测试温域为 $100\sim1000℃$，测试初始温度 21.3℃，升温速率 3℃/min，测试过程高纯 Ar 气保护。试验试样尺寸为 50mm×6mm×6mm。G115 钢室温至不同温度的平均线性热膨胀系数见表 8-2，其曲线如图 8-4 所示。

表 8-2   G115 合金 PN1508 号试样的线性热膨胀和平均线膨胀系数

温度/℃	线性热膨胀/%	平均线膨胀系数/$10^{-6}℃^{-1}$
20	0	—
20~100	0.0823	10.3
20~150	0.138	10.6
20~200	0.194	10.8

温度/℃	线性热膨胀/%	平均线膨胀系数/$10^{-6}℃^{-1}$
20~250	0.254	11.1
20~300	0.317	11.3
20-350	0.381	11.6
20~400	0.443	11.7
20~450	0.509	11.8
20~500	0.575	12.0
20~550	0.645	12.2
20~600	0.710	12.2
20~650	0.776	12.3
20~700	0.845	12.4

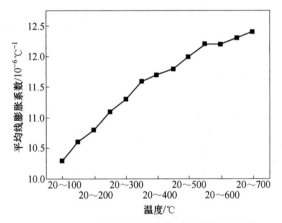

图 8-4 G115 钢的平均线膨胀系数随温度变化

8.1.4 弹性性能

弹性性能的测试采用动态测量方法——敲击共振法，即通过触发敲击使样品产生振动，探测系统采集的振动信号经数据处理获得其共振频率，经计算得到试样的弹性性能。计算公式如下：

杨氏模量：
$$E = 0.9465 \times 10^{-9} \left(\frac{m \cdot f_f^2}{b} \right) \left(\frac{l^3}{t^3} \right) \cdot T_1 \tag{8-7}$$

剪切模量：
$$G = 4 \times 10^{-9} \left(\frac{l \cdot m \cdot f_t^2}{b \cdot t} \right) \cdot T_2 \tag{8-8}$$

泊松比：
$$\mu = \frac{E}{2G} - 1 \tag{8-9}$$

式中，E 为杨氏模量，GPa；G 为剪切模量，GPa；m 为试样质量，g；l 为试样长度，mm；b 为宽度，mm；t 为厚度，mm；f_f 为固有弯曲共振频率，Hz；f_t 为固有扭曲共振频率，Hz；T_1、T_2 为修正系数；μ 为泊松比。室温测试时，杨氏模量、剪切模量误差满足不大于 ±1%，泊松比误差满足不大于 ±10%。测试标准为 GB/T 22315—2008。测试装置为比利时 IMCE 公司生产 RFDA HTVP 1750-C。在此设备上可同时完成以上各项弹性性能的测试和计算；测试温域为室温至 1600℃，升温速率：300℃ 以下，以 3℃/min；300～700℃，以 5℃/min，测试过程高真空。试验试样尺寸 80mm×20mm×3mm。G115 钢室温至最高温度为 700℃ 时的杨氏模量、剪切模量和泊松比见表 8-3，G115 钢室温至最高温度为 700℃ 时的杨氏模量、剪切模量和泊松比曲线分别如图 8-5～图 8-7 所示。

表 8-3　G115 钢的杨氏模量、剪切模量、泊松比

温度/℃	杨氏模量 E/GPa	剪切模量 G/GPa	泊松比 μ
24	216	83.6	0.29
100	211	81.5	0.30
150	208	80.1	0.30
200	205	78.8	0.30
250	201	77.5	0.30
300	198	76.1	0.30
350	195	74.6	0.30
400	191	73.0	0.31
450	187	71.3	0.31
500	182	69.4	0.31
550	177	67.2	0.32
600	172	64.7	0.33
650	166	62.0	0.34
700	159	58.8	0.35

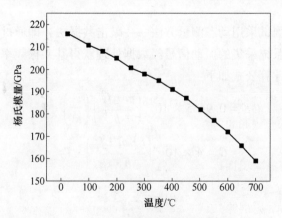

图 8-5　G115 钢的杨氏模量随温度变化

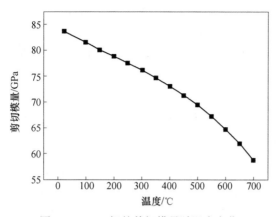

图 8-6 G115 钢的剪切模量随温度变化

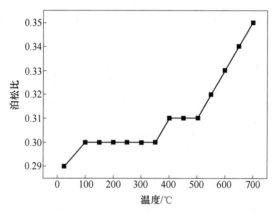

图 8-7 G115 钢的泊松比随温度变化

8.2 G115 钢的 CCT 和 TTT 曲线

8.2.1 G115 钢 CCT 曲线

采用 Formastor-FⅡ型试验机，通过热膨胀法测定 G115 钢的相变点及连续冷却转变曲线（CCT 曲线，Continuous Cooling Transformation Curve）。试验材料为 G115 钢大口径管（ϕ254mm×25mm）。试样尺寸为 ϕ3mm×10mm。测量过程如下：以设定的升温速率（除了相变点测定时升温速率严格按照国家标准规定的 200℃/h，即 0.056℃/s，其他升温速率为 20℃/s）加热到 1050℃，并在该温度下保温 5min 使其完全奥氏体化，然后以不同冷却速率冷却至室温，观察试样膨胀量随温度的变化。

G115 马氏体耐热钢的 CCT 曲线如图 8-8 所示。G115 钢在 100℃/h 极其缓慢的冷却速率下，仍然可以得到完全马氏体组织。G115 原型钢的典型相变点温度分别为 Ac_{1s} = 800℃，Ac_{3f} = 890℃，M_s = 375℃，M_f = 255℃。实验室条件下，以 100℃/h 的缓慢冷速冷却仍然可以得到完全马氏体组织，如图 8-9 所示。

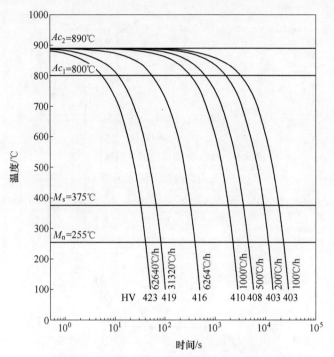

图 8-8 G115 马氏体耐热钢的 CCT 曲线

图 8-9 G115 钢缓慢冷却后显微组织

8.2.2 G115 钢 TTT 曲线

等温热处理研究采用 G115 热挤压态厚壁管（外径壁厚 = ϕ578mm×88mm），

热处理过程为 1020℃×1h 随炉降温到设定等温温度，在各温度下保温不同时间。试样尺寸 10mm×10mm×5mm，磨样、抛光，腐蚀液为 10g $FeCl_3$ + 30mL HCl + 120mL H_2O 混合溶液，腐蚀时间 10~20s，利用 Leica DM6000M 型金相显微镜观察，然后利用 Micro-pro-plus 软件统计图像中各等温温度下铁素体转变量。G115 钢等温转变曲线如图 8-10 所示，G115 钢等温转变曲线呈 "C" 形，鼻尖温度约 745℃，鼻尖温度下转变用时最短，完全转变所需时间约 100h。

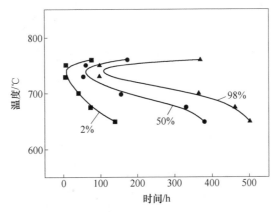

图 8-10　G115 钢等温转变曲线（TTT 图）

　　G115 钢 750℃ 等温不同时间后组织如图 8-11 所示，随保温时间延长，转变为铁素体的量增加，50h 后转变量快速增加。对 G115 钢 750℃ 等温 100h 后的转变产物进一步观察，如图 8-12 所示，等温完全转变后，组织特征为铁素体+析出相，且部分析出相呈团簇状分布。扫描电镜观察，呈团簇状分布的析出相为富 Cr 型 $M_{23}C_6$ 碳化物，同时含有少量不均匀分布的富 W 型 Laves 相。等温热处理可细化晶粒，工程实践需关注以下方面：（1）转变产物需全部为铁素体+析出相；（2）大量团簇状碳化物和少量大块 Laves 相在正火时尽可能全部回溶基体，因此正火温度不能过低。

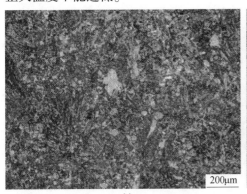
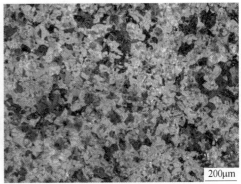

(a)　　　　　　　　　　　　　(b)

图 8-11　G115 钢 750℃等温不同时间后铁素体转变量

(a) 20h, 12%; (b) 50h, 36%; (c) 75h, 75%; (d) 100h, 100%

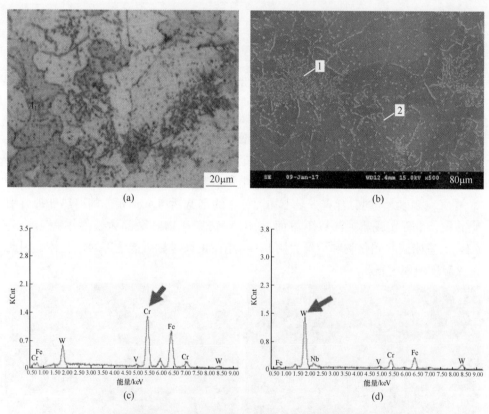

图 8-12　G115 钢 750℃等温 100h 组织观察

(a) OM; (b) SEM; (c) SEM 中 1 对应能谱; (d) SEM 中 2 对应能谱

8.3 G115 钢的低倍、夹杂物评级和显微组织

8.3.1 G115 钢低倍和夹杂物评级

对工业化生产的 G115 大、小口径钢管进行了低倍和夹杂物评级分析，按
GB/T 226—1991 标准，对 G115 小口径钢管（外径×壁厚 = $\phi60mm×10mm$）试样
进行低倍酸蚀，结果如图 8-13 所示，横截面酸浸试片上无目视可见的白点、夹
杂、皮下气泡、翻皮和分层。

图 8-13 G115 小口径管（$\phi60mm×10mm$）低倍酸蚀

按 GB/T 13298—1991、GB/T 6394—2002、GB/T 10561—2005 标准分别进行 G115
钢试样的金相组织检验、晶粒度评级和非金属夹杂物评级，钢管金相组织为回火马氏
体，晶粒度 6 级，如图 8-14 所示。非金属夹杂物检验结果见表 8-4 和图 8-15。

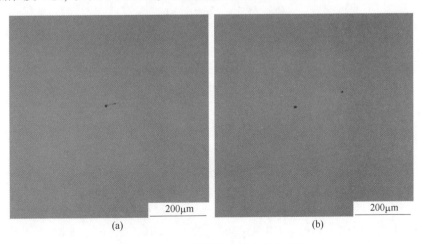

图 8-14 G115 钢管非金属夹杂物评级
（a）B 类夹杂，100×；（b）D 类夹杂，100×

表 8-4　G115 钢非金属夹杂物评级

项目	非金属夹杂物								
	A		B		C		D		Ds
	粗	细	粗	细	粗	细	粗	细	
标准要求	≤2.0	≤2.0	≤2.0	≤2.0	≤2.0	≤2.0	≤2.0	≤2.0	≤2.0
实测值	0	0	0	0.5	0	0	0.5	0.5	0

图 8-15　G115 小口径管（ϕ60mm×10mm）晶粒度和显微组织

按 GB/T 226—1991 标准，对 G115 大口径钢管（外径×壁厚 = ϕ578mm×88mm）低倍试样进行酸蚀，横截面酸浸试片上无目视可见的白点、夹杂、皮下气泡、翻皮和分层，全截面酸浸后如图 8-16 所示。

图 8-16　G115 大口径管（ϕ578mm×88mm）低倍形貌

按 GB/T 13298—1991、GB/T 6394—2002、GB/T 10561—2005 标准分别对 G115 钢试样进行金相组织检验、晶粒度评级和非金属夹杂物评级。钢管金相组织为回火马氏体，晶粒度 4~6 级，如图 8-17 所示。非金属夹杂物检验结果见表 8-5。

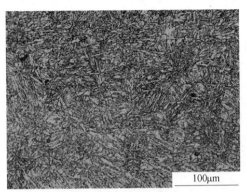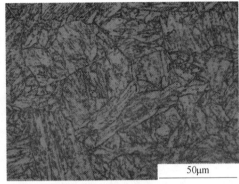

图 8-17　G115 大口径管（φ578mm×88mm）晶粒度和金相组织照片

表 8-5　非金属夹杂物评级

项目	非金属夹杂物								
	A		B		C		D		Ds
	粗	细	粗	细	粗	细	粗	细	
标准要求	≤2.0	≤2.0	≤2.0	≤2.0	≤2.0	≤2.0	≤2.0	≤2.0	≤2.0
实测值	0	0	0	0.5	0	0	0	0.5	0

8.3.2　G115 钢显微组织特征

G115 大口径钢管（外径×壁厚＝φ254mm×25mm）不同位置金相组织如图 8-18~图 8-20 所示。

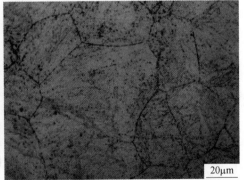

图 8-18　G115 大口径钢管（OD254×WT25mm）外壁 1/4 处金相观察

图 8-19　G115 大口径钢管（OD254×WT25mm）1/2 壁厚处金相观察

图 8-20　G115 大口径钢管（OD254×WT25mm）内壁 1/4 处金相观察

G115 大口径钢管（外径×壁厚＝φ254mm×25mm）扫描和透射组织观察如图 8-21 和图 8-22 所示。

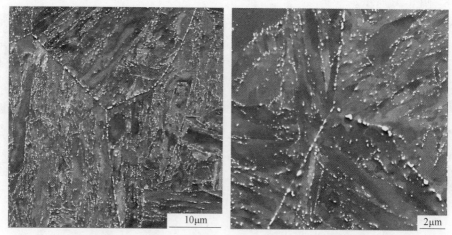

图 8-21　G115 大口径钢管（OD254×WT25mm）扫描组织

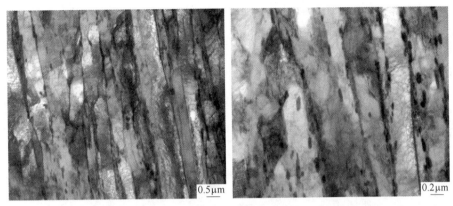

图 8-22　G115 大口径钢管（OD254×WT25mm）透射组织

G115 小口径钢管（外径×壁厚=φ73mm×11mm）金相组织如图 8-23 所示。

图 8-23　G115 小口径钢管（OD73×WT11mm）金相组织

8.3.3　G115 钢的脱碳层

按《钢的脱碳层深度检测法》（GB/T 224—2008）对 G115 钢管（φ60mm×10mm）进行了脱碳层检测，结果如表 8-6 和图 8-24、图 8-25 所示。脱碳层检测结果表明 G115 钢管的内外表面未发现明显的全脱碳层。

表 8-6　评定 G115 钢管脱碳层

名　　称	全脱碳层深度
1 号管	未发现
2 号管	未发现
标准	外表面全脱碳层深度应不大于 0.2mm，内表面全脱碳层深度应不大于 0.3mm，两者之和应不大于 0.4mm

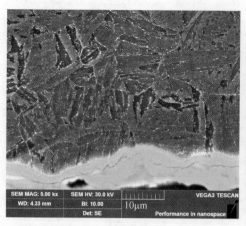

图 8-24　1 号评定钢管的内、外表面脱碳层观察

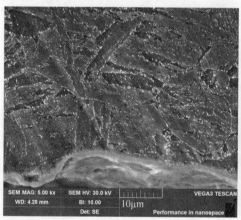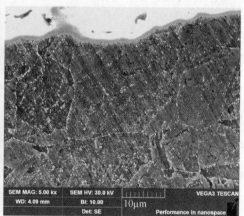

图 8-25　2 号评定钢管的内、外表面脱碳层观察

8.4　G115 钢管的力学性能

8.4.1　G115 钢管技术条件

钢管交货态的室温力学性能应符合表 8-7 的规定，$S \geqslant 14mm$ 的钢管应进行冲击试验。冲击和硬度试验要求执行 GB 5310—2017 标准。

对纵条试验壁厚小于 8mm 时，每减小 0.8mm 从基本最小伸长率可减小的百分值为 1.00%。计算的最小值见表 8-8。

表 8-7 G115 钢管常规力学性能要求

拉 伸 性 能				冲击吸收功 K_{V2}/J		硬度	
抗拉强度 R_m/MPa	下屈服强度或规定非比例延伸强度 $R_{eL}/R_{p0.2}$ /MPa	断后伸长率 $A/\%$		纵向	横向	HBW	HV
		纵向	横向				
≥660	≥480	≥19	≥16	≥40	≥27	195~250	196~265

表 8-8 G115 钢最小伸长率要求

壁 厚		伸长率① (标距 2in 或 50mm)	壁 厚		伸长率① (标距 2in 或 50mm)
in	mm	%	in	mm	%
5/16 (0.312)	8	19	1/8 (0.125)	3.2	13
32/9 (0.281)	7.2	18	3/32 (0.094)	2.4	12
1/4 (0.250)	6.4	17	1/16 (0.062)	1.6	12
7/32 (0.219)	5.6	16	0.062~0.035	1.6~0.9	11
3/16 (0.188)	4.8	15	0.035~0.022	0.9~0.6	11
5/32 (0.156)	4	14	0.022~0.015	0.6~0.4	10

①计算伸长率应圆整到最接近的整数。

表中列出壁厚每减薄 0.8mm 时计算的伸长率最小值。壁厚处在表中列两值之间时，最小伸长率的值由式 $E = 32t + 10.00(E = 1.25t + 10.00)$ 确定。式中，$E =$ 标距 2in 或 50mm 的伸长率,%; $t =$ 试样的实际厚度，in(mm)。

8.4.2 G115 钢管常规力学性能

常规力学性能试验主要包括室温拉伸、系列瞬时高温拉伸、室温夏比 V 口冲击和硬度试验。室温拉伸试验采用 ϕ5mm 的标准室温拉伸试样，试样标距处直径为 ϕ5mm，标距长度为 25mm。使用 INSTRON 5582 拉伸试验机，参照 ISO 6892.1—2009 和 GB/T 228.1—2010 标准进行拉伸试验。测定材料的抗拉强度 R_m、屈服强度 $R_{p0.2}$、延伸率 A 和断面收缩率 Z 四项室温性能指标。高温拉伸试验采用 ϕ5mm 的标准高温拉伸试样，试样标距处直径为 ϕ5mm，标距长度为 25mm。使用 INSTRON 5582 拉伸试验机，试验过程参照 ISO 6892.2—2011 和 GB/T 4338—2006 标准。测定材料的高温抗拉强度、高温屈服强度、延伸率和断面收缩率 4 项高温性能指标。夏比冲击试验采用 10mm×10mm×55mm 的标准夏比

V 形试样，试样缺口为 45°的 V 形，缺口深度 2mm，缺口底部为半径 0.25mm 的圆弧。使用 JB-30 摆锤式冲击试验机，试验过程参照 ISO 148—2009 和 GB/T 229—2007 标准。硬度试验采用维氏硬度。维氏硬度试验使用 HV-10A 型低负荷维式硬度计，载荷 5kg，加载时间 10s，过程参照 ISO 6507—2005 和 GB/T 4340—2009 标准，每个试样测量 5 个点，取其平均值。

8.4.2.1 室温硬度和室温拉伸性能

按 GB/T 231.1—2009 标准，在钢管上取全截面试样进行布氏硬度试验。G115 大口径钢管（φ578mm×88mm）试验位置如图 8-26 所示，试验结果见表 8-9。结果表明钢管全截面硬度均匀且满足标准要求。

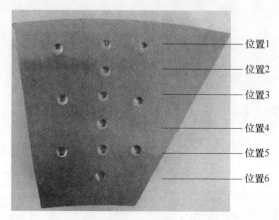

图 8-26　G115 大口径钢管（φ578mm×88mm）硬度试验位置

表 8-9　G115 大口径钢管（φ578mm×88mm）**硬度试验结果**

项　目		HBW10/3000
标　准		190~250
钢厂自检		215/219
实测值	位置 1	216/214/216
	位置 2	217
	位置 3	214/216/224
	位置 4	221
	位置 5	218/219/218
	位置 6	219

G115 小口径钢管（φ60mm×10mm）室温拉伸试验取样位置为纵向，室温拉伸性能见表 8-10。

表 8-10　G115 小口径管（OD60×WT10mm）**室温常规力学性能实测值**

编号	抗拉强度 R_m /MPa	屈服强度 $R_{p0.2}$ /MPa	延伸率 /%	断面收缩率 /%	硬度 HBW
1	762	602	25	73	
2	763	603	25	73	230/231/230
3	760	599	25	73	

G115 小口径钢管（φ88mm×13mm）室温拉伸试验取样方向和位置为纵向-1/2 壁厚处，室温拉伸性能见表 8-11。

表 8-11　G115 小口径管（OD88×WT13mm）**室温常规力学性能实测值**

编号	抗拉强度 R_m /MPa	屈服强度 $R_{p0.2}$/MPa	延伸率 /%	断面收缩率 /%
1	808	645	24	71
2	801	639	24	71

G115 大口径钢管（φ254mm×25mm）室温拉伸试验取样方向和位置为纵向-1/2 壁厚处，室温拉伸性能见表 8-12。

表 8-12　G115 大口径管（OD254×WT25mm）**室温常规力学性能实测值**

编号	抗拉强度 R_m/MPa	屈服强度 $R_{p0.2}$/MPa	延伸率 /%	断面收缩率 /%
1	760	620	23	72
2	765	625	23	73

G115 大口径钢管（φ578mm×88mm）室温拉伸试验取样方向和位置分别为纵向-外 1/4 处、纵向-1/2 壁厚处、纵向-内 1/4 处和横向-外 1/4 处、横向-1/2 壁厚处、横向-内 1/4 处，不同方向和位置室温拉伸性能见表 8-13 和图 8-27、图 8-28。

表 8-13　G115 大口径管（OD578×WT88mm）**不同方向和壁厚位置室温拉伸性能实测值**

取样位置		抗拉强度 R_m /MPa	屈服强度 $R_{p0.2}$ /MPa	延伸率 /%	断面收缩率 /%
纵向	中心	730	580	25	74
		716	569	25	73
	外 1/4	741	581	23	74
		737	577	23	75
	内 1/4	736	581	25	74
		725	570	25	74

取样位置		抗拉强度 R_m /MPa	屈服强度 $R_{p0.2}$ /MPa	延伸率 /%	断面收缩率 /%
横向	中心	715	568	24	73
		715	570	24	75
	外 1/4	735	580	26	74
		729	575	26	74
	内 1/4	718	574	25	74
		719	567	24	74

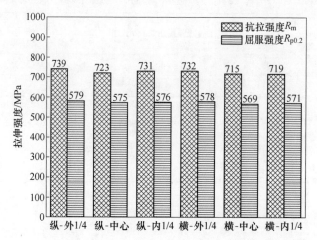

图 8-27　G115 大口径管（OD578×WT88mm）不同方向和壁厚位置室温拉伸强度

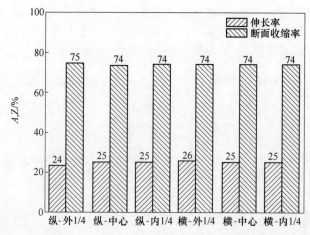

图 8-28　G115 大口径管（OD578×WT88mm）不同方向和壁厚位置室温拉伸塑性

G115 大口径钢管（φ546mm×83mm）室温拉伸试验取样方向和位置分别为横向-外 1/4 处、横向-1/2 壁厚处、横向-内 1/4 处，横向不同位置处室温拉伸性能见表 8-14 和图 8-29、图 8-30。

表 8-14 G115 大口径管（OD546×WT83mm）不同方向和壁厚位置室温拉伸性能实测值

取样位置		抗拉强度 R_m /MPa	屈服强度 $R_{p0.2}$ /MPa	延伸率 /%	断面收缩率 /%
横向	外 1/4	771	616	21	68
		757	603	24	68
	中心	751	605	24	70
		759	609	23	70
	内 1/4	760	611	21	69
		761	611	23	68

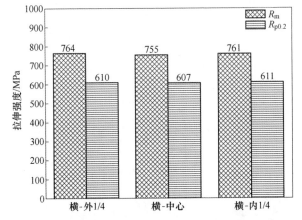

图 8-29 G115 大口径管（OD546×WT83mm）不同方向和壁厚位置室温拉伸强度

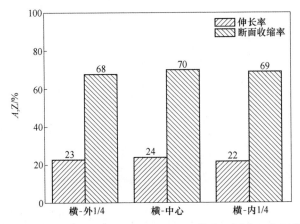

图 8-30 G115 大口径管（OD546×WT83mm）横向不同位置室温拉伸塑性

8.4.2.2　高温短时拉伸

G115 小口径钢管（φ60mm×10mm、φ88mm×13mm 和 φ128mm×14mm）和大口径钢管（φ254mm×25mm、φ578mm×88mm 和 φ546mm×83mm）系列高温（100~700℃）拉伸性能分别见表 8-15~表 8-21 和图 8-31~图 8-44 所示。

表 8-15　G115 小口径管（OD60×WT10mm）系列高温拉伸性能

试验温度 /℃	抗拉强度 R_m /MPa	屈服强度 $R_{p0.2}$ /MPa	伸长率 A /%	断面收缩率 Z /%
100	715	570	22	74
	715	570	23	74
200	670	540	20	75
	665	535	19	74
300	640	520	18	70
	640	520	19	71
400	600	495	16	68
	605	495	16	68
500	540	455	19	71
	535	450	20	70
600	450	405	24	82
	455	410	23	80
625	415	370	27	84
	410	370	26	85
650	385	335	25	86
	385	335	28	86
	375	335	28	86
700	285	215	31	89
	275	205	37	92

表 8-16　G115 小口径管（OD88×WT13mm）系列高温拉伸性能

试验温度 /℃	抗拉强度 R_m /MPa	屈服强度 $R_{p0.2}$ /MPa	伸长率 A /%	断面收缩率 Z /%
100	750	610	20	73
	755	615	21	73
200	705	575	19	72
	705	575	19	71

试验温度 /℃	抗拉强度 R_m /MPa	屈服强度 $R_{p0.2}$ /MPa	伸长率 A /%	断面收缩率 Z /%
300	675	560	19	72
	675	555	19	72
400	640	535	18	70
	635	540	15	68
500	570	490	20	74
600	480	430	23	83
	475	425	23	83
650	395	340	28	88
	395	340	31	88
700	290	225	25	91
	290	230	26	91

表 8-17 G115 小口径管（OD128×WT14mm）系列高温拉伸性能

试验温度 /℃	抗拉强度 R_m /MPa	屈服强度 $R_{p0.2}$ /MPa	伸长率 A /%	断面收缩率 Z /%
100	770	650	20	71
	765	645	20	69
200	725	615	19	65
	725	615	20	68
300	685	590	18	66
	685	585	18	65
400	650	565	18	65
	650	565	16	64
500	580	515	19	73
	580	515	21	74
600	475	430	31	84
	460	420	29	84
650	370	325	31	87
	380	325	30	87
700	285	220	34	91
	285	220	42	90

表 8-18　G115 大口径管（OD254×WT25mm）系列高温拉伸性能

试验温度 /℃	抗拉强度 R_m /MPa	屈服强度 $R_{p0.2}$ /MPa	伸长率 A /%	断面收缩率 Z /%
100	690	553	21	73
	685	528	22	72
	686	550	23	73
200	644	501	19	69
	639	513	20	72
	640	516	20	70
300	618	505	18	73
	613	492	18	73
	616	490	18	73
400	589	470	17	68
	597	476	17	68
	590	472	18	69
450	572	456	19	68
	571	460	17	69
	571	474	19	69
500	537	454	20	73
	537	448	21	71
	551	448	20	68
550	509	450	21	73
	508	443	22	76
	514	453	21	73
600	452	407	26	80
	457	413	26	81
	449	405	22	79
650	369	326	29	84
	372	324	34	85
	366	321	29	86
700	265	213	43	91
	274	216	28	85
	273	212	23	88

表 8-19 G115 大口径厚壁管（OD578×WT88mm）系列高温拉伸性能

试验温度 /℃	抗拉强度 R_m /MPa	屈服强度 $R_{p0.2}$ /MPa	伸长率 A /%	断面收缩率 Z /%
100	656	515	23	74
	655	520	21	71
200	615	490	20	72
	615	490	22	71
300	585	470	17	68
	585	475	20	71
400	550	450	18	67
	550	450	18	69
500	485	410	22	71
	485	410	22	71
600	400	355	27	82
	405	360	27	81
650	345	300	34	79
	340	290	34	79
700	255	197	37	92
	260	200	36	92

表 8-20 G115 大口径厚壁管（OD578×WT88mm）不同方向和 壁厚位置 650℃高温拉伸性能

方向	位置	抗拉强度 R_m /MPa	屈服强度 $R_{p0.2}$ /MPa	伸长率 A /%	断面收缩率 Z /%
横向	横向-外 1/4	350	300	40	87
		350	305	44	87
	横向-中心	340	290	34	79
	横向-内 1/4	330	285	30	88
		335	290	29	87
纵向	纵向-外 1/4	345	300	37	86
		345	295	37	84
	纵向-中心	345	300	32	87
		345	300	30	88
	纵向-内 1/4	340	290	40	87
		345	300	34	86

表 8-21   G115 大口径厚壁管（OD546×WT83mm）**系列高温拉伸性能**

试验温度 /℃	抗拉强度 R_m /MPa	屈服强度 $R_{p0.2}$ /MPa	伸长率 A /%	断面收缩率 Z /%
100	700	565	21	68
	700	560	20	68
200	655	535	19	67
	655	535	19	68
300	620	515	18	64
	625	510	18	67
400	590	490	15	62
	595	495	17	63
500	520	445	18	69
	520	445	19	67
600	425	370	25	80
	420	370	27	83
650	355	305	36	88
	360	305	33	88
700	275	215	40	92
	275	215	36	88

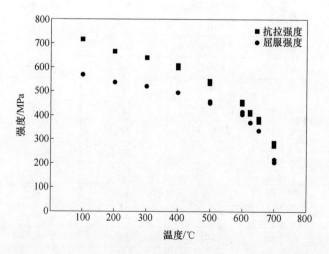

图 8-31   G115 小口径管（OD60×WT10mm）系列高温拉伸强度

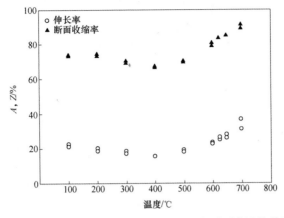

图 8-32　G115 小口径管（OD60×WT10mm）系列高温拉伸塑性

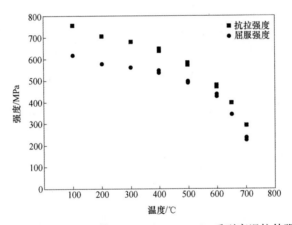

图 8-33　G115 小口径管（OD88×WT13mm）系列高温拉伸强度

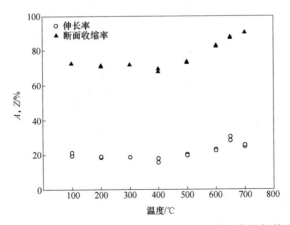

图 8-34　G115 小口径管（OD88×WT13mm）系列高温拉伸塑性

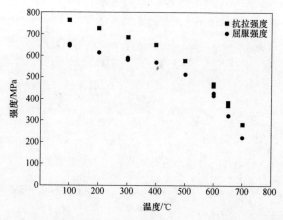

图 8-35　G115 小口径管（OD128×WT14mm）系列高温拉伸强度

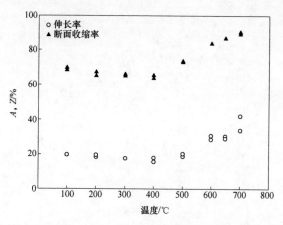

图 8-36　G115 小口径管（OD128×WT14mm）系列高温拉伸塑性

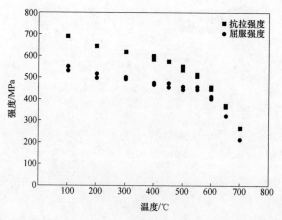

图 8-37　G115 大口径管（OD254×WT25mm）系列高温拉伸强度

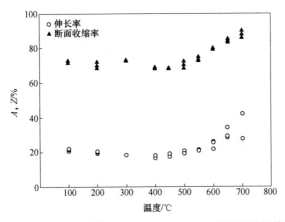

图 8-38　G115 大口径管（OD254×WT25mm）系列高温拉伸塑性

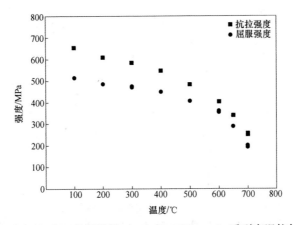

图 8-39　G115 大口径厚壁管（OD578×WT88mm）系列高温拉伸强度

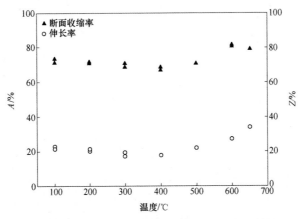

图 8-40　G115 大口径厚壁管（OD578×WT88mm）系列高温拉伸塑性

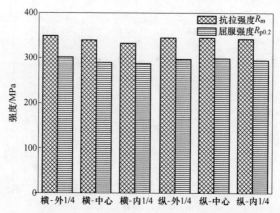

图 8-41　G115 大口径厚壁管（OD578×WT88mm）不同取样位置 650℃高温拉伸强度

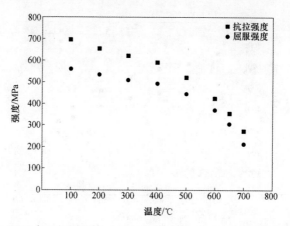

图 8-42　G115 大口径厚壁管（OD546×WT83mm）系列高温拉伸强度性能

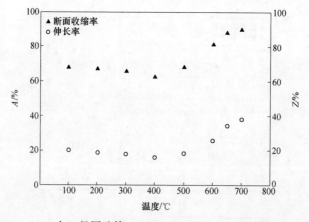

图 8-43　G115 大口径厚壁管（OD546×WT83mm）系列高温拉伸塑性

根据 ISO 2605 标准计算最小屈服强度公式，根据上述 G115 钢不同规格系列温度拉伸强度数据，计算 G115 钢最小抗拉强度和屈服强度值结果如图 8-44 所示。

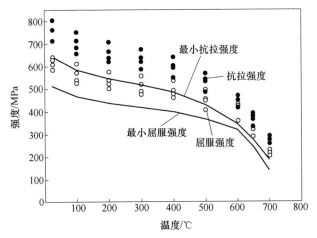

图 8-44　G115 钢系列温度下最小抗拉强度和屈服强度

8.4.2.3　冲击性能和 FATT

不同规格 G115 钢管（ϕ60mm×10mm、ϕ88mm×13mm、ϕ578mm×88mm 和 ϕ546mm×83mm）室温冲击功分别见表 8-22~表 8-24 和图 8-45 和图 8-46。

表 8-22　G115 小口径管（OD60×WT10mm）**室温冲击功**

试验温度/℃	冲击功 K_{V2}/J	备　注
	191	
25	188	纵向 55mm×10mm×10mm
	182	

表 8-23　G115 大口径管（OD578×WT88mm）**不同方向和壁厚位置室温冲击功实测值**

试验温度	取样方向	横　　向			纵　　向		
	取样位置	外 1/4	中心	内 1/4	外 1/4	中心	内 1/4
18℃	实测值	58/62/42	43/54/57	43/76/76	68/96	52/25	54/52
	平均值	54	51	65	82	40	53

表 8-24　G115 大口径管（OD546×WT83mm）**横向不同取样位置室温冲击功实测值**

试验温度	取样方向	横　　向		
	取样位置	外 1/4	中心	内 1/4
20℃	实测值	53/44/51	53/38/62	42/45/38
	平均值	49	51	42

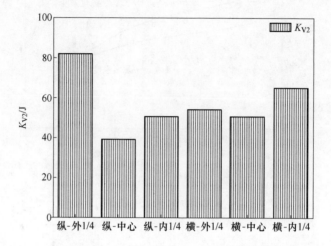

图 8-45　G115 大口径管（OD578×WT88mm）不同方向和位置室温冲击功

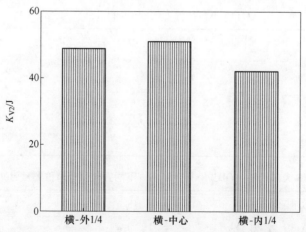

图 8-46　G115 大口径管（OD546×WT83mm）横向不同取样位置室温冲击功

不同规格 G115 钢管（ϕ60mm×10mm 和 ϕ578mm×88mm）系列高温（0～700℃）冲击功分别见表 8-25、表 8-26 和图 8-47、图 8-48。

表 8-25　G115 钢管（φ60mm×10mm）从 0~700℃冲击功

温度/℃	0	50	100	200	300	400	500	600	650	700
冲击功 K_{V2}/J	14/ 14/ 27	130/ 174/ 196	232/ 221/ 221	257/ 264/ 248	270/ 274/ 270	262/ 263/ 266	253/ 262/ 233	227/ 225/ 222	234/ 266/ 252	284/ 277/ 268
平均值/J	18	167	225	256	271	264	249	225	251	276

表 8-26　G115 钢管（φ578mm×88mm）从 0~700℃冲击功

温度/℃	0	100	200	300	400	500	600	700
冲击功 K_{V2}/J	29/ 25/ 67	189/ 217/ 230	222/ 218/ 225	223/ 241/ 242	228/ 263/ 266	226/ 248/ 243	203/ 220/ 199	275/ 261/ 280
平均值/J	40	212	222	235	252	239	207	272

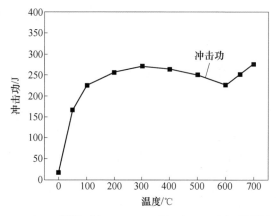

图 8-47　G115 钢管（φ60mm×10mm）在 0~700℃系列冲击功

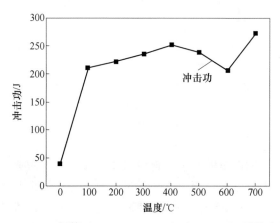

图 8-48　G115 钢管（φ578mm×88mm）在 0~700℃系列冲击功

不同规格 G115 钢管（φ578mm×88mm）FATT 试验结果分别见表 8-27 和图 8-49。

表 8-27　G115 钢管（OD254×WT25mm）在−20~60℃范围系列冲击功

试验温度/℃	冲击功 K_{V2}/J
	13
−20	6.3
	36
	18
0	58
	19
	124
20	120
	110
	110
40	89
	90
	156
60	143
	114

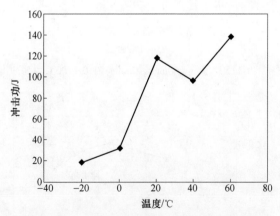

图 8-49　G115 钢管不同温度下的室温冲击功

韧脆转变温度试验的目的是考察材料韧性对温度变化的敏感程度，测量材料由韧性转变为脆性的温度特征点。本试验的试样取自 G115 钢管 1/2 壁厚处，取样方向为环向。试验采用 55mm×10mm×10mm 的 V 型缺口标准冲击试样，在不同温度下进行系列冲击试验，记录冲击吸收能量并采用断口图像分析仪对冲击断口的解理断面率进行测量，对试验结果进行汇总和统计分析，按波尔兹曼（Boltzmann）函数对试验数据进行拟合得到韧脆转变温度曲线并最终得到基于解理断面率的韧脆转变温度点 FATT50，试验结果见表 8-28。韧脆转变温度取解理断面率为 50% 的温度，为 34.9℃，如图 8-50 所示。

表 8-28　G115 冲击吸收功和解理断面率随试验温度的变化

试验温度/℃	冲击吸收功 K_{V2}/J	解理断面率/%
−60	9	100
−40	6	100
−20	19	100
0	32	88.7
10	27	83.7
20	118	55.7
40	96	53.7
60	138	26
80	228	8.7
100	243	3.7

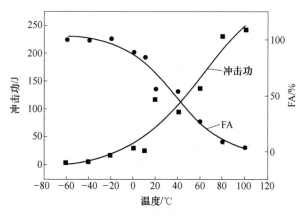

图 8-50　G115 钢管韧脆转变温度的确定

8.4.3　G115 钢管的低周疲劳性能

在 G115 大管 1/2 壁厚处取环向疲劳试样，试样工作部分直径 ϕ6.35mm，加载波形为三角波，应变比为−1。试验温度分别为 650℃。测试 G115 大管 650℃ 低周疲劳试验结果分别见表 8-29、表 8-30 和图 8-51、图 8-52。

表 8-29　G115 大管 650℃低周疲劳试验结果

编号	直径 d_0 /mm	应变幅 $\Delta\varepsilon_t/2$ /mm·mm^{-1}	弹性应变幅 $\Delta\varepsilon_e/2$ /mm·mm^{-1}	塑性应变幅 $\Delta\varepsilon_p/2$ /mm·mm^{-1}	失效反向数 $2N_f$/次	应力幅 $\Delta\sigma/2$ /MPa
1	6.367	0.0060	0.00214	0.00386	904	322
2	6.362	0.0040	0.00207	0.00193	2280	312
3	6.341	0.0020	0.00160	0.00040	64004	246
4	6.361	0.0025	0.00186	0.00064	12818	290
5	6.360	0.0040	0.00210	0.00190	2256	316
6	6.361	0.0025	0.00184	0.00066	11200	287
7	6.348	0.0060	0.00209	0.00391	1040	316
8	6.354	0.0080	0.00208	0.00592	692	317
9	6.351	0.0080	0.00219	0.00581	572	330
10	6.365	0.0025	0.00188	0.00062	12158	291
11	6.353	0.0040	0.00205	0.00195	2308	315
12	6.352	0.0060	0.00208	0.00392	1046	317
13	6.350	0.0080	0.00224	0.00576	678	337
14	6.360	0.0020	0.00155	0.00045	113272	242

表 8-30　G115 大管 650℃低周疲劳循环特征参数

参　数	数　值
疲劳强度系数 σ'_f/MPa	476
疲劳延性系数 ε'_f	0.1800
循环强度系数 K'/MPa	523
疲劳强度指数 b	-0.0627
疲劳延性指数 c	-0.5642
循环应变硬化指数 n'	0.0872

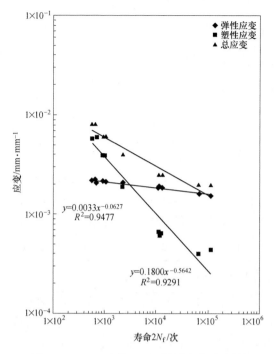

图 8-51　G115 大管 650℃ 低周疲劳试验结果

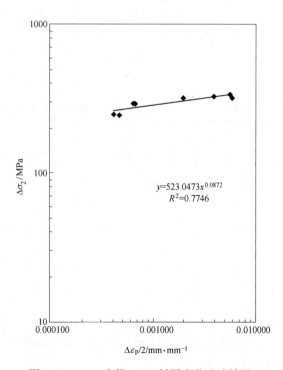

图 8-52　G115 大管 650℃ 低周疲劳试验结果

8.5　G115 钢的性能稳定性

G115 钢管（外径×壁厚＝φ254mm×25mm）在不同时效条件下的650℃高温强度和室温冲击功见表 8-31 和表 8-32，数据绘制如图 8-53～图 8-55 所示。在 650℃时效时，随时效时间增加，材料抗拉强度从 300h 的 357MPa 缓慢降低至 8000h 的 343MPa，屈服强度从 300h 的 305MPa 缓慢降低至 5000h 的 290MPa。而在 700℃时效时，材料抗拉强度从 300h 的 340MPa 急剧降低至 8000h 的 260MPa，屈服强度从 300h 的 292MPa 急剧降低至 8000h 的 233MPa。时效温度相同时，抗拉强度随时效时间的变化趋势与屈服强度变化趋势基本一致。对比 650℃和 700℃两个时效温度，650℃时效后的高温强度显著高于 700℃时效，且 650℃时效后高温强度随时效时间变化较小，700℃时效后高温强度随时效时间的增加而显著降低。

表 8-31　G115 大口径钢管（OD254×WT25mm）650℃时效后母材 650℃高温拉伸性能

时效 /h	650℃高温力学性能												冲击功 K_{V2} /J		
	R_m/MPa			$R_{p0.2}$/MPa			A/%			Z/%					
100	355	355	355	300	310	305	29.5	25.5	29.5	84.0	83.5	83.5	36	—	—
300	355	345	370	295	300	320	23.5	36.0	21.0	82.5	85.0	81.0	21	19	27
500	340	340	360	300	300	330	27.0	31.0	19.5	83.0	84.0	81.5	28	23	23
1000	340	345	355	285	285	290	33.0	27.0	29.0	84.5	81.5	82.5	26	26	25
3000	350	340	350	305	285	305	30.5	27.0	30.5	82.0	82.0	83.0	30	18	32
5000	320	320	325	295	285	290	28.0	26.5	32.0	82.5	83.0	83.5	26	25	28
8000	340	355	335	300	320	295	32.0	26.5	30.0	81.5	80.5	81.5	34	25	24

表 8-32　G115 大口径钢管（OD254×WT25mm）700℃时效后母材 650℃高温拉伸性能

时效 /h	650℃高温力学性能												冲击功 K_{V2}/J		
	R_m/MPa			$R_{p0.2}$/MPa			A/%			Z/%					
100	365	355	355	315	305	315	25.5	34	30.5	82	85	83	56	31	27
300	340	340	340	285	290	300	31.5	29	33	81	62	83	28	36	38
500	340	345	340	295	295	305	28	30.5	31.5	81.5	81.5	82	—	—	—
1000	320	325	320	275	280	265	34	34	29.5	82	82	81	—	—	—
3000	300	295	295	270	260	255	30	27.5	32	78	78	79	—	—	—
8000	260	260	260	230	230	240	31	37	42	77.5	77	79	—	—	—

G115 钢回火态冲击韧性较好。随时效进行，在 300h 时间内 G115 钢的冲击功降低到约 36J。随时效时间进一步增加，G115 钢的冲击功基本保持不变，到 8000h 时仍然在 33J 左右。

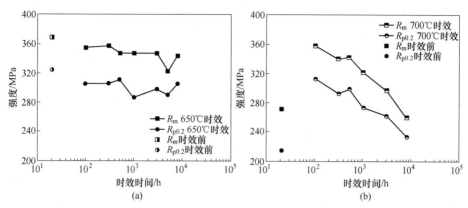

图 8-53　G115 钢管不同温度时效后 650℃高温拉伸强度随时间变化

（a）650℃时效，650℃高拉；（b）700℃时效，650℃高拉

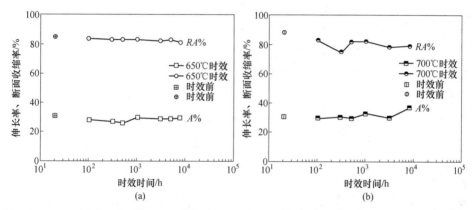

图 8-54　G115 钢管 650℃及 700℃时效后 650℃及 700℃高拉伸长率和断面收缩率随时间变化

（a）650℃时效，650℃高拉；（b）700℃时效，650℃高拉

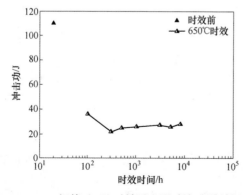

图 8-55　G115 钢管 650℃时效后室温冲击功随时间变化

对河北宏润核装公司 5 万吨挤压机挤压的外径×壁厚×长 = φ578mm×88mm× 6500mm 的 G115 大口径厚壁管取样进行 650℃ 长时时效处理，取样方向为横向，位置为 1/2 壁厚处。测试其室温与 650℃ 高温强度和塑性，同时进行室温夏比 V 形冲击试验，测试结果见表 8-33、表 8-34 和图 8-56~图 8-58。

表 8-33　G115 厚壁管（φ578mm×88mm）**650℃ 时效后室温力学性能**

时效 /h	室温力学性能							冲击功 K_{V2} /J		
	R_m/MPa		$R_{p0.2}$/MPa		A/%		Z/%			
100	765	754	607	600	20.5	19.5	68	67	30	45
300	756	765	586	580	21	21	62	63	31	30
500	793	803	636	643	19	18	65	64	20	13
1000	798	803	642	644	17.5	17.5	64	63	18	21
3000	769	770	612	614	19.5	19	63	63	20	34
5000	774	771	614	612	19.5	19.5	61	61	46	17

表 8-34　宏润厚壁管（φ578mm×88mm）**650℃ 时效后 650℃ 高温力学性能**

时效/h	650℃ 高温力学性能							
	R_m/MPa		$R_{p0.2}$/MPa		A/%		Z/%	
100	325	340	275	285	35	32	86.5	87.0
300	330	340	275	280	38	44.5	85.5	90
500	365	355	305	295	37	31.5	87	87.5
1000	360	350	300	295	31	34	85	86
3000	345	350	285	295	27	23.5	85	84.5
5000	350	350	285	295	31.5	33.0	85.0	84.5

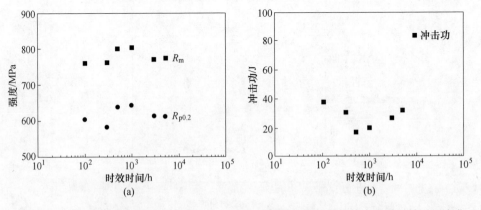

图 8-56　G115 钢大管（φ578mm×88mm）650℃ 时效后室温强度和冲击功随时效时间变化

（a）650℃ 时效后室温拉伸强度；（b）650℃ 时效后室温冲击功

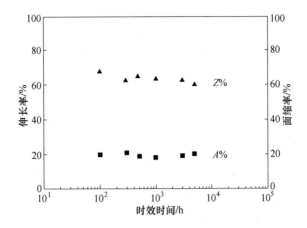

图 8-57 G115 钢大管（φ578mm×88mm）650℃时效后室温塑性随时效时间变化

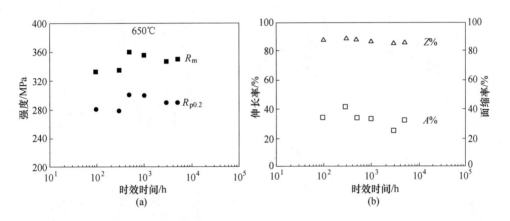

图 8-58 G115 钢大管（φ578mm×88mm）650℃时效后 650℃高拉性能随时效时间变化
(a) 650℃时效，650℃高拉；(b) 650℃时效，650℃高拉塑性

8.6 G115 钢管工艺性能

G115 钢管工艺性能主要包括压扁试验、扩口试验和弯曲试验。对 G115 小口径管进行了压扁和扩口试验，对 G115 大口径管进行了弯曲试验。

8.6.1 压扁试验

依照 ASME SA450 中规定的实验方法进行压扁试验。G115 小口径成品钢管的压扁试验分两步进行：第一步是延性试验，将试样压至两平板间距离为 H，H 按式（8-10）计算。

$$H = \frac{(1 + \alpha)S}{\alpha + S/D} \tag{8-10}$$

式中，H 为两平板间的距离，mm；S 为钢管的公称壁厚，mm；D 为钢管的公称外径，mm；α 为单位长度变形系数，取 0.08。试样压至两平板间距离为 H 时，试样上不允许存在裂缝或裂口。第二步是完整性试验（闭合压扁）。压扁继续进行，直至试样破裂或试样相对两壁相碰。在整个压扁试验期间，试样不允许出现目视可见的分层、白点、夹杂。

G115 小口径管（ϕ73mm×8mm）压扁延性试验将试样压至两平板间距离为 45mm，压后试样表面不存在裂缝或裂口，如图 8-59 所示。完整性试验将试样压至相对两壁相碰，试样表面不存在裂纹或裂口，压扁过程中无目视可见分层、白点和夹杂，如图 8-60 所示。G115 小口径管（ϕ73mm×11mm）压扁性能也满足要求，如图 8-61~图 8-63 所示。

图 8-59　G115 钢管（ϕ73mm×8mm）压扁延性试验

图 8-60　G115 钢管（ϕ73mm×8mm）压扁完整性试验

8.6.2　扩口试验

按 ASME SA450 规定的实验方法进行扩口试验，G115 小口径管（ϕ73mm×8mm）内径扩口率为 28%，扩口后试样表面未出现裂缝或裂口，如图 8-64 所示。G115 小口径管（ϕ73mm×11mm）扩口后试样表面未出现裂缝或裂口，如图 8-65 和图 8-66 所示。

图 8-61 G115 钢管（ϕ73mm×11mm）压扁试验

图 8-62 G115 钢管（ϕ60mm×10mm）延性试验后形貌

图 8-63 G115 钢管（ϕ60mm×10mm）完整性试验后形貌

图 8-64　G115 钢管（φ73mm×8mm）扩口试验后试样观察

图 8-65　G115 钢管（φ73mm×11mm）扩口试验后试样观察

图 8-66　G115 钢管（φ60mm×10mm）扩口试验后试样观察

8.6.3　弯曲试验

对 G115 大口径管取样进行了弯曲试验，试验标准和参数见表 8-35。弯曲试验分别为正向弯曲（靠近钢管外表面的试样表面受拉变形）和反向弯曲（靠近钢管内表面的试样表面受拉变形）。试样弯曲受拉面及侧面没有出现目视可见的裂缝。正向弯曲和反向弯曲检验结果见表 8-36，弯曲试样照片如图 8-67 所示。

表 8-35　G115 钢管弯曲试验标准与试验参数

编号	温度/℃	执行标准	试样尺寸/mm×mm×mm	压头直径/mm	弯曲角度/(°)
1	18	GB/T 232—2010	12.5×12.5×150	25	180
2			12.5×12.5×150	25	180

表 8-36　G115 钢管弯曲试验结果

项目/规格（炉号）	低 倍 检 验
标准	弯曲后，试样弯曲受拉面及侧面不允许出现目视可见的裂缝
φ578mm×88mm（561A0710）	合格
φ460mm×85mm（661A0286）	合格
φ680mm×140mm（661A0581）	合格
φ546m×83mm（661A0581）	合格

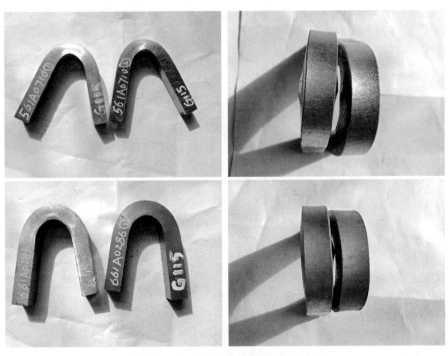

图 8-67　G115 钢管弯曲试验试样照片

8.7　G115 钢的抗蒸汽腐蚀和抗氧化性能

　　将 G115 和 P92 钢在 650℃ 水蒸气中进行氧化试验，每 200h 取出一组试样进行增重测量，测试结果如图 8-68 和图 8-69 所示。虽然测试增重数据有一定分散性，但整体上 G115 钢氧化增重要明显低于 P92 钢，如图 8-70 所示。

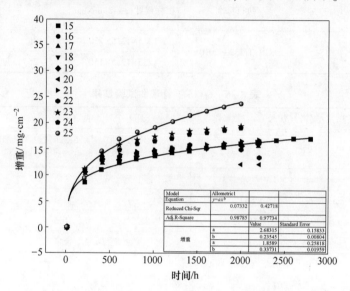

Model	Allometric1	
Equation	$y=ax^b$	
Reduced Chi-Sqr	0.07332	0.42718
Adj.R-Square	0.98785	0.97734
	Value	Standard Error
增重	a　2.68315	0.15833
	b　0.23545	0.00804
	a　1.8589	0.25818
	b　0.33731	0.01959

图 8-68　G115 钢 650℃ 蒸汽氧化增重数据

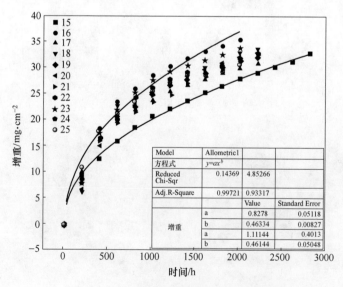

Model	Allometric1	
方程式	$y=ax^b$	
Reduced Chi-Sqr	0.14369	4.85266
Adj.R-Square	0.99721	0.93317
	Value	Standard Error
增重	a　0.8278	0.05118
	b　0.46334	0.00827
	a　1.11144	0.4013
	b　0.46144	0.05048

图 8-69　P92 钢 650℃ 蒸汽氧化增重数据

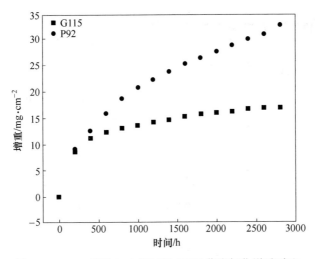

图 8-70　G115 钢和 P92 钢试样 650℃蒸汽氧化增重对比

对 G115 钢进行空气氧化增重测试试验，实验温度为 650℃，氧化实验在时效炉中进行。采用统一的标准片状试样，实验中预先将时效炉加热至氧化温度 650℃，将试样固定于管状试样架内，装入时效炉内，待时效炉升温至 650℃开始计时。每 24h 取出试样进行称重和观察。称重时采用奥豪斯分析天平，天平分辨率为 0.1mg。对 G115-2 钢试样进行了 12 周次循环氧化实验，获得了氧化增重动力学曲线，如图 8-71 所示，总体上 G115-2 钢在空气中氧化增重很小，氧化 400h 后其氧化增重仅 0.5mg/cm²。增重数据显示先快后缓再快的规律，在氧化的前 50h，氧化增重较迅速。在 50～170h 进入缓慢氧化阶段，每个周次的增重不足 0.05mg/cm²。

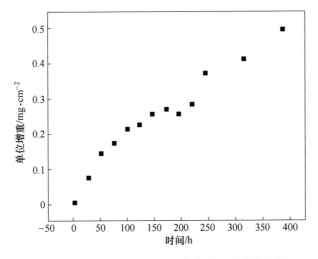

图 8-71　G115-2 钢 650℃空气氧化增重动力学数据

8.8　G115 钢管持久性能与蠕变性能

8.8.1　G115 钢管的持久性能

截至 2017 年 12 月 20 日，钢铁研究总院（国家钢铁材料测试中心）、宝钢和上海成套院分别对 G115 钢管试样进行了 600～700℃持久性能测试，结果见表 8-37。

表 8-37　G115 钢 625～700℃持久强度

编　号	试验温度/℃	加载应力/MPa	持久寿命/h
	650	200	107
	650	180	1191
	650	160	3695
	650	140	5560
	650	120	14386
钢研院 （炉号：130-0109）	650	200	134
	650	180	837
	650	160	3037
	650	140	6667
	650	120	18551
	650	100	38803
	650	200	36.3
	650	180	421
	650	160	2243
	650	140	8636
钢研院 （炉号：15SH003101）	650	120	18208
	650	200	101
	650	180	659
	650	160	4082
	650	140	8792
	650	120	15187

编　　号	试验温度/℃	加载应力/MPa	持久寿命/h
宝钢 （炉号：561A0710）	650	180	578
	650	160	3944
	650	140	6744
	650	120	17015
	650	200	234
	650	180	2179
	650	160	3995
	650	140	6920
	650	120	17157
成套院大管 （炉号：561A0710）	650	200	164.9
	650	200	127.5
	650	200	212.3
	650	180	1300.2
	650	180	941.4
	650	180	1138.0
	650	160	2847.9
	650	160	3978.9
	650	160	4194.3
	650	140	6943.2
	650	140	7437.4
	650	140	8356.8
	650	130	9183.4
	650	130	10854.6
	650	130	>12500
宝钢 （炉号：130-0109）	600	190	>21405
	600	190	>21405
	600	220	3790
	625	220	189
	625	220	119
	625	220	143

编　号	试验温度/℃	加载应力/MPa	持久寿命/h
	625	200	2705
	625	200	1596
	625	200	2786
	625	180	7121
	625	180	5067
	625	180	6587
	625	170	5710
	625	170	6029
	625	160	6512
	625	160	5930
	625	150	6910
	625	150	8351
	675	180	38
	675	160	102
	675	160	137
	675	160	183
宝钢	675	160	363
（炉号：130-0109）	675	140	906
	675	140	886
	675	140	1070
	675	140	1005
	675	110	1740
	675	110	2136
	675	110	2622
	675	110	2720
	675	100	2369
	675	100	1798
	675	100	2537
	675	100	5359
	675	100	5324
	675	80	2706
	675	80	5387
	675	80	6170
	675	80	2721
	675	80	>9987

续表 8-37

编　　号	试验温度/℃	加载应力/MPa	持久寿命/h
	700	60	2286
	700	60	2330
	700	80	1362
宝钢	700	80	1364
（炉号：130-0109）	700	100	887
	700	100	706
	700	110	390
	700	110	423

　　把表 8-37 所述 G115 钢在 600~700℃ 温度范围已完成测试持久强度结果绘于图 8-72。G115 钢管测试试样包括宝钢股份和宝特公司工业生产的小口径成品管以及采用热挤压工艺生产的大口径厚壁管。按单对数法进行数据拟合，G115 钢在 625℃、650℃ 和 675℃ 温度下的 10 万小时外推持久强度值分别为 168MPa、99.2MPa 和 46MPa。

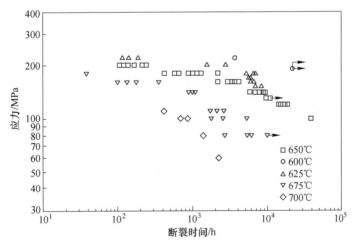

图 8-72　G115 钢在 600~700℃ 不同应力载荷下持久断裂时间

　　G115 钢管 650℃ 持久强度试验结果如图 8-73 所示，可见不同规格 G115 钢管的持久寿命数据变化趋势基本一致。

8.8.2　G115 钢管的蠕变性能

　　对 G115 钢管 625~675℃ 温度区间蠕变性能进行了测试，结果见表 8-38、

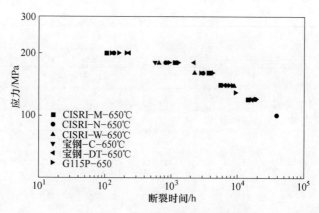

图 8-73　G115 钢 650℃持久强度

表 8-39 和图 8-74~图 8-77。

表 8-38　G115 钢管蠕变性能

温度/℃	应力/MPa	断裂应变/%	面缩率/%	断裂时间/h
625	220	9.41	83.03	284.75
625	210	14.38	73.37	1932.81
625	200	12.16	67.28	2282.85
650	200	10.68	82.53	107.02
650	160	8.81	72.54	1334.20
650	140	10.68	64.48	4132.21
675	200	11.02	87.33	2.46
675	180	10.13	85.25	7.80
675	160	14.85	86.75	189.99
675	140	16.39	85.41	665.44
675	120	14.90	76.19	1576.18

表 8-39　G115 钢管不同条件下最小蠕变速率

编　号	温度/℃	应力/MPa	最小蠕变速率/h^{-1}
1	625	200	6.30095×10^{-6}
2	625	210	8.97529×10^{-6}
3	625	220	9.98599×10^{-5}
4	650	140	3.34603×10^{-6}
5	650	160	8.41417×10^{-6}
6	650	200	9.26812×10^{-6}

续表 8-39

编　号	温度/℃	应力/MPa	最小蠕变速率/h⁻¹
7	675	120	1.64339×10^{-5}
8	675	140	5.22182×10^{-5}
9	675	160	1.62207×10^{-4}
10	675	180	0.00494
11	675	200	0.01673

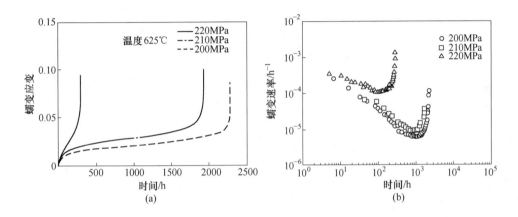

图 8-74　G115 钢管 625℃蠕变性能

（a）蠕变应变-时间；（b）蠕变速率-时间

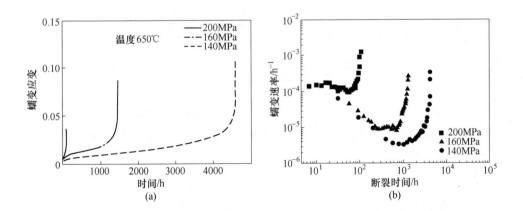

图 8-75　G115 钢管 650℃蠕变性能

（a）蠕变应变-时间；（b）蠕变速率-时间

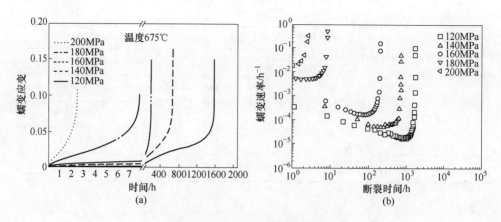

图 8-76　G115 钢管 675℃蠕变性能

（a）蠕变应变-时间；（b）蠕变速率-时间

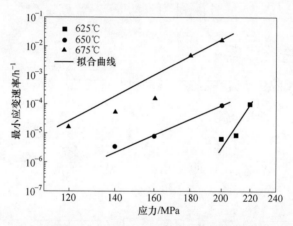

图 8-77　G115 钢管 625℃、650℃和 675℃最小蠕变速率与应力对数关系

8.9　G115 钢的焊接工艺与性能

G115 钢的可焊性评定是在上海锅炉厂、哈尔滨锅炉厂和东方锅炉厂三大锅炉厂同时进行，本节节选内容主要为上海锅炉厂前期开展的工作。试验用 G115 钢板由宝钢特钢冶炼生产，其尺寸规格为 400mm×240mm×30mm，交货状态为正火+回火。

8.9.1　焊接材料和焊接试板坡口

G115 钢可焊性评定试验采用 G115 钢板，焊材选用 3 种不同的焊材为填充金属：（1）打底焊丝 Thermanit MTS 616（AWS A5.28：ER90S-G ϕ2.4）、盖面焊条

Thermanit MTS 616 （AWS A5.5：E9015-G ϕ4.0）；（2）打底焊丝 20.70Nb （AWS A5.14：ERNiCr-3 ϕ2.4）、盖面焊条 SR-182 （AWS A5.11：ENiCrFe-3 ϕ3.2）；（3）Chromet 933 焊条 （AWS A5.5：E9015-G H4 （933） ϕ3.2 和 ϕ4.0）。3 种不同焊材的化学成分分别见表 8-40~表 8-42。

表 8-40　Gr.92 等级焊丝和焊条 （全焊缝金属） 的化学成分　　　　（%）

化学成分（质量分数）	C	Mn	Si	S	P	Cr	Ni	Mo	W	Nb	N
ER90S-G	0.1	0.45	0.38	<0.01	<0.01	8.8	0.6	0.4	1.6	0.06	0.04
E9015-G	0.11	0.6	0.2	<0.01	<0.01	8.8	0.7	0.5	1.6	0.05	0.05

表 8-41　182 焊条 （全焊缝金属） 的化学成分　　　　（%）

化学成分（质量分数）	C	Mn	Si	S	P	Cr	Ni	Nb	Ti
ERNiCr-3	0.02	3.2	0.11	0.002	0.002	20.29	72.62	2.58	0.35
ENiCrFe-3	0.03	6.47	0.46	0.007	0.002	14.6	72.28	1.53	<0.01

表 8-42　Chromet 933 焊条 （全焊缝金属） 的化学成分　　　　（%）

化学成分（质量分数）	C	Mn	Si	S	P	Cr	Ni	Mo	Co	W	V	N	B
Chromet 933ϕ3.2	0.106	0.57	0.32	0.004	0.008	8.95	0.18	0.07	3.16	2.57	0.23	0.034	0.013
Chromet 933ϕ4.0	0.102	0.60	0.31	0.005	0.006	8.87	0.15	0.02	3.48	2.67	0.22	0.026	0.011

G115 钢板规格为 δ=19mm 和 20mm，供货状态为正火+回火，焊接坡口为 V 型坡口，如图 8-78 所示。

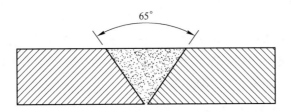

图 8-78　G115 钢试板焊接坡口示意图

8.9.2　焊接工艺参数

采用手工氩弧焊 （GTAW） 和手工电弧焊 （SMAW） 焊接，且采用焊接热输入较小的焊接规范进行焊接及多层多道焊，手工氩弧焊打底，背面清根，然后再采用手工氩弧焊进行背面焊接，并采用手工电弧焊填充及盖面。其中采用Chromet 933 焊材所焊接的工艺均为焊条打底及填充、盖面。焊接工艺规范参数分别见表 8-43~表 8-45。试板焊妥后立即进行 300℃×2h 消氢处理，然后缓慢冷却到室温。Gr. 92 等级焊材和 182 镍基焊材两种焊材焊接的 G115 钢板焊接接头进行 760℃×5h 的焊后热处理，Chromet 933 焊条焊接的 G115 钢板对接焊接接头进行 770℃×5h 的焊后热处理。

表 8-43　Gr. 92 焊材焊接工艺参数

焊接方法	焊丝	层数	直径 /mm	电流 /A	电压 /V	预热 /℃	层间温度 /℃
GTAW	ER90S-G	1~2	φ2.4	121~126	12~15	121	≤300
SMAW	E9015-G	其余	φ4.0	145~160	22.3~27	212	

表 8-44　182 镍基焊材焊接工艺参数

焊接方法	焊丝	层数	直径 /mm	电流 /A	电压 /V	预热 /℃	层间温度 /℃
GTAW	ERNiCr-3	1~2	φ2.4	120~128	12~14	115	≤200
SMAW	ENiCrFe-3	其余	φ3.2	101~105	21.2~26.3	121	

表 8-45　Chromet 933 焊条焊接工艺参数

焊接方法	焊丝	层数	直径 /mm	电流 /A	电压 /V	预热 /℃	层间温度 /℃
SMAW	Chromet 933	1~3	φ3.2	90~124	21.1~24.5	212	≤300
	Chromet 933	其余	φ4.0	160~165	22.7~26.9	—	

8.9.3　焊后无损检测

焊接接头焊后按照《承压设备无损检测　第 2 部分：射线检测》(JB/T 4730.2—2005) 进行 100%RT 探伤，技术等级为 AB 级，无损检测等级均为 Ⅰ级，焊接接头照片如图 8-79~图 8-81 所示。

8.9.4　焊接接头室温拉伸试验

按《金属材料　室温拉伸试验方法》(GB/T 228—2002) 对焊接接头加工及测试，Gr. 92 等级和 182 镍基焊材接头拉伸试样为棒状，尺寸为 φ10mm×50mm，Chromet 933 焊材接头拉伸试样为条状，$W=20mm$，在 WE-100 型液压万能材料试验机上进行室温拉伸试验，结果分别见表 8-46 和图 8-82~图 8-84。可见，Gr. 92

图 8-79 Gr. 92 焊材焊接接头宏观观察

图 8-80 镍基焊材焊接接头宏观观察

图 8-81 Chromet 933 焊材焊接接头射线拍片

等级和 Chromet 933 焊材试样的断裂位置均在母材上，镍基焊材试样的断裂位置均在焊质上，表明 Gr. 92 等级和 Chromet 933 焊材的室温强度高于母材的室温强度，182 镍基焊材的室温强度低于母材的室温温度，3 种焊接接头的室温抗拉强度均高于相关标准对母材的规定值。

表 8-46　G115 钢焊接接头室温拉伸试验结果

名　　称	试验温度	抗拉强度 R_m/MPa	断裂位置
Gr. 92 焊材 焊接接头	室温	746，743	焊质外；焊质外
182 镍基焊材 焊接接头	室温	695，694	焊质上；焊质上
Chromet 933 焊材 焊接接头	室温	753，759	焊质外；焊质外
Code Case 2839	室温	≥620	—
G115 标准	室温	≥640	—

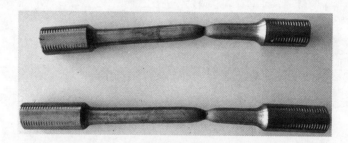

图 8-82　Gr. 92 焊材接头室温拉伸宏观照片

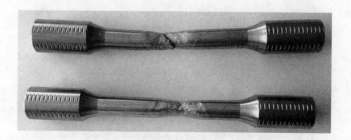

图 8-83　镍基焊材接头室温拉伸宏观照片

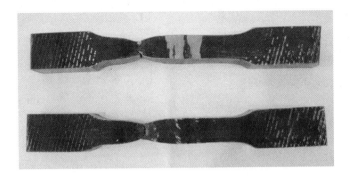

图 8-84　Chromet 933 焊材接头室温拉伸宏观照片

8.9.5　焊接接头弯曲试验

　　根据《金属材料　弯曲试验方法》（GB/T 232—2010）和《承压设备焊接工艺评定》（NB/T 47014—2011），采用的弯曲直径为 4 倍厚度和弯曲角度为 180°进行 3 种焊材 G115 试验钢板焊接接头的侧弯试验，试验结果分别见表 8-47 和图8-85~图 8-87。符合《承压设备焊接工艺评定》（NB/T 47014—2011）和《锅炉安全技术监察规程》（TSG G0001—2012）的要求，3 种焊接接头弯曲试验均合格。

表 8-47　3 种焊材 G115 钢试板焊接接头弯曲试验结果

名　　　称	侧弯试验（$D=4T$，$\alpha=180°$）
Gr. 92 焊材焊接接头	合格
182 镍基焊材焊接接头	合格
Chromet 933 焊材焊接接头	合格

图 8-85　Gr. 92 焊材接头侧弯宏观照片

图 8-86　182 镍基焊材接头侧弯宏观照片

图 8-87　Chromet 933 焊材接头侧弯宏观照片

8.9.6　焊接接头冲击性能

据《金属材料　夏比摆锤冲击试验方法》（GB/T 229—2007）对 3 种焊接接头进行冲击试验，冲击试样尺寸为 10mm×10mm×55mm，在冲击试验机上进行室温冲击试验，试验结果见表 8-48。

表 8-48　3 种焊接接头冲击试验

名　称	试验温度	取样位置	冲击功 K_{V2}/J	平均值 K_{V2}/J
Gr. 92 焊材 焊接接头	室温	焊缝	62、66、90	73
		热影响区	120、130、60	103
镍基焊材 焊接接头	室温	焊缝	102、96、94	97
		热影响区	219、187、130	179
Chromet 933 焊材 焊接接头	室温	焊缝	11、12、12	12
		热影响区	130、77、143	117

试验结果表明 Gr. 92 和 182 镍基焊材两种焊接接头的冲击韧性良好，均满足

《承压设备焊接工艺评定》（NB/T 47014—2011）对焊接接头冲击功规定的要求。182 镍基焊材接头满足《承压设备焊接工艺评定》（NB/T 47014—2011）对焊接接头冲击功规定的要求。Gr.92 焊材接头满足《高压锅炉用无缝钢管》（GB 5310—2008）中对 9%Cr 钢母材横向冲击功不低于 27J 的要求。Chromet 933 焊材焊缝金属的冲击功较低，根据《金属材料 夏比摆锤冲击试验方法》（GB/T 229—2007），通过不同热处理规范进行焊缝金属的冲击试验，冲击试样尺寸为 10mm×10mm×55mm，在冲击试验机上进行常温冲击试验，试验结果见表8-49 和图 8-88，试验结果表明通过延长热处理保温时间，Chromet 933 焊材焊缝金属的冲击韧性良好，满足《高压锅炉用无缝钢管》（GB 5310—2008）中对 9%Cr 钢母材横向冲击功不低于 27J 的要求，且对 Chromet 933 焊材焊接接头进行了拉伸试验、弯曲试验，均满足相应标准要求。

表 8-49 Chromet 933 焊材不同热处理规范焊缝金属冲击试验

热处理规范	试验温度	取样位置	冲击功 K_{V2}/J	平均值 K_{V2}/J
770℃×5h	室温	焊缝	11、12、12	11.7
770℃×7h	室温	焊缝	42、29、55	41.7
780℃×7h	室温	焊缝	58、24、38	40
770℃×10h	室温	焊缝	43、29、40	37.3

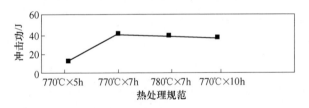

图 8-88 不同热处理规范焊缝金属冲击功

8.9.7 斜 Y 型坡口焊接冷裂纹和再热裂纹试验

G115 钢冷裂纹试验的斜 Y 试件形状、尺寸及试件的制备按《焊接性试验 斜 Y 型坡口焊接裂纹试验方法》（GB 4675.1—1984）中的规定，试验条件见表 8-50。本试验预热温度范围为室温（约 10℃）～152℃，通过大量斜 Y 型坡口焊接裂纹试验，取其中有代表性的试验结果。试件规格为 75mm×200mm，$\delta=26$mm。试验焊条 Chromet 933 $\phi4.0$mm。焊接规范参数 $I=160\sim170$A，$U=23\sim25$V。焊接速度 $V=150$mm/min。可见，G115 钢预热温度达到 120℃可有效防止焊接冷裂纹的产生。在实际产品焊接时，焊前预热温度要严格加以控制，推荐最低预热温度为 150～200℃。

表 8-50　G115 钢冷裂试验条件及结果

试样	坡口间隙 /mm	预热温度 /℃	环境温度 /℃	解剖结果		裂纹率	
				解剖片数	裂纹片数	表面	断面
G10	1.95	室温	11	5	5	100	100
G11	2.06	80	13	5	5	100	100
G12	2.03	100	15	5	1	2.5	6.6
G13	2.06	120	12	5	0	0	0
G14	2.10	120	13	5	0	0	0
G15	2.00	152	11	5	0	0	0

G115 钢再热裂纹试验的斜 Y 型坡口焊接裂纹试验试件形状、尺寸及试件的制备按《焊接性试验　斜 Y 型坡口焊接裂纹试验方法》（GB 4675.1—1984）中的规定，试验条件及结果见表 8-51。试件规格 75mm×200mm，$\delta = 26mm$。试验焊条 Chromet 933 $\phi 4.0mm$。焊接规范参数 $I = 160 \sim 170A$，$U = 23 \sim 25V$。焊接速度 $V = 150mm/min$。可见，G115 钢预热温度为 200℃时，在 4 种再热温度保温 4h 试验后解剖结果显示各试样没有裂纹产生，说明 G115 钢没有再热裂纹倾向。

表 8-51　G115 钢的再热裂纹试验条件及结果

试样	坡口间隙 /mm	预热温度 /℃	环境温度 /℃	再热温度 /℃	解剖结果		裂纹率	
					解剖片数	裂纹片数	表面	断面
Y1	2.05	200	17	600	5	0	0	0
Y2	1.96	200	18	650	5	0	0	0
Y3	2.02	200	18	700	5	0	0	0
Y4	2.03	200	18	750	5	0	0	0

8.9.8　焊接接头硬度试验

根据《金属材料　维氏硬度试验　第 1 部分：试验方法》（GB/T 4340.1—2009）对焊接接头在 VH-50C 维氏硬度机上进行维氏硬度试验。沿着离上下表面等距离的中心位置，每隔 1mm 对 Gr.92 焊材、182 镍基焊材和 Chromet 933 焊材3 种焊接接头进行硬度测试，试验结果分别见表 8-52 和图 8-89。Gr.92 焊材和 Chromet 933 焊材焊接接头的硬度值总体要高于镍基焊接接头的硬度值，Gr.92 焊材焊接接头的硬度值在 235~301 HV10 之间，Chromet 933 焊材焊接接头的硬度值在 234~290 HV10 之间，镍基焊接接头的硬度值在 191~271 HV10 之间。

表 8-52　3 种不同焊材焊接接头硬度测试值（HV10）

焊接接头	−11	−10	−9	−8	−7	−6	−5	−4	−3	−2	−1	0
Gr. 92 焊材	235	258	298	301	291	275	280	276	278	277	272	277
镍基焊材	231	218	224	262	199	191	208	216	224	224	218	217
Chromet 933 焊材	235	238	245	280	269	254	251	256	260	262	256	255

焊接接头	1	2	3	4	5	6	7	8	9	10	11
Gr. 92 焊材	264	270	257	261	258	275	283	295	268	234	235
镍基焊材	218	207	228	220	205	194	207	271	252	228	233
Chromet 933 焊材	258	251	257	261	264	266	273	290	250	238	234

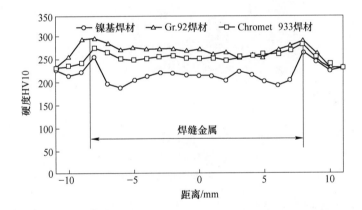

图 8-89　Gr. 92 焊材、镍基焊材和 Chromet 933 焊材焊接接头硬度分布

8.9.9　焊接接头金相分析

　　Gr. 92 焊材、镍基焊材和 Chromet 933 焊材焊接接头焊缝、热影响区和母材的金相组织分别如图 8-90~图 8-93 所示，均未发现有任何缺陷。Gr. 92 焊材和 Chromet 933 焊材焊接接头焊缝、热影响区和母材的金相组织均为回火马氏体组织。镍基焊材焊接接头的焊缝为奥氏体等轴晶组织，热影响区和母材为回火马氏体组织。焊接接头整个断面均未发现有任何缺陷。

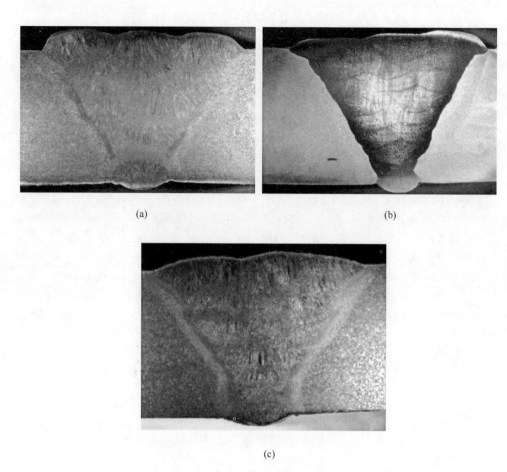

(a)

(b)

(c)

图 8-90   三种不同焊材接头宏观金相

(a) Gr. 92 焊材接头宏观金相；(b) 182 镍基焊材接头宏观金相；

(c) Chromet 933 焊材接头宏观金相

(a)

(b)

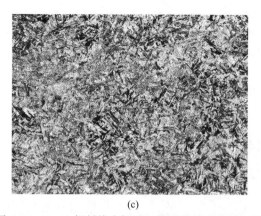

(c)

图 8-91 Gr.92 焊材接头焊缝、热影响区和母材金相

（a）Gr.92 焊材接头焊缝金相组织（100×）；（b）Gr.92 焊材接头熔合线及热影响区（100×）；

（c）Gr.92 焊材接头焊缝、热影响区和母材金相

图 8-92 镍基焊材接头焊缝、热影响区和母材金相

（a）镍基焊材接头焊缝金相组织（200×）；（b）镍基焊材接头熔合线及热影响区（200×）；

（c）镍基焊材接头母材金相组织（200×）

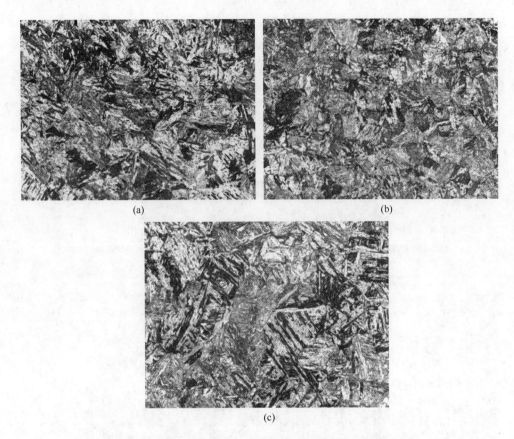

图 8-93　Chromet 933 镍基焊材接头焊缝、热影响区和母材金相
（a）Chromet 933 焊材接头焊缝金相组织（200×）；（b）Chromet 933 焊材接头熔合线及热影响区（200×）；
（c）Chromet 933 焊材接头母材金相组织（200×）

8.9.10　焊接接头时效性能试验

在 650℃对 G115 钢板使用 Gr. 92 等级、镍基和 Chromet 焊材焊接的 3 种焊接接头进行 1000h、3000h、5000h、8000h 和 10000h 时效试验。按《金属材料　室温拉伸试验方法》（GB/T 228—2002）对在 650℃不同时效时间的 Gr. 92 焊材和镍基焊材焊接接头进行加工及测试，试样为棒状，尺寸为 $\phi 10mm \times 50mm$，在 WE-100 型液压万能材料试验机上进行室温拉伸试验，结果如图 8-94 所示。

根据《金属材料　夏比摆锤冲击试验方法》（GB/T 229—2007）对在 650℃不同时效时间的 Gr. 92 焊材和镍基焊材焊接接头进行冲击试验，冲击试样尺寸为 10mm×10mm×55mm，在冲击试验机上进行常温冲击试验，试验结果如图 8-95 所示，Gr. 92 焊材和 182 镍基焊材时效后焊接接头的焊缝金属和热影响区的室温冲

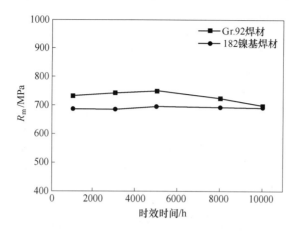

图 8-94　焊接接头不同时效时间室温拉伸试验

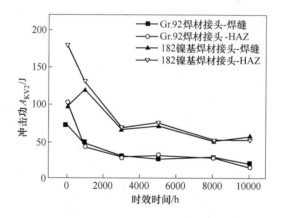

图 8-95　焊接接头不同时效时间室温冲击试验

击韧性良好。

根据《金属材料　维氏硬度试验　第 1 部分：试验方法》（GB/T 4340.1—2009）对在 650℃不同时效时间的焊接接头在 VH-50C 硬度试验机上进行维氏硬度试验，试验结果如图 8-96 所示，Gr.92 和 182 镍基焊接接头的硬度值随时效时间增加变化不大。

8.9.11　焊接接头高温持久试验

按《金属拉伸蠕变及持久试验方法》（GB/T 2039—1997），在 RD2-3 型高温持久试验机上对 G115 焊接接头进行 650℃高温持久强度试验。焊接接头的持久试样为圆棒状，试样工作部分尺寸为 $\phi10\text{mm}\times30\text{mm}$，测试结果如图 8-97 所示。3

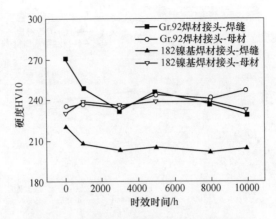

图 8-96　焊接接头不同时效时间硬度试验

种焊材焊接接头试验应力分别为 160MPa、140MPa、120MPa、110MPa、100MPa 和 90MPa。其中 90MPa 应力下，Gr. 92 焊材焊接接头持久断裂寿命为 9988h，182 镍基焊材焊接接头持久断裂寿命为 6594h。截至 2017 年 10 月底，Chromet 933 焊材焊接接头持久试样寿命为 10316h，试验仍在进行中。

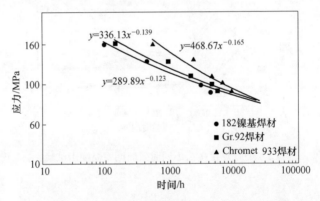

图 8-97　3 种焊材焊接接头 650℃持久强度外推曲线

对持久试验数据进行线性回归计算，得出 G115 钢的 Gr. 92、182 镍基和 Chromet 933 焊材焊接焊头在 650℃的持久强度外推曲线，如图 8-97 所示。外推方程分布为：$\lg\sigma = 2.5265 - 0.139\lg t$（Gr. 92 焊材）、$\lg\sigma = 2.4622 - 0.123\lg t$（182 镍基焊材）、$\lg\sigma = 2.6709 - 0.135\lg t$（Chromet 933 焊材），式中，$\sigma$ 为断裂应力；t 为断裂时间。Gr. 92 焊材接头 1 万小时外推持久强度为 93.4MPa，10 万小时的外推持久强度为 67.8MPa。182 镍基焊材接头 1 万小时的外推持久强度为 93.3MPa，10 万小时的外推持久强度为 67MPa。Chromet 933 镍基焊材接头 1 万小时的外推持久强度为 102.5MPa，10 万小时的外推持久强度为 70.1MPa。

8.10   G115 与 T/P92 钢管综合性能对比

T/P92 耐热钢是日本研究者在 T/P91 钢的基础上添加 1.8% 的 W 元素，降低 Mo 元素含量开发的一种马氏体耐热钢。1994 年 ASME Code Case 2179 中认可 SA 213 T92 小口径管和 SA 335 P92 大口径管，并与 2001 版 ASME 中正式纳入 SA 213 T92、SA 335 P92 和锻件 SA 182 F92，可用于制造金属壁温 580~620℃ 超 （超）临界锅炉机组过热器、再热器管和主蒸汽管道、集箱等部件。标准规定 T/P92 钢的金属壁温最高不超过 628℃。G115 钢与 T/P92 钢化学成分规范见表 8-53。

表 8-53   G115 钢与 T/P92 钢化学成分规范对比   （%）

元素	C	Si	Mn	P	S	Cr	Co	W	V	Nb
ASTM A213 （质量分数）	0.07~ 0.13	≤ 0.50	0.30~ 0.60	≤ 0.020	≤ 0.010	8.5~ 9.5	—	1.5~ 2.0	0.15~ 0.25	0.04~ 0.09
G115 （质量分数）	0.065~ 0.095	≤ 0.50	0.30~ 0.70	≤ 0.015	≤ 0.006	8.00~ 9.50	2.85~ 3.20	2.40~ 3.10	0.16~ 0.24	0.03~ 0.09

元素	N	B	Cu	Ni	Zr	Al	Mo	Ce	Fe
ASTM A213 （质量分数）	0.030~ 0.070	0.001~ 0.006	—	≤ 0.40	—	≤ 0.04	0.30~ 0.60	—	余
G115 （质量分数）	0.005~ 0.015	0.012~ 0.022	0.70~ 1.10	≤ 0.03	≤ 0.01	≤ 0.001	—	≤ 0.15	余

G115 钢与 P92 钢的物理性能对比见表 8-54、表 8-55 和图 8-98~图 8-100。与 P92 钢相比，相同温度时 G115 钢的弹性模量和比热较高，而平均热膨胀系数较低。

表 8-54   G115 钢与 T/P92 钢的弹性模量和比热对比

温度/℃	弹性模量 E/GPa		比热/J·(kg·K)$^{-1}$		热导率 /W·(m·K)$^{-1}$	
	G115	T/P92	G115	T/P92	G115	T/P92
100	211	184	518	430	25.7	28.3
200	205	184	586	460	27.3	29.1
300	198	173	655	480	29.0	30.0
400	191	—	716	510	30.2	30.7
500	182	152	768	530	30.5	30.9
600	172	98	817	630	29.1	28.9
700	159	—	843	630	25.9	24.5

表 8-55　　G115 钢与 T/P92 钢的平均线膨胀系数对比

温度/℃	平均线膨胀系数/10^{-6}℃$^{-1}$	
	G115	T/P92
20～100	10. 3	11. 4
20～200	10. 8	11. 8
20～300	11. 3	12. 1
20～400	11. 7	12. 6
20～500	12. 0	12. 9
20～600	12. 2	13. 1
20～700	12. 4	—

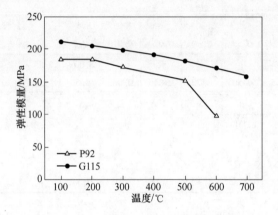

图 8-98　G115 钢与 P92 钢弹性模量对比

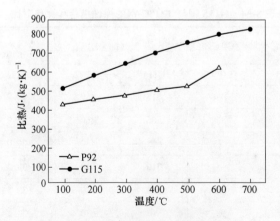

图 8-99　G115 钢与 P92 钢的比热对比

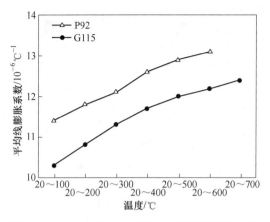

图 8-100　G115 钢与 P92 钢平均热膨胀系数对比

　　通过对长时时效后试样进行化学相分析，对 P92 钢和 G115 钢组织稳定性进行对比，主要包括析出相类别、数量以及尺寸。其中 P92 时效温度为 600℃，最长时效时间至 10000h，而 G115 时效温度为 650℃，最长时效时间至 8000h，更长时间时效处理正在进行。P92 钢和 G115 钢高温长时时效后的微观组织分别如图 8-101 和图 8-102 所示。

　　G115 钢和 P92 钢中 MX 相量随时效时间变化如图 8-103 所示。可以看出，随时效时间延长，两种钢中 MX 相量基本不变。与 P92 钢相比，G115 钢中 MX 相量较少。MX 相化学式为 M(C,N)，P92 中含有较多 N 元素，因此 MX 相量较多。

　　G115 钢和 P92 钢中 $M_{23}C_6$ 相量随时效时间变化如图 8-104 所示。可以看出，

图 8-101　P92 钢 600℃时效 8000h 后微观组织

图 8-102   G115 钢 650℃时效 8000h 后微观组织

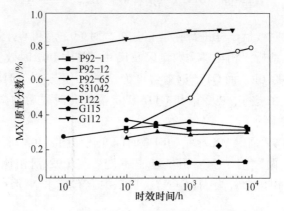

图 8-103   G115 钢与 P92 钢时效后 MX 相量对比

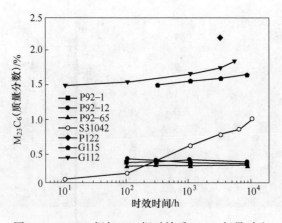

图 8-104   G115 钢与 P92 钢时效后 $M_{23}C_6$ 相量对比

随时效时间延长，两种钢中 $M_{23}C_6$ 相量基本保持不变。P92 钢中 $M_{23}C_6$ 相量约为 0.3%，G115 钢中 $M_{23}C_6$ 相量约 1.5%。

G115 钢和 P92 钢中 Laves 相量随时效时间变化如图 8-105 所示。可以看出，随时效时间延长，两种钢中 Laves 相量增加。G115 钢中 Laves 相含量高于 P92 钢。

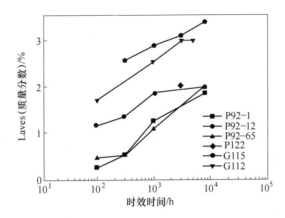

图 8-105　G115 钢与 P92 钢时效后 Laves 相量对比

G115 钢和 P92 钢中 Laves 相平均尺寸随时效时间变化如图 8-106 所示，随时效时间延长，两种钢中 Laves 相平均尺寸都增加，但 G115 钢中增加幅度较小。G115 钢时效温度高，Laves 相平均尺寸增加较慢，说明 G115 钢中 Laves 相更稳定。

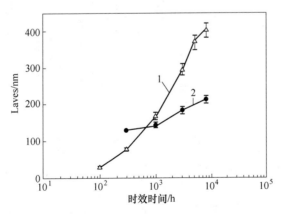

图 8-106　G115 钢与 P92 钢时效后 Laves 相平均尺寸对比
1—P92，600℃；2—G115，650℃

G115 钢和 P92 钢中 $M_{23}C_6$ 相平均尺寸随时效时间变化如图 8-107 所示。时效初期（300h），P92 钢中 $M_{23}C_6$ 相平均尺寸约 150nm，而 G115 钢中 $M_{23}C_6$ 相平均尺寸为 105nm。时效至 8000h，G115 钢中 $M_{23}C_6$ 相的平均尺寸略低。

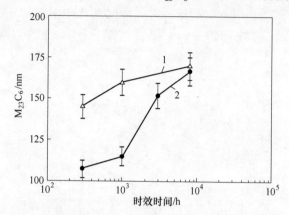

图 8-107　G115 钢与 P92 钢时效后 $M_{23}C_6$ 相平均尺寸对比

1—P92，600℃；2—G115，650℃

　　G115 钢与 P92 钢室温至 700℃ 系列高温拉伸强度性能对比如图 8-108 所示，G115 钢强度高于 P92 钢，特别是当温度超过 600℃ 时，G115 钢强度明显高于 P92 钢。G115 钢与 P92 钢室温至 700℃ 高温塑性指标对比如图 8-109 所示，G115 钢塑性指标与 P92 钢相差不大，且 650℃ 时 G115 钢伸长率略高于 P92 钢。

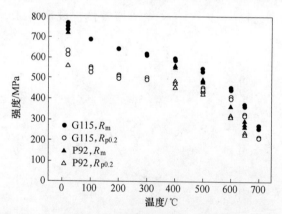

图 8-108　G115 钢与 P92 钢室温至 650℃ 高温强度性能对比

　　G115 钢和 P92 钢蒸汽腐蚀增重测试结果对比如图 8-110 所示，G115 钢抗蒸汽腐蚀性明显优于 P92 钢。

　　T/P92 钢与 G115 钢 650℃ 持久强度对比如图 8-111 所示，T/P92 钢持久数据来自 NIMS 公布的数据表。可见，在相同试验温度和加载应力下 G115 钢的持久寿命明显高于 T/P92 钢。

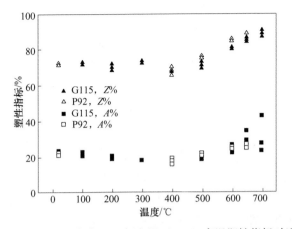

图 8-109　G115 钢与 P92 钢室温至 650℃ 高温塑性指标对比

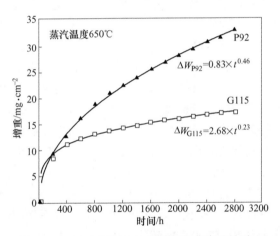

图 8-110　G115 钢与 P92 钢蒸汽氧化腐蚀性对比

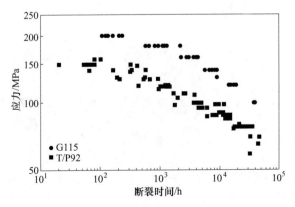

图 8-111　G115 钢与 T/P92 钢 650℃ 持久寿命对比

9　G115钢工程化实践

9.1　发明 G115 钢的工程背景

　　燃煤电站的蒸汽温度和压力越高，则电站的热效率就越高，意味着单位发电煤耗和污染物排放越低。中国与能源相关的自然资源相对"富煤、缺油、少气"，因此燃煤发电对我国的一次能源供应和国家能源安全具有特殊的意义。长期以来，600℃超超临界一直是世界上热效率最高的商用燃煤发电技术。这主要是因为锅炉主蒸汽管道用 P92 马氏体耐热钢的最高金属温度上限为 622℃，其对应的最高蒸汽温度为 600℃左右。另一方面，汽轮机热端转子用 FB2 马氏体耐热钢的最高金属温度上限也在 620℃附近，其对应的最高蒸汽温度也为 600℃左右。长期以来，P92 钢和 FB2 钢一直是马氏体耐热钢工程应用中使用温度最高的马氏体耐热钢，尽管世界各国一直在探索和研发使用温度更高的马氏体耐热钢，但半个世纪以来没有取得实质性的产品技术突破。

　　如果想进一步提高燃煤电站的热效率，就必须研发能在更高温度下工程使用的锅炉主蒸汽管道材料和汽轮机热端转子材料。20 世纪 90 年代，欧美国家开始率先探索和研究 700℃超超临界电站主蒸汽管道等用耐热材料，研制了多种镍基耐热合金并在示范台架上进行了半工业考核。日本随后也开始研究 700℃超超临界电站用耐热合金并取得了较大进展。中国国家能源局于 2010 年组建由 17 家骨干企业和院所组成的"国家 700℃超超临界燃煤发电技术创新联盟"，在国家能源局的统一组织下开展 700℃超超临界燃煤发电技术的探索研究，其中对耐热材料的研发是主体（见图 9-1）。

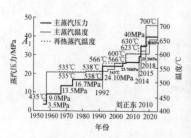

图 9-1　中国 700℃超超临界燃煤发电技术创新联盟及其发展共识

实际上我国科研机构从 2007 年就开始对 600~700℃蒸汽参数超超临界电站用关键耐热材料开展系统研究，并在冶金企业的大力支持下开展了工业试制工作。在政府的指导下，通过冶金-机械-电力行业团队的通力合作，我国在 600℃以上蒸汽参数超超临界电站用关键耐热材料研发方面取得了重要进步[1]，就耐热材料技术而言，我国目前与欧美国家、日本基本处于同一水平，但我们的现场冶金技术与欧美国家、日本有差距。

在充分分析和总结国内外 600~700℃蒸汽参数超超临界电站用关键耐热材料研究水平（尤其是工程化技术可行性）的基础上，"国家 700℃超超临界燃煤发电技术创新联盟"技术委员会就我国高参数超超临界发电技术的发展达成以下共识：（1）用 10~15 年时间探索马氏体耐热钢厚壁件温度极限，建设 630~650℃超超临界燃煤示范电站；（2）用 20~25 年时间探索镍基耐热合金厚壁件温度极限，建设 700℃超超临界燃煤示范电站；就是根据耐热材料工程化可行性，用 10~15 年时间建设 630℃示范电站，用 20~25 年时间建设 700℃示范电站，这些年的实践表明，当年的这个规划比较符合耐热材料研发的客观规律。

图 9-2 为我国电力设计院设计的 630℃超超临界燃煤示范电站参数，其热效率超过 50%，其发电煤耗比 600℃超超临界电站进一步降低 11g/(kW·h) 左右，达到 245.7g/(kW·h)，这无疑是目前人类燃煤发电技术的最前沿。但是，如前所述，建设 630℃超超临界燃煤示范电站最重要的制约性"瓶颈"之一就是必须发明一种能工程用于 630~650℃金属壁温的马氏体耐热钢并攻克其工程化技术（见图9-3），而半个世纪以来这一直是世界性的科学和工程技术难题。实际上，除超超临界燃煤发电技术之外，煤化工、煤气化、太阳能热电和一些化工工程的反应温度难以突破 600℃，其部分原因也是由于马氏体耐热钢使用温度上限的限制。因此，如果能把马氏体耐热钢厚壁部件的金属壁温上限从 620℃提升到650℃，将是一次主干平台型的耐热材料技术突破，对能源工程技术进步具有极其重要的意义。

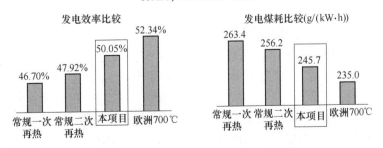

图 9-2 630℃超超临界示范电站设计参数

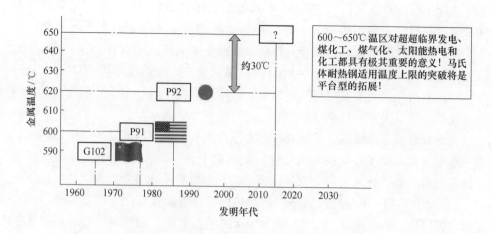

图 9-3　630℃示范电站建设的"卡脖子"问题之一

在上述工程背景牵引下，刘正东等人 2007 年以来在 P92 钢合金化原理基础上，结合多年的现场工程经验，采用"选择性强韧化冶金设计"思想，发明了新型马氏体耐热钢 G115，其强韧化设计机理和与 P92 钢持久性能的对比绘制于图 9-4。关于 G115 钢的发明过程在前述章节已进行了详细讨论，这里不再赘述。

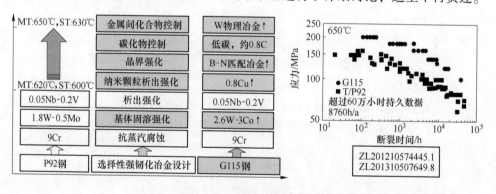

图 9-4　G115 马氏体耐热钢强韧化原理示意图

2014 年宝钢股份公司购买了 G115 钢管部分发明专利的使用权。2014 年以来在宝钢巨额经费的支持下，钢铁研究总院与宝钢特钢有限公司（现宝武特冶公司）紧密合作，开展了 30 多轮次 G115 钢管工业试制和制造，研制和固化了 G115 钢各种规格锅炉管（可以覆盖 630℃超超临界示范电站所需全部规格）工业现场流程和制造工艺，并于 2017 年 12 月 20 日在上海通过了由全国锅炉压力容器标准化技术委员会组织的对由钢铁研究总院、宝钢特钢有限公司、宝山钢铁股份有限公司、宝银特种钢管有限公司、内蒙古北方重工业集团有限公司、河北宏润核装备科技股份公司、上海锅炉厂有限公司、哈尔滨锅炉厂有限公司、东方电气集团东方锅炉股份有限公司、上海发电设备成套设计研究院有限责任公司、神华国华（北京）电力研究院有限公司等单位共同申请的 G115 新型马氏体耐热钢及其钢管进行了市场准入技术评审（见图 9-5）。评审的结论是"G115 新型马

全国锅炉压力容器标准化技术委员会于2017年12月20日在上海组织召开了08Cr9W3Co3V NbCuBN(G115)钢管技术评审会，我国发明的G115成为世界上第一个可商业用于630~650℃超超临界电站制造的马氏体耐热钢。

超超临界燃煤电站
用新型马氏体耐热钢G115
钢铁研究总院 宝钢特钢有限公司
宝钢股份有限公司 宝银特种钢管有限公司
内蒙古北方重工业集团公司 河北宏润核科技股份公司
上海锅炉厂 哈尔滨锅炉厂 东方锅炉厂
上海成套发电设备研究院 神华国华（北京）电力研究院
2017年12月20日

图 9-5　G115 马氏体耐热钢通过市场准入评审

氏体耐热钢管能够满足 GB/T 16507—2013 标准的要求，可以用于超（超）临界锅炉的集箱、蒸汽管道、受热面管子等部件，以及类似工况的受压元件。集箱及管道的钢管允许最高壁温 650℃；受热面管子允许最高壁温 660℃，必要时可采用适当的抗氧化措施"。该结论标志着 G115 钢管成为世界上第一个（目前也是世界上唯一）可工程用于金属壁温 650℃的马氏体耐热钢管。G115 新型马氏体耐热钢管市场准入证书如图 9-6 所示。按照 ASME 规范，电站工程应用 G115 大口径厚壁管 650℃许用应力推算为 50MPa。

　　G115 大口径厚壁钢管的工业制造流程示意图如图 9-7 所示。一般情况下，G115 钢采用 EAF+LF+VD 工艺冶炼，根据产品规格要求模铸不同吨位钢锭，然后采用大型立式挤压机热挤压制管。对于有特殊质量要求的大口径厚壁管产品，需要采用电渣冶金工艺冶炼。

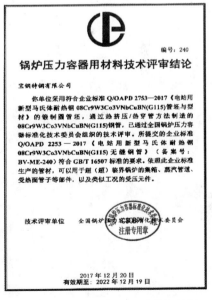

编号：240

锅炉压力容器用材料技术评审结论

宝钢特钢有限公司

　　你单位采用符合企业标准 Q/OAPD 2753—2017《电站用新型马氏体耐热钢 08Cr9W3Co3VNbCuBN(G115)管坯与型材》的锻制圆管坯，通过热挤压/热穿孔方法制造的 08Cr9W3Co3VNbCuBN(G115)钢管，已通过全国锅炉压力容器标准化技术委员会组织的技术评审。所提交的企业标准 Q/OAPD 2253—2017《电站用新型马氏体耐热钢 08Cr9W3Co3VNbCuBN(G115)无缝钢管》（备案号：BV-ME-240）符合 GB/T 16507 标准的要求。依照此企业标准生产的钢管材，可以用于超（超）临界锅炉的集箱、蒸汽管道、受热面管子等部件，以及类似工况的受压元件。

技术评审单位　全国锅炉压力容器标准化技术委员会
注册专用章

2017 年 12 月 20 日
有效期至：2022 年 12 月 19 日

图 9-6　G115 马氏体耐热钢管新材料
市场准入证书

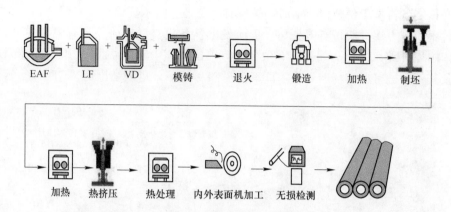

图 9-7　　G115 大口径厚壁钢管工业制造流程示意图

9.2　G115 小口径钢管工业制造

G115 小口径钢管的工业生产流程为：原材料准备→40t EAF+LF+VD →模铸 2.3t 钢锭→热送初轧开坯 210 方坯→热轧至 ϕ90mm 管坯→精整→车光→热穿孔或热轧→荒管退火→矫直→酸洗→表面检验及修磨→成品冷轧→去油→成品正火+回火热处理→矫直→酸洗→超声波探伤→涡流检验→理化检验→包装→入库。目前宝钢股份公司精密钢管厂、宝钢特钢有限公司、宝银特种钢管有限公司等企业已经按上述工艺成功生产了多种规格 G115 小口径成品锅炉管，典型规格包括 ϕ38mm×9mm、ϕ51mm×10mm、ϕ73mm×13mm、ϕ60mm×10mm、ϕ136mm×13mm、ϕ89mm×12mm 和 ϕ45mm×10mm 等。工业制造 G115 小口径钢管的综合性能已在本书第 8 章中进行了介绍。

图 9-8 中，现场照片 1 为 2008 年 9 月在宝钢钢管厂采用热穿管工艺第一次试

(a)

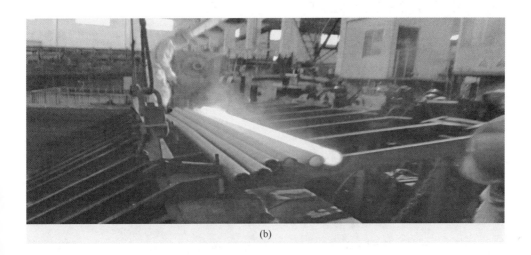

(b)

图 9-8 工业制造 G115 小口径钢管的现场（一）
(a) 现场照片 1; (b) 现场照片 2

制 G115 钢管（$\phi 93mm \times 12.2mm \times 1840mm$）时的情况，现场照片 2 为 2015 年 10 月在宝银特种钢管有限公司采用连续热轧工艺制造 G115 小口径钢管（$\phi 90mm \times 13mm$）时的情况。因热穿管和热轧制管属于开放式变形，制订热变形工艺时一定要充分考虑 G115 钢的热塑性特点，热变形温度不能高于 1150℃，同时因 G115 钢在 1150℃温度以下变形抗力较大，要考虑热轧机组的轧制力负荷。

9.3 G115 大口径厚壁钢管工业制造

多年来，钢铁研究总院和宝钢特钢有限公司联合内蒙古北方重工业集团有限公司（北方重工）和河北宏润核装备科技股份有限公司（河北宏润）开展了 31 轮次 G115 大口径厚壁钢管工业化试制和制造，分别采用 6000t 挤压机（2011 年以来）、3.6 万吨挤压机（2016 年以来）和 5 万吨挤压机（2015 年以来）制造了外径 38mm×壁厚 9mm ~ 外径 680mm×壁厚 140mm×长度 7000mm 各种尺寸规格 G115 锅炉钢管。截至 2020 年 5 月，宝钢累计工业冶炼 G115 钢超 640t。制造的 G115 大口径厚壁钢管综合性能满足 T/CSTM 00017—2017 和 GB/T 16507—2013 标准要求。通过 38 轮次的工业化试制，已固化 G115 大口径厚壁钢管生产工艺，可批量稳定供货。

G115 大口径厚壁钢管的工业生产流程为：原材料准备→40~100t EAF+LF+VD 或类似冶炼流程→模铸 13.5~30t 钢锭→均质化处理→锻造 $\phi 900mm$ 管坯→车光→理化检测→加热→热挤压制坯机制坯→3.6 万吨/5 万吨挤压机热挤压→退火

→正火+回火性能热处理→机加工→探伤→包装→入库。

G115 钢冶炼工艺控制要点包括：（1）优化和精确控制 EAF、LF、VD 等冶炼工艺，注意 W-Fe 加入控制；（2）控制吊包温度，采用低温浇铸；（3）优化浇铸工艺；（4）合适的高温均质化处理工艺等。

模铸钢锭经高温均质化处理后，采用 6000t 快锻机经多次镦拔将 G115 钢锭锻造成外径 φ900mm 圆管坯，从管坯的中心到外表面 5 个不同位置取样（见图 9-9），对这 5 个取样点试样的微观组织进行扫描电镜观察，如图 9-10 所示，可见从圆管坯的中心位置到外表面，其化学成分、基体组织和析出相均分布均匀，这表明了 φ900mm G115 钢圆管坯的冶金质量优异。

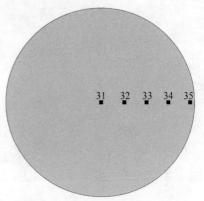

图 9-9　外径 φ900mm 的 G115 钢圆管坯 5 点位置取样图

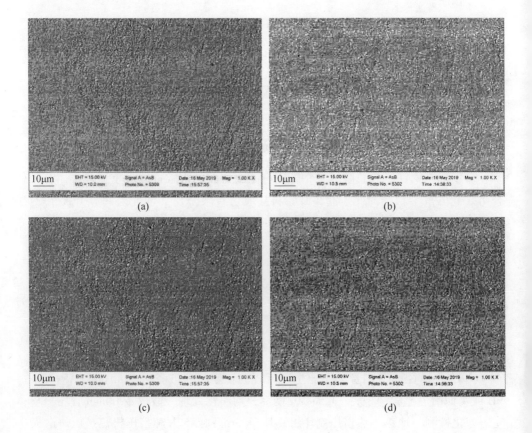

(a)　　　　　　　　　　(b)

(c)　　　　　　　　　　(d)

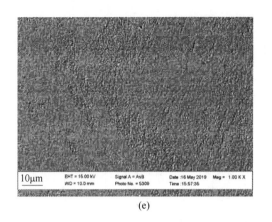

(e)

图 9-10 外径 $\phi900mm$ 的 G115 圆管坯冶金质量扫描背散射 （BSE）

（a）31 号；（b）32 号；（c）33 号；（d）34 号；（e）35 号

G115 大口径厚壁钢管制管工艺控制要点包括：（1）制坯加热温度不易超过 1150℃；（2）热挤压温度区间在 1150~1200℃，热挤压过程为三向压应力，可适当提高挤压温度；（3）考虑最大挤压变形量和热-力-组织均匀性，挤压比不小于 6；（4）良好的表面润滑；（5）正火处理温度区间 1050~1100℃快冷，回火处理温度区间 760~790℃空冷。

典型 G115 大口径厚壁管力学性能见表 9-1~表 9-3，其微观组织如图 9-11~图 9-14 所示，沿钢管壁厚方向的组织和性能均匀，满足电站锅炉管设计要求。图 9-15 中，现场照片 1 为 2011 年 4 月采用宝钢特钢 6000t 挤压机试制的 G115 大口径管（$\phi254mm×25mm×3500mm$）照片，现场照片 2 为 2015 年 12 月采用河北宏润 50000t 挤压机试制 G115 大口径厚壁管（$\phi578mm×88mm$）照片，现场照片 3 为 2016 年 12 月采用北方重工 36000t 挤压机试制 G115 大口径厚壁管（$\phi460mm×120mm$）照片。

表 9-1 G115 大口径厚壁钢管 （$\phi680mm×140mm$） 力学性能 （炉号：661A0581）

取样方向	取样位置	抗拉强度 R_m /MPa	屈服强度 $R_{p0.2}$ /MPa	伸长率 A/%	断面收缩率 Z/%
横向	外 1/4	744	595	24	72
	1/2 壁厚	743	596	24	71
	内 1/4	742	594	25	73
纵向	外 1/4	735	589	26	74
	1/2 壁厚	732	586	25	74
	内 1/4	735	593	25	75

表 9-2　G115 大口径厚壁钢管（φ559mm×100mm）**室温拉伸性能**（炉号：961A0331）

取样方向	取样位置	抗拉强度 R_m/MPa	屈服强度 $R_{p0.2}$/MPa	伸长率 A/%	断面收缩率 Z/%	吸收能量 K_{V2}/J
横向	外 1/4	744	601	23.5	71.5	99
	1/2 壁厚	734	593	23.5	71.5	104
	内 1/4	728	589	23	71.5	98

表 9-3　G115 大口径厚壁无缝钢管（φ530mm×115mm）**室温拉伸性能**（炉号：961A0331）

取样方向	取样位置	抗拉强度 R_m/MPa	屈服强度 $R_{p0.2}$/MPa	伸长率 A/%	断面收缩率 Z/%	吸收能量 K_{V2}/J
横向	外 1/4	757	622	24	69	104
	1/2 壁厚	752	627	21	54	97
	内 1/4	746	617	24.5	71	162

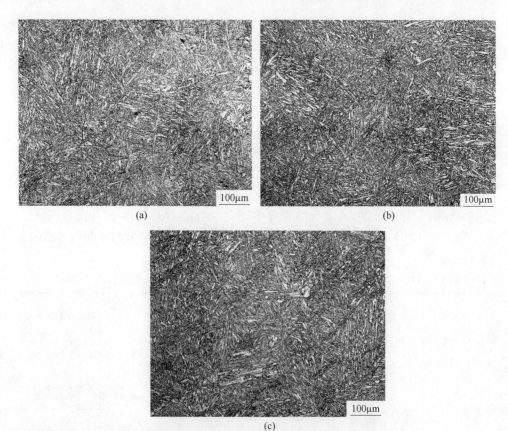

图 9-11　G115 大口径管（OD680×WT140mm）晶粒度和金相组织

（a）近外表面 1/4 处；（b）1/2 壁厚处；（c）近内表面 1/4 处

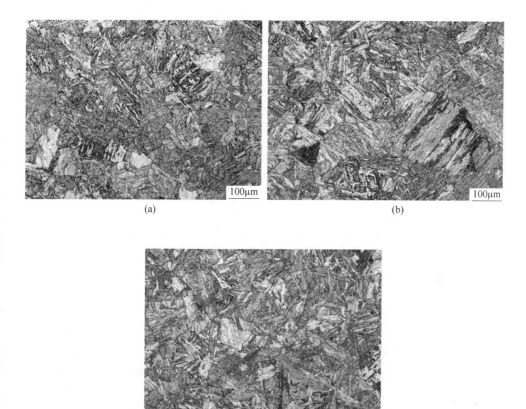

图 9-12 G115 大口径管 (OD559×WT100mm) 金相组织

(a) 近外表面 1/4 处; (b) 1/2 壁厚处; (c) 近内表面 1/4 处

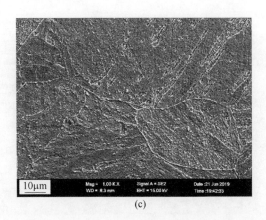

图 9-13　G115 大口径管（OD559×WT100mm）扫描组织

（a）近外表面 1/4 处；（b）1/2 壁厚处；（c）近内表面 1/4 处

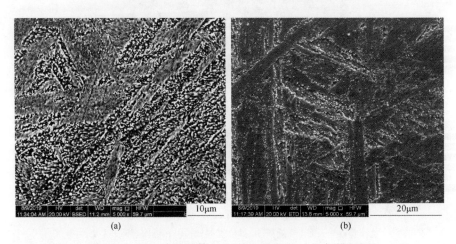

图 9-14　G115 大口径管（OD530×WT115mm）扫描组织

（a）1/2 壁厚处；（b）近内表面 1/4 处

（a）

(b)

(c)

图 9-15　工业制造 G115 小口径钢管的现场（二）
(a) 现场照片 1；(b) 现场照片 2；(c) 现场照片 3

2008 年以来，钢铁研究总院和宝钢共组织实施了 38 轮次 G115 钢管工业试制和制造，见表 9-4，其中 31 轮次制造大口径厚壁 G115 钢管。经过 10 余年的工业实践，钢铁研究总院和宝钢等单位已经积累了丰富的 G115 钢管工业生产经验，各种口径 G115 钢管的生产工艺已经优化和固化，可以大批量稳定生产出满足先进电站锅炉设计要求的 G115 锅炉管。

表 9-4　2008 年以来 G115 钢管工业试制和制造情况

轮次	时　间	规格/mm×mm	生产单位	工艺路线
1	2008. 08. 25	ϕ38×9	宝钢	热穿孔+冷轧
2	2010	ϕ254×25	宝钢	热挤压
3	2014	ϕ51×10	宝钢	热穿孔+冷轧
4	2014	ϕ73×13	宝钢	热穿孔+冷轧
5	2015. 12. 24	ϕ578×88	宝钢+宏润	热挤压
6	2016. 05. 11	ϕ60×10	宝钢	热穿孔+冷轧
7	2016. 08. 11	ϕ460×85	宝钢+宏润	热挤压
8	2016. 12. 21	ϕ680×140	宝钢+北重	热挤压
9	2017. 01. 03	ϕ136×13	宝钢	热穿孔+冷轧
10	2017. 02. 01	ϕ89×12	宝钢	热轧
11	2017. 04. 29	ϕ546×83	宝钢+宏润	热挤压
12	2017. 11. 22	ϕ460×85	宝钢+宏润	热挤压
13	2017. 12. 07	ϕ540×70	宝钢+北重	热挤压
14	2018. 04. 17	ϕ545×110	宝钢+北重	热挤压
15	2018. 06. 05	ϕ549×139	宝钢+宏润	热挤压
16	2018. 06. 06	ϕ581×155	宝钢+宏润	热挤压
17	2018. 06. 08	ϕ591×93	宝钢+宏润	热挤压
18	2018. 07. 31	ϕ45×10	宝钢+宝银	热轧
19	2018. 11. 08	ϕ530×115	宝钢+北重	热挤压
20	2018. 11. 30	ϕ45×10	宝钢	热轧
21	2019. 02. 26	ϕ545×110	宝钢+北重	热挤压
22	2019. 03. 18	ϕ530×115	宝钢+北重	热挤压
23	2019. 03. 29	ϕ559×100	宝钢+宏润	热挤压
24	2019. 04. 01	ϕ559×100	宝钢+宏润	热挤压
25	2019. 06. 01	ϕ530×115	宝钢+北重	热挤压
26	2019. 06. 01	ϕ530×115	宝钢+北重	热挤压
27	2019. 06. 10	ϕ559×100	宝钢+宏润	热挤压
28	2019. 07. 26	ϕ530×115	宝钢+北重	热挤压（D）
29	2019. 07. 26	ϕ530×115	宝钢+北重	热挤压（E）
30	2019. 07. 26	ϕ530×115	宝钢+北重	热挤压（F）
31	2019. 12. 04	ϕ559×100	宝钢+宏润	热挤压
32	2019. 12. 04	ϕ559×100	宝钢+宏润	热挤压
33	2019. 12. 23	ϕ530×115	宝钢+北重	热挤压
34	2019. 12. 23	ϕ530×115	宝钢+北重	热挤压
35	2020. 05. 10	ϕ530×120	宝钢+宏润	热挤压
36	2020. 05. 10	ϕ530×120	宝钢+宏润	热挤压
37	2020. 05. 18	ϕ530×120	宝钢+北重	热挤压
38	2020. 05. 18	ϕ530×120	宝钢+北重	热挤压

　　注："宝钢"为宝钢特钢有限公司；"北重"为内蒙古北方重工业集团有限公司；"宏润"为河北宏润核装备科技股份有限公司。

9.4　G115 钢管的工业焊接实践

9.4.1　G115 钢可焊性评定

　　2015 年在论证神华国华电力公司高资电厂 630℃ 超超临界电站项目可行性

时，上海锅炉厂系统开展了 G115 钢板焊接性评价实验。由宝钢特钢提供工业生产的 G115 钢板，焊接试板规格为 400mm×240mm×30mm，焊材选用 3 种不同焊材为填充金属，分别为 Gr.92 焊材、镍基合金焊材和 9Cr-3W-3Co 焊材，焊接方式为氩弧焊打底+电弧焊填充和盖面，开展了 3 种不同焊材 G115 钢板焊接接头显微组织检验、常规力学性能检验、弯曲实验、近 1 万小时 650℃ 高温时效实验和高温持久强度等系统实验。按《焊接性试验　斜 Y 型坡口焊接裂纹试验方法》（GB/T 4675.1—1984）规定制备斜 Y 试件，开展了 G115 钢冷裂纹倾向和热裂纹倾向性评价。上述试验获得结论（详见本书第 8 章）如下：

（1）G115 钢可焊性良好。

（2）G115 钢预热温度在 120℃ 以上时，可有效防止焊接冷裂纹的产生。

（3）G115 钢预热温度为 200℃ 时，无再热裂纹倾向。

（4）9Cr-3W-3Co 焊材焊接 G115 钢板焊接接头的高温持久性能最高。

9.4.2　G115 小口径钢管焊接

宝钢特钢公司先后向上海锅炉厂、东方锅炉厂、哈尔滨锅炉厂、神华国华电力研究院、天津大学、武汉大学等单位提供工业制造的 G115 小口径钢管，开展 G115 小口径钢管焊接试验，G115 小口径钢管典型规格为 $\phi60mm×10mm$ 和 $\phi44.5mm×10mm$。三大锅炉厂较早完成了 G115 小口径钢管焊接工艺评定，评定结论为：G115 小口径钢管焊接性良好，焊接接头宏观、微观组织均未发现缺陷，焊缝组织正常，焊接接头力学性能满足 NB/T 47014—2011 标准规定。

开展了 G115 小口径钢管与 T92 钢异种钢焊接接头的显微组织及力学性能研究，选用 G115 和 T92 钢管规格均为 $\phi60mm×10mm$，焊接接头为 V 型坡口，坡口角度为 70°，根部对口间隙 3mm，钝边 1mm，焊接材料为 ER90S-G 型号焊丝和 E9015-G 型号焊条，规格分别为 $\phi2.4mm$ 和 $\phi2.5mm$。将管件斜 45° 固定施焊，采用多层多道焊接规范，焊接预热温度为 200～250℃，层间温度严格控制在 200～250℃，具体焊接工艺参数列于表 9-5。G115 小口径钢管与 T92 钢管焊接过程如图 9-16 所示。

表 9-5　G115 小口径钢管与 T92 钢管焊接工艺参数

道　次	焊接方法	电流/A	电压/V	焊速/mm·min⁻¹
1	GTAW	85	9～10	46～53
2~4	SMAW	80	22～26	64～88

G115 小口径钢管与 T92 钢管焊接道次及焊接接头金相检验如图 9-17 所示，焊接接头探伤合格，焊接接头金相组织检验未发现宏观和微观缺陷。G115 钢与 T92 钢管母材和焊接接头室温拉伸和高温拉伸性能列于表 9-6。

图 9-16　G115 小口径钢管与 T92 钢管焊接过程

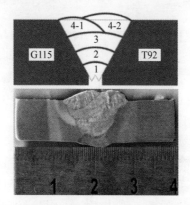

图 9-17　G115+P92 钢对接焊接头示意图及其金相组织

表 9-6　G115+T92 钢对接焊母材及接头室温和高温强度

温　度	取样部位	抗拉强度 R_m/MPa	屈服强度 $R_{p0.2}$/MPa	伸长率 A/%
室温	G115	769	619	24
	T92	727	569	24
	接头	675	517	17
650℃	G115	321	298	34
	T92	232	207	42
	接头	233	216	19

9.4.3　G115 大口径厚壁钢管焊接

9.4.3.1　G115 大口径厚壁钢管手工电弧焊接

东方汽轮机厂、山东电建二公司、山东电建三公司、中能建广火公司和华电金源管道公司等单位分别采用大西洋焊接材料公司和京群焊接材料公司研发的 G115 钢焊材开展了 G115 大口径厚壁管（ϕ530mm×115mm）的手工电弧焊接，焊接坡口及焊道如图 9-18 所示，预热温度大于 200℃，最大层间温度不超过250℃，采用 GTAW+SMAW 焊接方法，工艺参数见表9-7，焊接接头金相组织检验无缺陷。

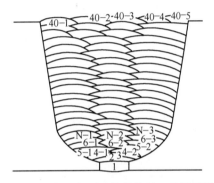

图 9-18　G115 大口径厚壁管焊接坡口及焊道示意图

表 9-7　G115 大口径厚壁管 GTAW+SMAW 焊接工艺参数

焊道/层	焊接方法	焊材种类	直径/mm	焊接电流/A
1	GTAW	焊丝	ϕ2.4	110~160
2	GTAW	焊丝	ϕ2.4	110~160
3	SMAW	焊条	ϕ2.6	55~85
4~n	SMAW	焊条	ϕ3.2	90~135
N~n	SMAW	焊条	ϕ3.2	90~135

9.4.3.2　G115 大口径厚壁钢管窄间隙 TIG 焊接

东方汽轮机厂和江苏电装公司开展了 G115 大口径厚壁管窄间隙热丝 TIG 焊接，先后开展了 3 轮次焊接试验，具体情况见表9-8。对东汽和江苏电装窄间隙热丝 TIG 焊 G115 大口径厚壁管焊接接头进行至少 4 个象限的解剖金相检验和常规力学性能检验，结果表明其焊接接头无热影响区显微缺陷，常规力学性能满足要求，特别是焊缝冲击功较高。

表 9-8 G115 大口径厚壁管窄间隙 TIG 焊接

序号	材　料	规格/mm×mm	焊接方式	焊　材	单位	备　注
1	宏润大管	φ575×75	热丝 TIG	京群+北冶焊丝	东汽	金相无缺陷
2	宏润大管	φ559×104	热丝 TIG	北冶焊丝	江苏电装	金相无缺陷
3	北重大管	φ530×115	热丝 TIG	京群焊丝	东汽	金相无缺陷

　　以 φ559mm×104mm 规格 G115 大口径厚壁管窄间隙热丝 TIG 焊接为例，焊接窄间隙 U 型坡口如图 9-19 所示，焊接前将距坡口 20mm 的母材表面机械打磨，使用夹具固定、组对、点焊定位，采用窄间隙自动焊行打底、填充和盖面，预热温度为 150~250℃，层间温度严格控制 150~280℃，焊接工艺参数列于表 9-9，其焊接后焊缝和热影响区室温拉伸性能、冲击功和硬度分别列于表 9-10 ~ 表 9-12，焊接接头宏观、热影响区金相组织和焊缝金相组织如图 9-20~图 9-22 所示，未发现焊接热影响区显微缺陷。

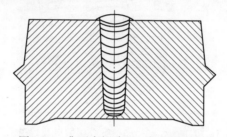

图 9-19 典型窄间隙 TIG 焊 U 型坡口

表 9-9 G115 大口径厚壁管（φ559mm×104mm）窄间隙热丝 TIG 焊接工艺参数

步骤	焊丝 /mm	基值电流 /A	峰值电流 /A	电压 /V	送丝速度 /cm·min⁻¹	焊接速度 /cm·min⁻¹	保护气流量 /L·min⁻¹
打底	1.0	90~110	140~170	8.5~10	70~80	90~105	25~30
填充	1.0	155~175	200~250	9~11	90~115	40~70	25~30
盖面	1.0	160~175	230~255	10~11	70~80	40~45	25~30

表 9-10 G115 大管不同位置焊缝和热影响区室温冲击功

缺口位置	抗拉强度 R_m/MPa	屈服强度 $R_{p0.2}$/MPa	断裂类型	断裂位置
上表面焊缝中心	725	570	塑性	母材
上表面热影响区	722	574	塑性	母材
中部焊缝中心	727	575	塑性	母材
中部热影响区	724	577	塑性	母材
下表面焊缝中心	727	575	塑性	母材
下表面热影响区	732	573	塑性	母材

表 9-11　G115 大管不同位置焊缝和热影响区室温冲击功

缺口位置	试验温度/℃	冲击功 K_{V2}/J	平均值 K_{V2}/J
上表面焊缝中心	20	119、60、69	83
上表面热影响区	20	102、70、120	97
中部焊缝中心	20	166、176、195	179
中部热影响区	20	114、128、126	123
下表面焊缝中心	20	161、152、102	128
下表面热影响区	20	47、43、93	61

表 9-12　G115 大管焊接接头不同位置硬度值

编号	1	2	3	4	5	6	7	8
硬度 HV10	218	215	260	204	214	216	204	258
编号	9	10	11	12	13	14	15	
硬度 HV10	234	219	214	202	263	215	215	

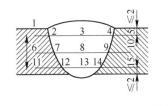

图 9-20　G115 大管（ϕ559mm×104mm）窄间隙热丝 TIG 全壁厚接头宏观组织

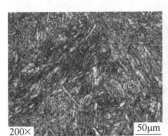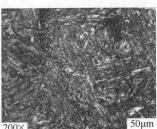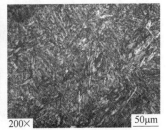

图 9-21　G115 大管（ϕ559mm×104mm）窄间隙热丝 TIG 焊接接头热影响区金相组织

图 9-22　G115 大管（φ559mm×104mm）窄间隙热丝 TIG 焊接接头焊缝金相组织

9.4.3.3　G115 大口径厚壁钢管现场高热输入埋弧自动焊

在常用焊接方法中，埋弧自动焊接生产效率高，锅炉厂在建造锅炉时一般会采用埋弧自动焊方式进行大口径厚壁管锅炉集箱焊接，但其热输入相对较大，对焊接接头尤其是热影响区有显著影响。图 9-23 为 G115 大口径厚壁管现场埋弧自动焊过程。东方锅炉厂 2017 年下半年在开展 G115 大口径厚壁管（φ578mm×88mm）埋弧自动焊试验时发现焊接热影响区有长度为 100~300μm 显微缺陷。目前，对锅炉管焊接用工程无损检测只能检测出长度 1000μm 以上的缺陷，这意味着上述热影响区显微缺陷是无法用工程无损检测方法检测出来的。因为 G115 大口径厚壁钢管是世界首台 630℃ 超超临界电站主蒸汽管道的候选材料，使用环境非常严苛。对这种尺寸非常微小的显微缺陷也必须尽量根除。目前对焊接接头的检测方法是沿钢管焊口 360° 典型位置解剖取样，在金相显微镜或扫描电镜下放大100 倍以上检验。

(a)　　　　　　　　(b)　　　　　　　　(c)　　　　　　　　(d)

图 9-23　G115 大口径厚壁钢管现场焊接
（a）焊前预热；（b）内部充氩保护；（c）管子内部用火焰维持预热温度；（d）风铣清理焊渣

2018 年 1 月~2019 年 10 月间钢铁研究总院和东方锅炉厂先后在北京和成都

组织了 5 次全产业链专家参加的 G115 大口径厚壁管高热输入埋弧自动焊焊接热影响区显微缺陷攻关工作会议，630℃超超临界示范电站业主大唐电力集团公司山东郓城电厂和大唐电力科研院的专家全程参加了这个攻关工作，见证了解决这个问题的全过程。期间，在钢铁研究总院和宝钢特钢公司的组织下，国内电站制造厂（锅炉厂/汽机厂）—电建公司—配管厂—制管厂—冶炼厂全产业链单位精诚合作、团结奋斗，共开展了 35 轮次 G115 大口径厚壁钢管工程焊接试验（见表9-13），研发团队找到了导致 G115 大口径厚壁管（壁厚大于 75mm）高热输入埋弧自动焊过程出现焊接热影响区显微缺陷的根本原因及其物理冶金机理，设计和采用了针对性的冶金工程解决方案，并经多轮次工程焊接试验验证采取的冶金工程解决方案稳定有效。在 2019 年 7 月 26 日成都会议上专家组一致认为"现有技术方案已经有效解决了 G115 大管焊接热影响区显微缺陷问题，G115 钢由应用研究阶段转入工程化应用阶段"。在 2019 年 10 月 21 日成都会议上专家组再次确认了上述结论。

迄今，在实施的 35 轮次 G115 大口径厚壁钢管工程焊接试验中，已有 20 轮次焊接试验的焊接接头热影响区金相检验无显微缺陷（见表9-14）。在 2019 年 7 月以来，制造厂（锅炉厂/汽机厂）、电建公司和配管厂等单位几乎所有 G115 大口径厚壁钢管工程焊接试验的焊接接头热影响区金相检验均无显微缺陷。至此，G115 大口径厚壁管（壁厚大于 75mm）高热输入埋弧自动焊过程出现的焊接热影响区显微缺陷问题在技术上得到了彻底解决。

表 9-13　G115 钢大口径厚壁钢管工程焊接情况

序号	时间	制造单位	规格/mm×mm	焊接方式	焊　材	单位
1	2017.8	昌强锻制	$\phi460\times80$	SAW	曼彻特	上锅
2	2017.9	宏润大管	$\phi575\times75$	SMAW	大西洋焊条	东锅
3	2018.9	北重大管	$\phi549\times110$	SAW + SMAW	P92 埋弧焊丝 +G115 焊条	东锅
4	2018.10	宏润大管	$\phi578\times70$	SMAW	大西洋焊条	东汽
5	2018.10	宏润大管	$\phi530\times115$	SAW	大西洋焊丝	东锅
6	2018.11	昌强三通+宏润大管	壁厚 90	SAW	大西洋焊丝	东锅
7	2018.12	宏润大管+CB2	$\phi460\times85$	SMAW	大西洋焊条	东汽
8	2018.12	北重大管	$\phi530\times115$	SAW	大西洋焊丝	东锅
9	2019.1	北重大管	$\phi530\times115$	SAW	大西洋焊丝	东锅
10	2019.2	北重大管	$\phi530\times115$	SAW	大西洋焊丝	东锅
11	2019.3	宏润大管	$\phi549\times110$	SMAW	京群焊条	东锅
12	2019.3	宏润大管	$\phi575\times75$	SAW	京群焊丝	上锅

序号	时间	制造单位	规格/mm×mm	焊接方式	焊　材	单位
13	2019.3	北重大管	φ530×115	SAW	京群焊丝	上锅
14	2019.4	宏润大管	φ575×75	SMAW	京群焊条	中能建广火
15	2019.4	北重大管	φ530×100	SAW	大西洋焊丝	东锅
16	2019.4	北重大管	φ530×115	SAW	大西洋焊丝	东锅
17	2019.4	宏润大管	φ575×75	NG-TIG	京群+北冶焊丝	东汽
18	2019.5	北重大管+昌强三通	φ530×115	SAW	大西洋焊丝	东锅
19	2019.4	宏润大管	φ570×65	SMAW	京群焊材	哈锅
20	2019.5	北重大管	φ530×115	SMAW	京群/曼彻特焊条	山东一建
21	2019.5	北重大管	φ530×115	SMAW	北冶焊丝+大西洋	山东二建
22	2019.5	北重大管	φ530×115	SMAW	京群焊条	山东三建
23	2019.5	宏润大管	φ559×100	SAW	京群焊材	上锅
24	2019.6	北重大管	φ530×115	SAW	大西洋	东锅
25	2019.6	宏润大管	φ559×100	SAW	大西洋	东锅
26	2019.6	宏润大管	φ559×104	NG-TIG	北冶焊丝	江苏电装
27	2019.6	北重大管	φ530×115	SAW	大西洋	东锅
28	2019.6	宏润大管	φ559×100	半自动 HIPTIG	北冶焊丝	山东二建
29	2019.7	宏润大管	φ559×100	SAW	京群焊丝	上锅
30	2019.8	北重大管	φ530×115	NG-TIG	京群焊丝	东汽
31	2019.9	北重大管	φ530×115	SAW	西冶	江苏电装
32	2020.1	北重大管	φ530×115	SMAW	大西洋	山东二建
33	2020.1	北重大管	φ530×115	SMAW	京群	华电金源
34	2020.2	宏润大管	φ559×100	SAW	大西洋	东锅
35	2020.4	北重大管	φ530×115	SAW	大西洋	东锅

表 9-14　G115 钢大口径厚壁钢管工程焊接热影响区无显微缺陷情况

序号	时间	制造单位	规格/mm×mm	焊接方式	焊　材	单位	备注
1	2017.8	昌强锻制大管	φ460×80	SAW	曼彻特	上锅	无缺陷
2	2018.11	三通+宏润大管	壁厚90	SAW	大西洋焊丝	东锅	三通侧无缺陷
3	2018.12	宏润大管+CB2	φ460×55	SMAW	大西洋焊条	东汽	无缺陷
4	2019.3	宏润大管	φ575×75	SAW	京群焊丝	上锅	无缺陷
5	2019.4	北重大管	φ530×110	SAW	大西洋焊丝	东锅	无缺陷
6	2019.4	北重大管	φ530×115	SAW	大西洋焊丝	东锅	1-3 处缺陷
7	2019.4	北重大管	φ530×115	SAW	大西洋焊丝	东锅	1-3 处缺陷

续表 9-14

序号	时间	制造单位	规格/mm×mm	焊接方式	焊 材	单位	备注
8	2019.4	宏润大管	$\phi575×75$	SMAW	京群焊条	广火	无缺陷
9	2019.4	宏润大管	$\phi575×75$	NG-TIG	京群+北冶焊丝	东汽	无缺陷
10	2019.4	宏润大管	$\phi575×75$	SMAW	京群焊材	哈锅	无缺陷
11	2019.5	宏润大管	$\phi559×100$	SAW	京群焊材	上锅	无缺陷
12	2019.6	宏润大管	$\phi559×104$	NG-TIG	北冶焊丝	江苏电装	无缺陷
13	2019.6	北重大管	$\phi530×115$	SAW	大西洋	东锅	无缺陷
14	2019.7	宏润大管	$\phi559×100$	SAW	京群焊丝	上锅	无缺陷
15	2019.8	北重大管	$\phi530×115$	NG-TIG	京群焊丝	东汽	无缺陷
16	2019.9	北重大管	$\phi530×115$	SAW	西冶焊丝	江苏电装	无缺陷
17	2020.1	北重大管	$\phi530×115$	SMAW	大西洋焊条	山东二建	无缺陷
18	2020.1	北重大管	$\phi530×115$	SMAW	京群焊条	华电金源	无缺陷
19	2020.2	宏润大管	$\phi530×100$	SAW	大西洋	东锅	无缺陷
20	2020.2	北重大管	$\phi530×85$	SAW	大西洋	东锅	无缺陷

9.5 G115钢三通、弯头、铸锻件工业制造实践

三通、弯头、铸锻件都是电站锅炉和汽轮机系统的关键部件。在钢铁研究总院和宝钢特钢的组织下，2017年以来上海昌强公司、四川鑫光管道公司、北京国电富通科技发展有限责任公司和江苏电力装备有限公司等单位先后开展了G115钢三通和弯管的工业化试制，研发和固化了G115钢三通和弯管生产工艺路线。G115钢三通和弯管工业试制情况列于表9-15。

表 9-15 G115钢三通和弯管工业试制情况

轮次	时间	种类	典型规格/mm	生产企业	采用的制造工艺
1	2018.8	三通	$\phi540×540×381$	上海昌强	多向模锻
2	2018.9	三通	$\phi559×559×559$	上海昌强	多向模锻
3	2019.3	三通	$\phi540×540×381$	上海昌强	多向模锻
4	2018.9	弯管	$\phi530×115$	东锅-鑫光管道	中频热弯
5	2019.4	弯头	$\phi530×115$, $R762$	国电富通	热压成形
6	2019.7	弯管	$\phi530×115$, 30°	江苏电装	中频热弯
7	2019.4	弯头	$\phi559×100$, $R838$	国电富通	热压成形
8	2019.8	弯头	ID914×50, $R1524$	国电富通	推制成形
9	2019.8	三通	ID368×100 /ID349×186	国电富通	热压成形

9.5.1　G115 钢三通工业试制

据表 9-15，上海昌强公司和北京国电富通公司分别开展了模锻 G115 钢三通和热压 G115 钢三通工业试制，上海昌强公司采用圆形坯料多向模锻成形工艺，北京国电富通公司采用 G115 大管 3 次压制 3 次合模工艺。所用 G115 钢坯料均由宝钢特钢提供，采用 40t EAF+LF+VD 流程冶炼并模铸 13.5t 钢锭，经开坯锻造成 ϕ530mm 圆坯提供给上海昌强公司，经 3.6 万吨或 5 万吨热挤压机挤压成大口径厚壁管后提供给北京国电富通公司。上海昌强公司模锻 G115 钢三通工艺为：管坯验收→加热→6000t 压机管坯锻造→加热→3000t 多向模锻机模锻→退火→正火+回火性能热处理→机加工→探伤→包装→入库。北京国电富通公司热压 G115 钢三通工艺为：坯料改锻→原材料检验→下料（开孔）→加热→模压成形→支管冲口→成形检测→热处理→中间检验→端部取样力学→机加工→表面修磨→成品检测→油漆、标识→包装→入库。采用上述制造的模锻 G115 钢三通和热压 G115 钢三通产品分别如图 9-24 和图 9-25 所示。

图 9-24　模锻一次成形 G115 钢三通

图 9-25　热压 G115 钢三通

模锻 G115 钢三通（ϕ540mm×540mm×381mm）的室温拉伸性能、650℃ 高温拉伸性能分别列于表 9-16 和表 9-17。模锻 G115 钢三通（ϕ559mm×559mm×559mm）室温拉伸性能、650℃ 高温拉伸性能分别列于表 9-18 和表 9-19。

表 9-16 模锻 G115 钢三通主管和支管不同位置室温强度和塑韧性

位　置		屈服强度 $R_{p0.2}$/MPa	抗拉强度 R_m/MPa	伸长率 A/%	面缩率 Z/%	冲击功 K_{V2}/J	硬度 HBW
主管	一端	600/617	740/729	23/20	62/65	128/116/162	237/236/234
	另一端	607/596	722/719	23/20	68/64	83/112/132	234/235/236
支管		630/591	744/698	23/23	70/70	174/181/186	243/246/246

表 9-17 模锻 G115 钢三通主管和支管不同位置 650℃ 高温拉伸性能

位　置		屈服强度 $R_{p0.2}$/MPa	抗拉强度 R_m/MPa	伸长率 A/%	面缩率 Z/%
主管	一端	310	341	32	87
	另一端	288	322	33	88
支管		300	331	34	88

表 9-18 模锻 G115 钢三通主管和支管不同位置室温强度和塑韧性

位　置	屈服强度 $R_{p0.2}$/MPa	抗拉强度 R_m/MPa	伸长率 A/%	面缩率 Z/%	冲击功 K_{V2}/J	硬度 HB
主管	614	722	24	68	—	245/241/247
支管	623	737	27	72	201/203/193	233/237/235

表 9-19 模锻 G115 钢三通主管和支管不同位置 650℃ 高温拉伸性能

位　置	屈服强度 $R_{p0.2}$/MPa	抗拉强度 R_m/MPa	伸长率 A/%	面缩率 Z/%
主管	324	352	29	88
支管	304	345	31	90

热压 G115 钢三通（ID368mm×100mm/ID349mm×186mm）室温拉伸性能、650℃ 高温拉伸性能分别列于表 9-20 和表 9-21。

表 9-20　热压 G115 钢三通主管和支管不同位置室温强度和塑韧性（炉号：861A1276）

位　置		屈服强度 $R_{p0.2}$/MPa	抗拉强度 R_m/MPa	伸长率 A/%	面缩率 Z/%	冲击功 K_{V2}/J
主管	外表面	548	714	26	69	64
	1/2 壁厚	552	717	25.5	69	67
	内表面	551	718	25.5	70	91
支管	外表面	554	722	25	71	85
	1/2 壁厚	568	731	25	70	41
	内表面	573	734	25	71	54

表 9-21　热压 G115 钢三通主管和支管不同位置 650℃高温拉伸性能（炉号：861A1276）

位　置		屈服强度 $R_{p0.2}$/MPa	抗拉强度 R_m/MPa	伸长率 A/%	面缩率 Z/%
主管	外表面	323	343	28	85
	1/2 壁厚	323	344	32	87
	内表面	329	345	26	86
支管	外表面	324	347	27	85
	1/2 壁厚	331	354	27	84
	内表面	321	347	25	85

　　模锻 G115 钢三通（ϕ540mm×540mm×381mm）直管壁厚不同位置取样显微组织如图 9-26 所示。

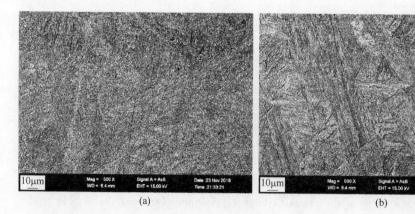

(a)　　　　　　　　　　　　(b)

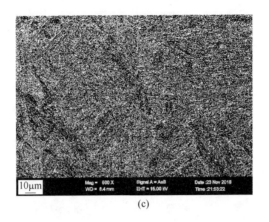

(c)

图 9-26　模锻 G115 钢三通(ϕ540mm×540mm×381mm)直管不同位置显微组织扫描背散射观察
(a) 外表面；(b) 1/2 壁厚处；(c) 内表面

9.5.2　G115 钢弯头工业试制

北京国电富通公司以内蒙古北方重工业集团公司制造的 G115 大口径厚壁管为坯料，采用热压成型和加热推制成型两种工艺路线试制了 G115 钢弯头。制造工艺路线为：G115 钢大管验收→锯割下料→加热→热压成型或推制成型→成型检测→正火+回火性能热处理→金相硬度检测→机加工→表面修磨→无损检测→理化检测→包装→入库。采用热压成型和推制成型工艺试制的 G115 钢弯头分别如图 9-27 和图 9-28 所示。

图 9-27　热压成型 G115 钢弯头 (ϕ530mm×115mm，R762mm)

热压 G115 钢弯头 (ϕ530mm×115mm，R762mm) 不同位置室温和 650℃高温力学性能分别列于表 9-22 和表 9-23。热压 G115 钢弯头 (ϕ559mm×100mm，R838mm) 不同位置室温和 650℃高温力学性能分别列于表 9-24 和表 9-25。推制 G115 钢弯头

图 9-28　推制成型 G115 钢弯头（ID914mm×50mm，R1524mm）

（ID914mm×50mm，R1524mm）不同位置室温拉伸性能列于表 9-26。热压 G115 钢弯头（φ530mm×115mm，R762mm）不同位置金相和扫描电镜组织如图 9-29 和图 9-30 所示。

表 9-22　热压 G115 钢弯头（φ530mm×115mm，R762mm）不同位置室温强度和塑韧性能

取样位置	抗拉强度 R_m/MPa	屈服强度 $R_{p0.2}$/MPa	伸长率 A/%	面缩率 Z/%	冲击功 K_{V2}/J
弯头-外弧	729.7	685.7	24.2	66.3	74.5
弯头-侧弧	747.7	605.3	23.8	67.3	71.6
弯头-内弧	722.3	555.3	23.0	69.0	84.1

表 9-23　热压 G115 钢弯头（φ530mm×115mm，R762mm）不同位置 650℃高温拉伸性能

取样位置	抗拉强度 R_m/MPa	屈服强度 $R_{p0.2}$/MPa	伸长率 A/%	面缩率 Z/%
弯头-外弧	363.3	351.3	22.8	83.0
弯头-侧弧	364.0	348.7	26.0	84.3
弯头-内弧	349.0	334.3	24.7	82.7

表 9-24　热压 G115 钢弯头（φ559mm×100mm，R838mm）不同位置室温强度和塑韧性能

取样部位	抗拉强度 R_m/MPa	屈服强度 $R_{p0.2}$/MPa	伸长率 A/%	面缩率 Z/%	冲击功 K_{V2}/J
弯头-侧弧	702.3	531.3	25.7	69.3	95.0
弯头-内弧	703.0	534.0	25.3	69.7	86.1
弯头-外弧	698.7	529.0	27.5	67.7	100.2

表 9-25 热压 G115 钢弯头（φ559mm×100mm，R838mm）不同位置 650℃高温拉伸性能

取样部位	抗拉强度 R_m/MPa	屈服强度 $R_{p0.2}$/MPa	伸长率 A/%	面缩率 Z/%
弯头-侧弧	337.7	319.3	26.7	80.7
弯头-内弧	336.3	321.0	26.7	83.0
弯头-外弧	336.7	317.7	24.8	81.7

表 9-26 推制 G115 钢弯头不同位置室温强度和塑韧性能

项目	屈服强度 $R_{p0.2}$/MPa	抗拉强度 R_m/MPa	伸长率 A/%	面缩率 Z/%	冲击功 K_{V2}/J	硬度 HB
外弧	529	699	25.8	71	144/163	219
侧弧	531	702	29	71.5	159/152	211
内弧	534	703	26.5	71	123/123	228

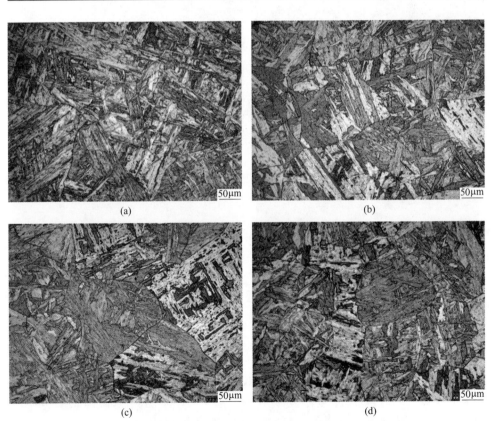

图 9-29 热压 G115 钢弯头不同位置金相组织（200×）

（a）原大管；（b）外弧；（c）侧弧；（d）内弧

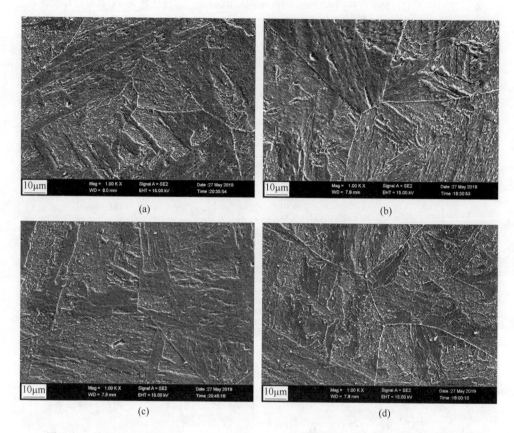

图 9-30   热压 G115 钢弯头（ϕ530mm×115mm，R762mm）不同位置扫描背散射观察
(a) 原大管；(b) 外弧；(c) 侧弧；(d) 内弧

2020 年 4 月 15 日中国电力工业联合会在北京组织了由北京国电富公司研制的 G115 钢三通和弯头新产品技术鉴定会。鉴定委员会认为研制的热压和推制 G115 钢管件产品综合性能符合先进超超临界电站相关产品的设计技术要求，研制产品可以进行批量生产并可在超超临界火电机组工程项目中推广应用。

9.5.3   G115 钢铸锻件工业试制

钢铁研究总院和宝钢特钢公司采用 40~100t EAF+LF+VD→模铸 13.5t 钢锭工艺流程开展了 G115 钢 10t 级铸锻件工业试制。研制的 G115 钢铸件如图 9-31 所示，G115 钢铸件冶炼炉号为 961A0230，浇铸的铸件重约 11t，高度 2500mm，最大直径 1120mm，最大壁厚 260mm，最小壁厚 110mm。根据电站设计图纸，研制的 G115 钢锻件锻造过程如图 9-32 所示。由于制造 G115 大口径厚壁管的坯料均为锻件，宝钢特钢已经积累了非常丰富的 G115 钢锻件制造经验。钢铁研究总院和宝钢特钢公司研制的 G115 钢铸锻件综合性能符合先进超超临界电站相关产品的设计技术要求。钢铁研究总院和宝钢特钢公司正在协助有关电站设计院和阀门制造企业开展 G115 钢阀体用材试制。

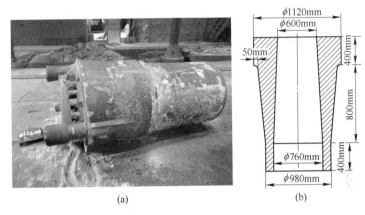

(a)　　　　　　　　　　　　　　(b)

图 9-31　G115 钢铸件及其设计图
(a) G115 钢铸件；(b) G115 钢铸件设计图

图 9-32　G115 钢锻件生产锻造过程

9.6　G115 钢开放式研发平台

G115 钢是世界第一个（目前唯一）可工程用于 630~650℃ 金属壁温大口径厚壁管制造的新型马氏体耐热钢。在 G115 钢成功研发的基础上，2018 年国家能源局批准了我国（也是世界）首台 630℃ 超超临界燃煤电站国家电力示范项目由大唐电力集团公司在山东郓城建设。自 2007 年刘正东等人发明 G115 新型马氏体耐热钢，G115 钢的工程化攻关已 13 年，刘正东团队成员历经无数挫折和失败，在不断总结失败教训中积累了较为丰富的工程经验，这些工程实践既检验了自己从书本上学习的前人的知识，也遭遇了一些前人还从来没有遇到过的新问题。

为加快 G115 钢的工程应用，刘正东等人建立了面向全国的开放式 G115 钢主干研发平台，分 G115 钢的科学机理、G115 钢工业制造、G115 钢的配套焊接材料与工艺和 G115 钢工程应用评价研究 4 个板块鼓励全国有兴趣的科学家、科研机构和企业自发参加 G115 钢研究。截至 2019 年年底，国内已有约 50 个大学、科研机构和企业正在参与 G115 钢工程应用研发，如图 9-33 所示。G115 钢及其改进型是否能用于 630℃超超临界燃煤电站汽轮机转子-汽缸等材料是本书作者正在考虑的下一个问题。

科学机理（已发表研究文章约50篇）	工业制造（全尺寸规格）
➤ 钢铁研究总院 ➤ 清华大学 ➤ 北京科技大学 ➤ 中科院金属研究所 ➤ 武汉大学 ➤ 天津大学 ➤ 武汉科技大学 ➤ 内蒙古科技大学 ➤ 华北电力大学 ➤ 大连理工大学	➤ 钢铁研究总院 ➤ 宝钢特钢-北方重工-宏润重工(大管) ➤ 宝钢股份(中小管) ➤ 宝银特种钢管(小管) ➤ 上海昌强(管件) ➤ 中国一重/二重(大型铸锻件) ➤ 国电富通(弯管) ➤ 江苏电力装备(配管) ➤ 河南华电金源管道(配管) ➤ 沈阳东管(配管)
配套焊接材料/工艺	工程应用研究
➤ 上海锅炉厂 ➤ 东锅-大西洋焊接材料公司 ➤ 北冶功能(氩弧焊丝) ➤ 神华国华研究院-京群公司-宝钢特钢 ➤ 哈尔滨锅炉厂 ➤ 武汉大学-西冶 ➤ 天津大学 ➤ 宝钢股份-焊接所(新焊接工艺)	➤ 钢铁研究总院 ➤ 大唐科学研究院/神华国华研究院 ➤ 上海成套院、苏州热工院 ➤ 北京科技大学大科学装置中心 ➤ 西北有色院、北京有色院、广州有色院 ➤ 东锅、上锅、哈锅 ➤ 东汽、上汽、哈汽 ➤ 广火、山东电建一/二/三公司

图 9-33　G115 钢开放式主干研发平台（2019 年）

在 630℃超超临界燃煤发电技术之后，我国也正在探索 650℃和 700℃超超临界燃煤发电技术。如目前的 G115 钢一样，刘正东等人发明的 C-HRA-2 和 C-HRA-3 耐热合金将可能分别是支撑 650℃和 700℃超超临界电站建设的关键材料。目前正在积累 C-HRA-2 和 C-HRA-3 耐热合金市场准入评审数据，C-HRA-3 耐热合金高温持久试验数据单根最长点已接近 5 万小时。如图 9-34 所示，G115 耐热钢、C-HRA-2 和 C-HRA-3 耐热合金将是世界最前沿的 630-650-700℃高温超超临界燃煤发电技术研发的支撑性耐热材料，具有重要的科学、技术、工程和产业意义！

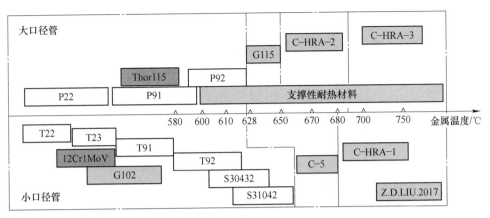

图 9-34   600~700℃超超临界燃煤锅炉耐热材料谱系

参 考 文 献

[1] 刘正东. 电站耐热材料的选择性强化设计与实践 [M]. 北京：冶金工业出版社，2017.

后　记

　　超超临界燃煤发电技术是我国电力工业的战略性支撑技术，而且在未来相当长的时间内仍将是我国的主流电力技术，包括先进超超临界燃煤发电在内的煤炭清洁高效利用对我国具有极其重要的战略意义。2003~2013年这10年我国600℃超超临界燃煤发电技术从无到有，并迅速跃进到世界先进水平，主要得益于我国经济社会的超常规快速发展对电力的巨大需求和国家节能减排战略目标的要求。伴随这个历史进程，我国实现了600℃超超临界燃煤电站用耐热钢管的国产化仿制和自主化改进，国产耐热材料逐渐占领市场，为我国电力工业技术升级做出了重要贡献。

　　G115马氏体耐热钢及其大口径厚壁管制造技术是2007年以来钢铁研究总院为未来630℃蒸汽参数超超临界火电机组主蒸汽、再热蒸汽管道而发明的自主技术，这是设计和建设630℃超超临界电站的重要基础之一。2015年神华集团高资电厂计划建设世界第一个630℃超超临界燃煤电站，随后神华集团清远电厂也有建设630℃超超临界燃煤电站意向，这些工程计划极大地促进了G115大口径厚壁管工程化研制进程。2017年12月20日G115钢管通过了全国锅炉压力容器标准化技术委员会市场准入技术评审，成为世界上第一个可商业用于630~650℃超超临界电站制造的马氏体耐热钢。2018年大唐电力集团山东郓城电厂中标世界首台630℃超超临界燃煤示范电站，由东方电气集团公司制造电站三大主体设备。2017~2019年间钢铁研究总院和宝钢特钢公司联合内蒙古北方重工业集团公司和河北宏润核装备科技有限公司与东方锅炉厂一道，经30多轮次全流程全工序工业试制，历经无数次失败，积累了非常宝贵的经验和教训，这个过程企业自筹投入的材料费等就高达1亿元，终于掌握了G115大口径厚壁管从冶炼到电站建设现场焊接全流程全工序技术问题，能批量生产出满足世界首台630℃超超临界燃煤示范电站建设所需全套合格产品。我们深深体会到真正能工程应用的创新不易，走在大型电力工程技术最前沿的"无人区"，每前进一步都完全靠自己摸索，每前进一步都可能要付出巨大代价！

2007 年开始设计用于 630℃ 超超临界燃煤电站材料时，国内外有很多材料设计方案，经 5 年多实验室考核 G115 钢管因其优异的综合性能在国内外众多候选材料中脱颖而出。2012 年以来经 40 多轮次工业试制已证明和反复验证了 G115 钢管的工程适用性。G115 马氏体耐热钢在科学、技术和工程三个方面都有创新，除 630℃ 超超临界燃煤电站外，还可用于其他大型金属构件壁温达 650℃ 的工程，G115 马氏体耐热钢将可能逐渐成为一个平台型的骨干材料，未来可能在不同工业领域获得应用。钢铁研究总院、宝钢特钢公司（现宝武特冶公司）和宝钢股份公司除保留 G115 钢现场制造技术专利外，已建立了面向全国的 G115 马氏体耐热钢开放式平台，欢迎全国的科研机构参与 G115 马氏体耐热钢强韧化机理、环境腐蚀、焊接材料及技术等研究。目前已有 40 多个大学、科研机构和企业正在开展 G115 马氏体耐热钢的机理和应用研究。

2004 年钢铁研究总院（CISRI）刘正东教授作为倡议者与日本国立材料研究院（NIMS）和韩国科学技术研究院（KIST）达成协议由中国、日本和韩国这三家国立研究机构定期联合举办超超临界机组用钢及合金技术国际研讨会，每两年举办一次，该研讨会定位于电站用钢技术领域的高端专业会议，仅邀请电站用钢技术领域内国际上最著名的学者和工程师参加，其目的是交流和沟通该技术领域研究和应用的最新进展。由 CISRI-NIMS-KIST 联合举办的超超临界机组用钢及合金技术国际研讨会已经成功举办 4 届，第 1 届于 2005 年 4 月在中国北京举行，第 2 届于 2007 年 7 月在韩国首尔举行，第 3 届于 2009 年 6 月在日本筑波举行，第 4 届于 2011 年 4 月再次在中国北京举行。2013 年经商议把上述系列耐热钢国际会议纳入中国金属学会和美国 TMS 联合举办的能源材料（电站动力工程）国际会议，每三年举办一次，并由钢铁研究总院刘正东教授和美国西佛吉尼亚大学刘兴博教授共同担任大会主席，第 1 届能源材料（电站动力工程）国际会议 2014 年 11 月在中国西安举行，第 2 届能源材料（电站动力工程）国际会议 2017 年 2 月在美国圣迭戈举行，第 3 届能源材料（电站动力工程）国际会议计划于 2020 年 10 月在中国举行。此外，2018 年 10 月刘正东教授在北京组织召开了第 1 届 9%Cr 马氏体耐热钢国际会议。通过上述高效率高水平国际技术交流活动，中国超超临界火电机组用耐热材料技术研发团队已成功融入国际超超临界火电机组用耐热材料技术研发大家庭，并已成为其最重要和最活跃成员之一。

在我国冶金、机械、电力科技工作者的共同努力下，历经 20 年风雨兼程，中国超超临界火电机组用耐热材料技术已经跃居世界前列。多年前，我们在读日本老一代电站用钢学者太田定雄先生晚年写的《铁素体耐热钢》一书时，心潮澎湃。太田定雄先生总结了 1960~2000 年间日本电站用钢技术从引进、消化、吸收、创新到超越和引领的全过程，日本学者和工程师用 40 年的时间攀上了世界电站用钢技术的最高峰。这 40 年中 Fujita、Masuyama、Yagi、Fukuda、Abe 等人是日本耐热材料科学家和工程师的杰出代表，他们为世界电站耐热材料技术进步做出了杰出贡献。通过与他们的技术交流，我们学到了很多东西。我们要继续虚心向他们学习，同时继续秉持开放合作路线，把超超临界电站耐热材料技术继续向前推进，积极推动世界电站技术向更加清洁高效方向发展，在世界电站耐热材料技术研发和应用历史长河中留下中国工程师的印记！

最后，我们想说，是中国近 20 年来的高速发展提供了这样历史性机遇，我们的前辈没有今天这样的机遇，我们不会忘记刘荣藻教授（1915~2004 年）和程世长（1941~）教授他们那两代人做的很多基础性的工作。向这个伟大的时代致敬！

作　者
2020 年 7 月